佛跳墙

虫草炖珍珠鸡

鲜鲍鱼虫草炖水鸭

脆皮炸鸡

脆皮酿大肠

东江盐焗鸡

河虾仔炒韭菜

煎酿豆腐煲

红烧鸡丝翅

红烧鲍鱼

香芋扣肉

四宝炒牛奶

生啫黄鳝

滑蛋蒸海胆

铁板啫酿凉瓜

姜葱焗膏蟹

香菠生炒骨

美极海豹蛇

荷芹炒腊味

黑蚂蚁煎蛋饼

现代餐饮职业技术教育教材

现代粤菜烹调技术
第 2 版

巫炬华　邓宇兵　沈为林　编著

机 械 工 业 出 版 社

本书共分八章，不仅对粤菜烹调所需的基本知识、烹调技术与操作、厨房管理等内容做了详尽的阐述而且列举了许多当今流行的菜式，通过原料、制作工艺流程、制作过程、菜品要求、制作要点等重要环节演绎了160多个典型的菜品实例，大量的粤菜品种可以让读者进行实战操作，使读者真正学以致用，融会贯通。

　　本书可作为高职高专、中职烹调专业的教材，也可作为职业培训的教材，同时还是餐饮业相关从业人员和广大烹调爱好者的良师益友。

图书在版编目（CIP）数据

现代粤菜烹调技术/巫炬华，邓宇兵，沈为林编著 . —2 版 . —北京：机械工业出版社，2012. 2（2022. 8 重印）

现代餐饮职业技术教育教材
ISBN 978-7-111-37320-9

Ⅰ . ①现… 　Ⅱ . ①巫…②邓…③沈… 　Ⅲ . ①粤菜—烹饪—方法—职业技术教育—教材 　Ⅳ . ①TS972. 117

中国版本图书馆 CIP 数据核字（2012）第 016960 号

机械工业出版社（北京市百万庄大街22 号　邮政编码100037）
策划编辑：郎　峰　责任编辑：邓振飞
版式设计：石　冉　责任校对：王　欣
封面设计：饶　薇　责任印制：邸　敏
北京富资园科技发展有限公司印刷
2022 年 8 月第 2 版第 8 次印刷
148mm×210mm・13. 25 印张・2 插页・354 千字
标准书号：ISBN 978-7-111-37320-9
定价：39. 80 元

序

　　烹饪是人类物质文明与精神文明的结合体，是一门与人类生产力发展水平相适应的综合性的饮食文化科学。中国烹饪技艺源远流长，是中华民族优秀文化遗产的重要组成部分。

　　人类社会由蒙昧状态进入文明阶段，饮食文化也随之萌生和发展起来。距今 50 余万年的"北京人"遗址已经显示出熟食存在的痕迹，到春秋战国时期则已形成了比较系统的烹调理论。迄至今日，随着饮食文化的深化和拓展，烹饪逐步涉及众多的学科和一些重要产业，在社会生活的很多领域中起着越来越重要的作用，成为优秀的历史文化遗产。以驰名世界的中国菜为例，几千年来形成了以四大菜系为首，辅以众多地区性分支的饮食体系，堪称"美食的海洋"。

　　广东菜系是中国四大菜系之一，粤菜不仅在我国内地高登大雅之堂，而且在台、港、澳地区也独占鳌头，在新、马、泰等东南亚各国也大有市场，颇受欢迎。美洲、西欧、大洋洲等地的许多大城市均有粤式酒楼菜馆，尤其受英国人、美国人的青睐。

　　随着全球经济一体化进程的加速，我国与世界各国的经济贸易和外事往来更为频繁，而作为全国改革开放前沿阵地的广东，其烹饪技艺的提高已势在必行。烹饪教育必须适应新形势的要求，必须不断地丰富内容，提高质量，敢于创新，开拓新的局面。

　　喜闻《现代粤菜烹调技术》一书自 2004 年出版发行后，受到广大读者的普遍好评，并有众多读者从中受益匪浅，甚至成为自己的谋生手段，实在可喜可贺。时过六年有余，而今，巫炬华、邓宇兵、沈为林三位作者又齐聚一堂，碰撞出智慧的火花。他们历时近一年，把近年来粤菜烹饪行业的新知识、新工艺、新技术、新材料、新动态悉心收集，将其修改到本书中，以飨读者。三位作者是长期在职业院校从事烹饪教育的专业骨干教师，有着极为丰富的理论和实践教学经验。他们作风踏实、治学严谨、与时俱进、责任心强，与行业专家及同行保持密切的交流，对烹饪专业的标准和规范有娴熟的把握能力，因此，我们有理由相信，此次的修订，必定能将粤菜烹饪专业的教学水平提高到更新的层面！

2012 年 2 月

于广州荔湾湖畔

（**林壤明**：中国烹饪协会副会长，中国烹饪大师，广东十大名厨之一）

前　言

　　中国烹饪技艺源远流长，是中华民族优秀文化遗产的重要组成部分。粤菜凭借其独特的风味和精巧的工艺为世人所喜爱。在职业技术院校，粤菜烹调技术是烹调相关专业的一门专业课程。

　　为适应当今行业市场变化和学校教学发展的需要，本书从原料加工、刀工技术、半制成品的配制、配菜知识、烹调前的预制、各种烹调法的运用等方面系统地介绍了粤菜烹调技术的相关知识。本书列举了许多目前餐饮市场流行的菜式，阐述了原料、制作工艺流程、菜品要求、制作要点等重要环节，演绎了160多个典型的菜品实例。

　　本书在修订过程中，删减了一些过时的品种，增补了一些新知识、新品种，使本书内容更充实、更丰富、更完善、更贴近读者的需求。

　　本书可作为高职高专、中职烹调专业的教材，也可作为职业培训的教材，同时还是餐饮业相关从业人员和广大烹调爱好者的良师益友。

　　本书的修订工作得以完成，得益于兄弟学校同行和社会餐饮行业大厨们的鼎力支持，特别是得到了广州市旅游职业学校和广东省贸易职业技术学校领导以及同事们的大力支持，在此我们表示衷心的感谢！尤其难能可贵的是，全国烹饪大师、广东十大名厨林壤明先生在百忙之中时常牵挂本书，对本书的编写、修订工作提出了许多宝贵的意见和建议，并作序鼓励，在此深表感谢！

由于作者水平有限，加之时间仓促，在本书的修订工作中难免存在疏漏之处，敬请广大读者、行家批评指正，我们不胜感激。

编者

目　　录

第一章　绪　　论

【学习目标】

1. 了解我国烹饪的起源。
2. 了解粤菜的形成因素。
3. 了解粤菜的风味特点。
4. 理解厨房布局原则。
5. 熟悉厨房各岗位职责。

第一节　粤菜的形成及风味特点

一、我国烹饪的起源

我国是闻名世界的四大文明古国之一，有着悠久的历史和丰富多彩的民族文化。烹调与人类的进化密不可分，是人类文明的产物。烹调的出现，促进了人类文明的进步；而人类文明的进步，又促进了烹调技术的发展。烹调技术是一门科学、一门文化，同时也是一门艺术，它就像一颗璀璨的明珠，在中华民族的文化宝库中熠熠生辉。

人类的饮食文明，大致上经历了生食、熟食、烹调和改革创新四个阶段。在距今50多万年前，自人类发现了"火"，人类的饮食才逐渐地由生食转变为熟食，并把熟食发展成固定的饮食方式，从此结束了那种"茹毛饮血，生吞活剥"的原始生活方式。在距今1万年前，自人类学会了用盐调味，使用陶器作为炊具，才标志着人类进入了真正的烹调时代。

我国古代烹调的发展，大体上经历了先秦、汉魏六朝、隋唐、宋元和明清五个时期，由于我国地大物博，地理环境错综复杂，而且又是一个多民族的国家，在气候、物产资源、饮食习俗、经济等多方面有所差异，因此形成了众多风味流派的地方菜。其中，以广东菜、四川菜、山东菜和淮扬菜为主要代表组成了中国的四大菜系，此外，浙江菜、福建菜、湖北菜和湖南菜也都各具特色，表现着各地菜肴的不同风味，共同构成了我国烹调技术丰富多彩的景象。

二、粤菜的形成

广东菜又称为粤菜，它以广州菜为代表，由广州菜、东江菜、潮州菜三个地方菜组成，是我国著名的四大菜系之一。它以其独有的特色和多变的菜式，在国内外享有极高的美誉。

粤菜有着悠久的历史，广东对于中原文化中心来说，古来属于边远之地。自秦始皇定百越，从汉氏南越武王赵佗归汉，直到明清，广州逐渐成为历朝封建统治者在岭南区域的行政中心，与中原的水陆交通不断发展畅通。广州亦逐步成为中国南方重要的对外通商口岸，其经济、政治等地位的不断提高，封建政府官员来往于广东也愈加频繁。这期间，各地菜肴的烹调技术也陆续传入广东，对广东菜肴的形成和发展，产生了一定的影响。为了适应封建官员及外国商人的饮食生活需求，粤菜的烹调技术也在不断变化和更新。尤其在明清时期，由于封建统治者的闭关锁国政策，广州成为了惟一对外的商埠，从而促进了广州经济的繁荣，加速了南北文化、烹调技术以及南北风味的大交流。粤菜厨师们以本地的饮食习俗为基础，大量吸取外域的饮食精华，逐渐融合为适应本地人们喜好的烹调技术。广东地处东南沿海，气候温和，物产丰富，动植物品种繁多，这些有利条件，大大地充实了粤菜内容。广东旅居海外的广大华侨同胞，对沟通中外烹调技术也做出了卓越的贡献。他们把流传于广东的民间食谱带到国外，兴办中国餐馆，大大地扩大了粤菜在世界的影响；同时，他们也把欧美、东南亚等地区的烹调技术传回家乡，亦丰富了广东菜谱的内容，为粤菜的烹调技艺留下了鲜明的西方烹饪文化的烙印，正可谓："古为今用，洋为中用"，从而促使粤菜日渐完善，更趋发展，让"食在广州"这一美誉发扬光大。

中华人民共和国成立以后，人民当家做了主人，极大地调动了广大厨师的积极性和创造性，尤其是在改革开放以后，广东的餐饮业像雨后春笋般蓬勃发展，诞生了国企、私营、合资等多种形式的餐饮企业。在市场竞争中，优胜劣汰，也逐步形成多样化、多层次的新的经营格局，使广东餐饮业呈现出了健康发展的喜人局面，例如，设在市区金融、商业中心和新型高档住宅区的高档酒店、高档菜专卖店；设在居民区适合大众消费的中型饭店和快餐店；设在区域商业中心的美食广场；设在城市边缘，以经营海鲜野味为主的直销店等。

3

近二十年来，粤菜能够从一个地方菜系走向世界，这是与地方政府的大力支持和从事餐饮行业人员的共同努力分不开的，其主要体现为：

（一）政府领导的支持

自 1997 年起，广州市政府将每年一度的美食节进一步拓展成国际性的技术交流盛会和节日旅游活动。在每年举办的美食节中，市长亲自挂帅，市商委和旅游局直接指挥，达到了空前盛大的规模。大会组织了美食精品展示、各企业名牌美食评选和推介等活动。美食节活动经过近十年的发展，已逐步成为一个品牌活动，它推动了旅游餐饮业的消费，同时也促进了厨艺交流和发展，也涌现出了一批又一批的青年厨师，在社会上影响颇大，对餐饮业的发展形成了一股强大的推动力。

（二）开办烹饪院校，培训专业技术人才

从夏商到民国，厨工的培养一直是师傅带徒弟的模式。中华人民共和国成立以后，国家在鼓励名师传艺、进行文化补充的同时，还多层次、多渠道地兴办烹饪学校，大力倡导发展烹饪教育事业。在20世纪70年代，广州开始兴办烹饪学校，并组织名厨编写教材，培养出不少有文化、有技术的新一代厨师。到了20世纪90年代之后，这种类型的学校如雨后春笋不断涌现。此外，厨师们还利用空闲时间进行"充电"，知识、技能得以不断提高、更新。在中等职业学校和一些高等院校中，设置了粤菜烹调、餐饮管理、旅游管理、酒店服务技能等专业，采用科学的教学方法和先进的教学手段，课程的设置注重合理性，从而提高了青年厨师的综合素质。现已培养出了数以万计的新型中级烹饪人才，为粤菜的持续发展和不断提高奠定了良好的基础，这也是粤菜在近十年来保持强劲发展势头的重要法宝。

（三）对外交流，共同提高

由于广东得天独厚的地理环境，毗邻港澳，又是进出口要地，再加上从20世纪50年代起，每年两届对外贸易交易会在广州的召开，吸引了众多的华人华侨和外国商人前来经商，使得广州餐饮业更为繁荣。各大餐厅为了完成好接待任务，通过各种途径，聘请各地的名厨同台献艺，从而使厨师厨艺得到了互相交流、取长补短、共同提高的机会。特别是在改革开放的20世纪80年代，广东的餐饮业为了更好地适应潮流的需求，有许多大型餐饮企业不惜重金纷纷聘请港澳名厨前来担任总厨或经理，在菜式的变化、酱汁的创新、经营理念的调整等方面都起到了很大的推动作用。进入新世纪后，穗、港、澳三地还每年举办一次21岁以下青年厨师的厨艺竞赛，促进了三地青年厨师的培养，对粤

菜的良性发展起到了一个共同促进、共同提高的作用。

（四）采用先进工艺，创新花色品种

粤菜近年来能够引领潮流，其成功原因之一是不断研究新原料、新工艺，积极求新、求变。而经济和交通的发展，缩短了时间和空间的距离，使各地的优质食品原料都能进入广东。各国的领事馆和食品经销商瞄准了中国的市场，每年举办多次新原料的推介和试验活动。有了新的原料，就促使厨师认真研究，积极创制新菜。同时，根据季节变化、客源需求和营销策略的转换，餐饮企业每月每季都会调整菜谱，推出厨师特别介绍，举办风味美食节，以迎合客人求新、求享受的消费心理。

许多餐厅的厨房设备也已大为改观，普遍使用冰柜、煤气炉、红外线烤箱、微波炉、紫外线消毒碗柜、自动洗碗机、不锈钢工作台、自动刀具、新型模具和其他许多先进的饮食机械设备。因此，不但工作环境清洁、污染减少了，劳动者的工作强度也下降了，工作效率也提高了，而且使粤菜的花式品种更为丰富了。粤菜利用电烤炉的制作则是参照西菜的制法，例如芝士焗的菜式，或用电烤炉烤鸡或烤鸡翅等等。同时，在餐具上也有较大的革新，流行明净的新工艺瓷器，使美食、美器相辅相成。

三、粤菜的风味特点

粤菜是我国华南地区菜肴的典型代表。现今影响到广西、海南、港澳和京、沪等南北都会，在东南亚、欧美和大洋洲也有较高的知名度。粤菜主要具有以下风味特点：

（1）选料广博，技法集中西之长，与时俱进，饮食潮流多变，勇于革新 广东地处亚热带气候区，有着优越的地理环境，北有野味，南有海鲜。气候温暖的珠江三角洲素有"鱼米之乡"之称，可出产四季不同的蔬菜瓜果和大量的淡水鱼类，物产资源极为丰富，这是其他地区无法与之相比的。近年来，在菜式品种

5

变化中，由于用料新奇、搭配巧妙而使菜肴花样在不断演变，它们也成为了粤菜创新的重要内容。如一些进口原料的使用，一些不起眼的粗料经过粤菜厨师们的发掘和巧妙搭配，创制出了一款款新的菜式品种。因此，作为厨师，要特别留意掌握市场的变化信息，使用一些以前不曾使用过的烹饪原料，特别是通过不同原料的科学搭配来创新品种。只要厨师们在这方面多花些心思，菜肴的品种就会给人们常新的感觉。

另外，博采众长也是粤菜技术发展创新的动力之一。随着经济文化交流和旅游业的发展，烹饪文化也一直进行着全国、全世界的大交流。事实上，粤菜的发展也是在不断吸收北方烹饪和西菜制作的精华。广州市要建设成为国际化大都市，汇集了中国各大地方菜系和各国饮食风味的餐饮企业，可谓是"百花齐放，各领风骚"。作为四大菜系之一的粤菜，决不能孤芳自赏，夜郎自大，而应义无反顾地坚持走发展地方风味特色，而是要走集东西南北为我所用之路。近几年，使用外域原料、借鉴外域做法、移植外域风味已成为一股潮流。

在日趋兴旺的美食广场和快餐店中，粤菜和广东小吃正朝着卫生、营养、方便、快捷的方向发展。不少饮食集团建立了中心厨房进行集中加工，或由专门的供应商送货，大大地提高了餐饮企业的生产效率，又保证了质量，降低了成本。目前，餐饮业的竞争是全方位、多元化的竞争，不局限于单一的模式，它应该包括餐饮业经营的路线（即如何在市场上定位），经营的模式、档次，经营的规模、手法，投资的方式和组织的形式等等。如专门供应美食精品的高级食府、饮食名家，应突出选料精良、制品上乘、服务周到、装修气派的特点。

（2）粤菜味型丰富，技巧独特，注重营养的均衡搭配，趋向天然健康　粤菜的基本口味特点是清淡为主，多味结合。传统粤菜的调味既有长处，也有不足，其不足主要是口味变化不大。随着饮食的发展和对外交流的频繁，人们的口味要求有了很大的改变，只注重清淡单一的传统口味已不适应饮食市场发展的需要。近十多年来，粤菜的创新、变化最大的可算在口味上了，多种口味的变化以及对味的研究，已是目前粤菜创新的一个方向。

"民以食为天，食以味为先"，味在一个菜肴中，占有举足轻重的地位。人们常议论厨师做的菜，评价大多只有两个字："好味"。口味的变化体现在用料、调味、烹制等各个方面，其中调味是最重要的，特别是调味酱汁的配制。近年来，调味料种类越来越多，品质也越来越上乘，为菜肴的调味提供了丰富的物质基础，而厨师们在烹调实践中不断总结经验，调配出来的各式各样风味独特的酱汁，更为粤菜口味的变化增色不少。

粤菜烹调擅长煎、炒、焖、炸、炖、焗、蒸等技艺，成菜注重色泽。现时粤菜的烹制，已不局限于传统的烹调方法，它融合了各地方菜系具有特色的烹调法，特别是西菜（包括日本、东南亚等国）的烹调法，如西餐的炉焗，韩日的烧烤，日本的刺身，东南亚的咖喱煮等等，制法多变，各具特色，大大地丰富了粤菜的烹调技艺，又如中西餐结合的自助餐，将粤菜与西餐有机结合，使其既有隆重气派，也有轻松、自由、无拘无束的任由选择食品的方式，同时还丰富了菜式的风味。近年来，粤菜的高档宴会开始流行西式装盘造型上菜的服务方式。这就要求厨师在刀工、烹制流程和装盘设计上都有所变化。在宴会服务时，经常出现厨师用餐车现场烹制，即席分菜、装盘、上菜的做法，这不仅使客人感受到新鲜，又能使客人感到受到了尊重，享受到服务的气氛，还将粤菜的"热菜要够热"的特色发挥得淋漓尽致。总而言之，现时粤菜烹调技艺吸取了其他地方菜系和西菜的经验而自成一格，有着鲜明的特点。

身体健康是现代人最大的愿望。注重营养均衡、食物科学搭配、使用天然健康的原料，是饮食潮流的又一趋向。随着现代文明的进步，均衡饮食、注重营养、科学组合正逐渐被人们重视起来，人们越来越懂得绿色健康食物的好处和进行滋补强身的饮食方式，因此，现时制作的菜肴不但要有色、香、味、形，还要有营养，有利于健康。在宴席设计上也增大了蔬果的使用频率，加强了菜品的保健功能。近几年来出现的黑色食物、绿色食品、森林美食（菌类）、田园素食等等，都是保持地方风味，挖掘新原料、新工艺的成果，也进一步反映了人们对饮食的科学和时尚的需求。

粤菜中的广州菜、东江菜、潮州菜虽然构成了粤菜的以上特点，但是这三种地方菜又各有千秋：广州菜配料较多，善于变化，讲究鲜、嫩、爽滑，一般夏、秋力求清淡，冬、春偏重浓醇，在口味上注重"五滋（香、松、脆、肥、浓）、六味（酸、甜、苦、辣、咸、鲜）"，尤其是小炒，要求掌握火候、油温恰到好处；潮州菜以烹制海鲜见长，更以汤菜独具特色，刀工精巧，口味清甜，注重保持主料原有的鲜味；东江菜主料突出，朴实大方，有独特的乡土风味。

四、掌握烹调技术的意义

烹调技术是研究食物原料的性质、用途、切配、火候、调味以及烹调方法，使菜肴具有特定的色、香、味、形和一定营养卫生标准的一门学问。它所涉及的范围甚广，与植物学、动物学、化学、物理学、解剖学、食品商品学和营养卫生学等一系列的科学知识都有密切的联系，并构成了它的科学基础和依据。新一代的厨师要掌握好这门技术，必须做到以下几点：第一，要有扎实的基本功及良好的理论基础；第二，要勤于思考，灵活运用；第三，要不断提高自身的综合素质；第四，加强交际能力和协作意识；第五，要在继承优良传统的基础上，勇于开拓新品种、新工艺。

旅游餐饮业是我国经济不可缺少的重要组成部分，是人们生活中离不开的行业。中国"入世"后，更体现出其独特的重要地位。在这种新形势下，作为烹饪工作者，必须发扬我国优秀的传统烹调技术，"古为今用，洋为中用"，不断推陈出新；要在现代科学技术的基础上，理论联系实际，以理论指导实践，在实践中不断充实理论，努力研究、学习和掌握烹调技术，使我国的烹调技术"更上一层楼"。

五、新派粤菜的特点

近几年，广州餐饮业流行着许多被称为新派粤菜的新款菜式（包括点心），众多餐馆都以此招揽顾客，并且生意兴隆，财源滚滚。其实，所谓新派粤菜，就是秉承传统粤菜的宗旨，在原来传统粤菜的基础上，不断改良创新，再吸收来自我国香港地区的新菜点的烹制技艺和西式菜品的做法而得来的菜肴。新派粤菜较传统的菜式从选料搭配、营养科学及造型意念上都有创新，同时还使用了许多新厨具，如微波炉、电磁炉以及象形碗碟等。新派粤菜的主要变化在于伴边、原料搭配、烹制方式和口味。

伴边新颖是新派粤菜在传统粤菜基础上的又一发展。新派粤菜除了切雕花草、动物装饰外，还吸收了海派、日派花边伴碟的技艺。伴边用料有水果类的橙、柠檬、草莓、蜜瓜、芒果等；蔬菜类除有菜远、菜胆外，还有西蓝花、紫椰菜、西生菜、青瓜、红萝卜、番茄、土豆、芦笋等。如蟹黄鲜虾仁，是把蜜瓜改切后放在碟中摆成心形，再将制作好的蟹黄虾仁放在心形蜜瓜中，从而增加菜肴的美感，增加食客的食欲。又如西蓝花带子，先将西蓝花围成圆形，再将鲜带子放在上面，同时在碟边摆上柠檬片、番茄片或红萝卜片。鲜花使其呈现分明的白、绿、红、黄等色，衬托出主料更有新意，好似一件艺术品一样，使人垂涎欲滴。

原料搭配得当是新派粤菜的另一大特点，如香芒鸡柳，其用料是鲜芒果和鸡柳肉，制作时将水果与肉类集于一碟，颇显清雅；再如将日本秋刀鱼、小八爪鱼、大墨鱼等加入粤菜的拼盘中，不但食味佳，还能给食客一种新鲜感；还有用美国蜜瓜做炖甜品，用鲜椰子做滋补汤炖盅，以及用水果做海鲜沙律冷盘或热炒等。曾在香港中西美食大奖比赛的中菜烹调组获得头盘白金奖的"樱桃仙子"，可以说是新派粤菜的代表作。这个菜用料达十七种之多，集冷热拼盘于一身，并兼有清淡、浓郁、鲜味、辣味、甜味，分热食、冷食，和谐独到。另一个获得中菜烹调组羹汤类白金奖的作品"龙虾过桥"，此菜实而不华，是利用高级的龙虾片配以大众化的炸油条而成的一道清新鲜味的汤菜。可见新派粤菜在原料搭配上是不分贵贱、不论粗精的。但也要特别注意不可胡乱搭配或生硬拼凑，以免造成菜品不伦不类，贻笑大方。只有创意新且切合实际才能得到广大食客的认可。

注重烹制方式的改进是推动烹饪发展的力量，新派粤菜在烹调上把西菜的优点融入粤菜中，并运用先进的厨具，使传统粤菜的烹制方式发生了微妙的变化，如"葡汁时蔬"一菜，制法是先将改好的菜用汤加汁在锅中煨好，然后放入电烤炉至有色、有香味。这个菜前段运用了传统粤菜的烹调方法，后段改用了西菜的制作方法，使得菜肴同时具有了中菜西食之风味。

口味善变是新派粤菜的最大优点。香港烹饪界利用其特有的优越条件，运用了世界各地的食料、汁酱、香料和调味料，这也使得借鉴港菜技术的新派粤菜在口味方面有了明显改变。其中，酱汁的使用令菜式产生了古灵精怪的口味，目前普遍使用的酱汁有葡汁、牛柳汁、西柠汁、京都汁、黑椒汁、橙汁、复合柱侯酱、沙律酱、XO酱等。香港同行常以一个月或一个星期甚至于一天为限，不断推出以不同酱汁烹制的新口味菜式，其速度之快称得上日新月异。

新派粤菜能在传统粤菜的基础上不断发展、更新，并迅速得到国内外食客的认可，除了厨师们的努力和不断构思外，也与新材料不断出现、社会竞争激烈和人的生活习惯不断改变有关。

第二节 厨房布局的原则及基本类型

一、厨房布局的原则

厨房的布局有无数种可能，因而几乎没有两个厨房设计专家设计出的厨房会是一模一样的。每一位设计者都挑选自己喜爱的，而且经过多年观察证明效果良好的布局。虽然每一个厨房的形状都不尽相同，或大、或小、或正方形、或长方形、或异形，但就厨房布局来看，无论哪一种厨房空间，都要遵循下述 4 个布局原则。

1. 形随流程

"形随流程"就是说必须按照烹调工艺流程的特点进行厨房布局。通过分析可以发现图 1-1 所示的厨房布局是不合理的。

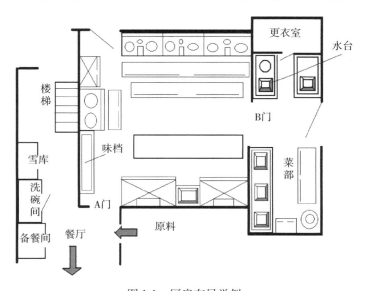

图 1-1 厨房布局举例

把工艺流程放到餐饮运作及空间运动中去看，它就是一个以仓库为起点，以备餐间（即餐厅）为终点的原料移动的过程。因此，"形随流程"的第一个含义是：空间运动中，必须体现烹调工艺流程的规律所规定的空间形状，即对原料的加工烹调的空间运动必受到其加工烹调规律的限制。若忽视了这一点，就会出现图 1-1 的问题，甚至有过之而无不及。

"形随流程"的第二个含义是在烹调部门的空间里，不同的工艺流程应有不同的布局设计。厨房部属于流水线作业，其布局形状就应该是在有限的空间里，按各工序在流程中的顺序来组合排列，通过设备布置和工作流向的联系使其成为有序的、合理的作业整体。点心部的关键工序是砧板，故此砧板应设在点心部的主要路线上（多设在中间），使其与制馅和各出品工序联结为作业整体。

通过总结、分析大量实践经验可知，原料在厨房部空间里的移动基本呈"S"形；原料在点心部空间里的移动基本呈中心辐射形，当然，这仅是指最基本的烹调程序而言。

2. 路随设备

厨房布局的第二个原则是"路随设备"。所谓"路"，是指员工的工作流向。根据现代生产管理要求，工作流向设计的合理之处一方面表现为在空间限制的条件下能实现最方便或最短的工作距离，即尽量减少员工在工作流向中所花费的工作量；另一方面表现在此流向与彼流向之间能够协调进行而不会彼此相阻。因此，这个布局原则的主要问题是处理好设备布置与工作流向之间的关系。

从实践角度看，这两者的关系是：设备布局决定工作流向，工作流向影响着设备布局。这是因为工作流向与原料流向（即工艺流向）是相辅相成的；当设备布局确定之后设备的摆布又规定了工作流向。

图 1-2 所示为菜肴工艺流程的设备布局简图。从图中可以看

出，设备是按照菜肴工艺流程的顺序来布置的，这就规定了烹调
空间的工作流向。如果设备布置不合理，就会引起工作流向的不
协调，出现图1-1所示的布局错误。

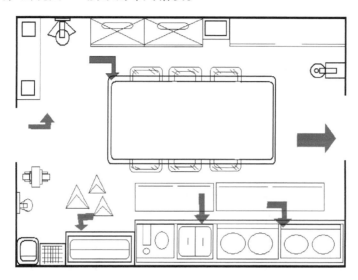

图1-2　菜肴工艺流程的设备布局简图

3. 合理分流

　　图1-1所示的厨房布局之所以不合理，主要的原因是功能空
间的分配不合理，从而影响到设备布置及工作流向。按道理说，
加热空间是出品位置，与备餐间的距离越短越好；切配空间应按
照工艺流程的顺序去排列，但图1-1中却恰好是反过来的，故造
成了各种流向的混乱。所以，烹调布局的第三个原则是"合理分
流"。

　　从规范化设计的角度讲，原料流向在同一个空间平面里应该
只有一个入口和一个出口。原料在空间里的移动是以工艺流程为
准，并且是以设备的布置为条件的（即功能空间的分配），因此
原料的移动应尽量不要重复。

此外，还应注意碗碟流向。正确的碗碟流向设计应该如图1-3所示，碗碟与食品在空间里应分开处理，设不同的出入口。同时，作为辅助空间的洗碗间应独立在烹调空间之外。

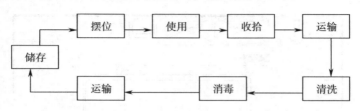

图 1-3　碗碟流向设计

总而言之，合理设计各种流向就是把员工的工作量和物料损耗降到最低，这是进行有效的烹调管理的客观条件之一。

4. 尽地而为、量地而用

酒店或酒家的每一寸空间都有直接或间接的经济效益。厨房空间虽不像餐厅那样直接供顾客使用，但它担负着烹制食品的重任，直接影响到酒店的正常运作，因此，必须尽地而为、量地而用。厨房空间过大，会造成各功能空间的脱节，同时也会增加员工的工作量；厨房空间过小，会造成因工作流向拥挤而影响出品速度和食品质量。

任何餐厅在分配厨房空间时，都应根据其实际情况，将厨房空间与餐厅空间的比例满足一个合理的"度"，适"度"者为尽地而用，不适"度"者为浪费空间。

二、厨房布局的基本类型

1. 直线形布局

直线形布局方法适用于分工明确、厨房面积较大、工作人员相对集中的大型餐饮机构的布局。所有炒炉、蒸柜等加热设备均作直线形布局，一般依墙排列，位于一个大型、长方形的通风排气罩下，集中吸排油烟；厨房的切配、出品线路也按直线形设计，整个菜肴工艺流程通畅无阻，如图1-4所示。这种方法的缺点是，从加热区域到备餐间可能会有较长的距离。

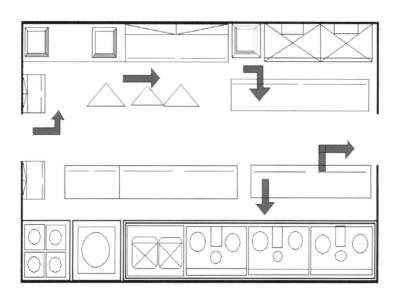

图 1-4 直线形布局

2. 相背布局

相背布局就是将所有主要的加热设备背靠背地组合在厨房内，置于同一个通风排气罩下，厨师相对而站进行操作，其他公用设备可分布在附近空间，如图1-5所示。这种布局方式适用于建筑格局呈方形的厨房。这种布局由于设备比较集中，只使用一个通风排气罩而较经济。

3. L 形布局

L形布局通常将设备沿墙设置成一个L形，如图1-6所示。这种布局方法通常是在厨房面积、形状不便于设备作相背或直线形布局时才使用。具体方法是把炒炉组合安装在一边，把蒸柜、平头炉或汤炉组合在另一边，两边相连成为L形。

图 1-5　相背布局

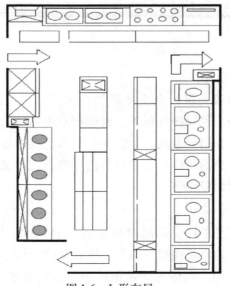

图 1-6　L 形布局

4. U 形布局

这种布局多用于设备较多、人员较少、产品较集中的厨房部门。具体布局时，将工作台、冰柜及加热设备沿四周摆放，留一通道供人员、原料、成品进出，有时甚至连成品亦可从窗口送出。图 1-2 所示的厨房布局即为典型的 U 形布局。

第三节 厨房部门的岗位及职责

一、厨房部的重要性

厨房部是餐饮部中一个重要的生产部门，它担负着企业的主要生产任务，同时也是一个主要的技术性部门，它的生产流程是否畅通，日常管理是否完善，技术力量是否充实，成品质量是否优良，原料利用是否恰当，直接影响到企业的经营、声誉及经济效益。随着旅游业的日益兴旺，人们对餐饮业的要求越来越高，厨房部的作用就更加突出了。这就不仅要求厨师要不断提高烹调技术，更要求厨房部的技术管理人员有一套完整的管理知识系统，只有这样才能适应当今餐饮业激烈的竞争。

二、厨房部各岗位的职责

厨房部是一个多工种部门，它主要有三条工艺流程线，分别是埋线、中线、开线。开线包括有砧板岗、刺身岗、水台岗、剪菜岗；中线是指打荷岗和推销岗；埋线包括后锅岗、上杂岗、煲仔岗。各岗位的职责分别是：

1. 砧板岗 分为头砧、帮砧、三砧、四砧等。

（1）头砧

1）掌握原料的产地、季节、起货成率、鉴别、加工和使用方法等。

2）负责熟料、名贵干货刀工切配，拆卸火腿，料头切配，

17

配制筵席菜单原料。

3）负责制订本岗位原料的采购和领货计划。

4）全面指挥开线的生产技术；带好徒弟，做好教研活动。

5）经常与埋线、餐厅、营业部联系和沟通，一起研究、开发新的菜式。

（2）帮砧

1）懂得原料的产地、季节、起货成率、加工和使用方法等。

2）负责管理冷库（柜）；肉料加工成形，配制筵席菜单肉料；配合好头砧工作。

3）研究创新时令菜式，指导下面岗位工作，做好肉类货源计划。

4）带好徒弟，做好砧板岗的其他工作。

（3）三砧

1）负责生熟馅料的制作和原料腌制，协助帮砧管理好冰柜及筵席菜单肉类的准备。

2）加工日常肉料，配好一般筵席菜单和散单工作。

3）指导第四砧工作，做好砧板的日常工作。

（4）四砧

1）协助三砧的工作，加工日常肉类。

2）配好散单原料。

3）负责腌制姜芽、咸菜等，指导水台岗等工作。

2. 刺身岗

1）要有扎实的刀工基础。

2）熟悉各种类型的海鲜宰杀方法，规格要求准确。

3）负责各类刺身、鱼生、虾生的制作以及原料的保存。

4）做好本岗位原料的进货计划。

3. 水台岗

（1）头水台

1）负责禽畜类原料的保管、斩起、剪、拆、洗等初加工技术操作；指导帮水台岗位的工作。

2）懂得本岗位范围牲畜的起货成率。

3）做好本岗位的原料进货计划。

（2）帮水台

1）负责禽畜类原料的保管、斩起、剪、拆、洗等初加工技术工作。

2）负责水台岗早、晚班开、收档工作，兼将水台岗的刀具磨好及保管工作。

4. 剪菜岗

1）负责保管好各类蔬菜、瓜果。

2）熟悉各种蔬菜、瓜果的清洗和剪改工作。

5. 后锅岗　分为头锅、二锅、三锅、尾锅等。

（1）头锅

1）全面指挥后锅岗的一切生产技术工作，经常与砧板岗、餐厅、营业部联系协调，共同做好工作。

2）负责调配厨房所需的调味汁酱，以及筵席菜肴的制作。

3）经常与砧板岗、餐厅、营业部联系协调，共同做好工作。

4）指导创新菜式，指挥其他后锅、打荷岗的工作，带好徒弟。

（2）二锅

1）负责对高档的原料进行初步热处理（如滚、煨鱼翅、海参等），兼做后锅岗的一切业务工作。

2）协助头锅烹制大、小筵席菜肴，研究创新菜式，带好徒弟。

（3）三锅

1）以烹制一般筵席菜肴和散单为主，兼顾筵席单尾菜肴及粉、面、饭等的制作。

2）带好徒弟，指导尾锅操作。

（4）尾锅

1）负责原料的热处理工作，如滚、炸、焖等。

2）负责一般筵席、散单及粉、面、饭、筵席单尾菜肴的制作。

3）辅助其以下岗位人员的技术操作。

6. 上杂岗

（1）头杂

1）负责熬汤、蒸、煲汤、爌、炖等全面技术工作。

2）涨发高档干货原料（如鲍鱼、鱼翅、海参等）。

3）指导帮杂涨发一般干货原料，带好徒弟。

（2）帮杂

1）涨发一般干货原料，并协助头杂涨发高档干货原料。

2）协助好头杂做好熬汤、蒸、煲汤、爌、炖等工作。

3）负责早、晚原料开、收档工作，保管好半制成品及冰柜的管理。

7. 煲仔岗

1）熟悉煲汤的制作方法，兼顾协助上杂岗工作。

2）负责各类煲仔、啫啫、铁板菜式的制作。

8. 打荷岗　可分为头荷、二荷、三荷、尾荷等。

（1）头荷

1）全面负责指挥中线的技术操作。

2）协助头锅师傅调配所需的汁酱。

3）负责做好上菜的准备工作，指挥上菜的次序。

4）做好与餐厅部、砧板岗、烧腊部的沟通和协调工作。

5）每天做好领货计划，辅导其以下岗位的技术操作。

（2）二荷

1）协助头荷工作，负责领货工作。

2）做好上菜前的准备和菜肴造型、卫生工作等。

3）负责原料的初步热处理工作（如滚、煨、爆等）。

4）负责清理后锅岗和荷台岗的环境卫生。

（3）三荷、尾荷

1）协助二荷做好日常工作。

2）做好上菜前的准备和菜肴造型、卫生工作等。

3）负责清理后锅岗和荷台岗的环境卫生。

9. 推销岗

1）开档前协助各岗位做好领货工作。

2）负责将菜肴在第一时间从厨房送到餐厅。

3）负责清洁厨房的公共地方，涨发普通的干货。

第四节 厨师和厨房管理人员的基本素质

一、厨师的思想素质

烹饪技术是我国的优秀文化遗产，它是勤劳勇敢的中华民族智慧的结晶。在烹饪事业迅速发展的今天，人们不仅要吃得有滋味，而且还要有营养，所以，每一位厨师都肩负着将烹饪事业继承、发展、弘扬光大的重任。作为一名厨师，应具备良好的综合素质，其中最重要的也是最基本的素质应当是厨师个人的思想素质。

（一）爱岗敬业，热衷于烹饪事业

厨师的工作环境条件相对于其他职业来说是比较差的，每天都要与各种肉类、蔬菜、油、酱料等打交道，又脏又累，而且上班时间相比其他工作较特别，没有太多的时间照顾家庭。正是由于这样的原因，许多人刚进入此行工作不久就改行了。要成为名副其实的厨师，必须要有克服这些困难的心理准备，即在工作中不挑岗位，并且能在平凡的岗位中发挥出光和热。特别是刚入行的人员，还应从最基层的岗位做起，做到干一行、爱一行，要有献身于烹饪事业的坚定信念，这对一名厨师来说是非常重要的。

（二）尊师重教，建立新型师徒关系

尊师重教是我国传统的优良美德。在烹饪行业中，往往会有师傅很不愿把技术传授下去，而年轻人又迫切想学到技术的局面，要想改变这种状况，关键还在青年人。在日常工作中，初学者必须本着虚心请教和尊重师傅的态度，积极主动地向师傅学习技术。尽管师傅在某方面有不足之处，但毕竟他是技术上的师傅，要相互理解，从师傅身上学到过硬的本领。一旦当你能独立操作，成为一名成熟的厨师时，也要像以往那样尊重师傅，正如俗话所说的那样"一日为师，终身为父"。

而作为一名师傅，要打破传统的"教会徒弟，饿死师傅"的观念，和徒弟建立新型的师徒关系。这些，应当建立在把烹饪工作做好、学好的基础上，要相互理解、相互信任、相互传授、相互学习和相互提高。在实际工作中，徒弟同师傅除了在技术上有学习和传艺的关系外，在思想意识、沟通感情等方面都要融洽，而且师傅还要鼓励徒弟有"青出于蓝而胜于蓝"的气魄。作为从事烹饪事业的青年厨师，应该树立赶上和超越师傅的雄心壮志，虚心向师傅学习技术，吸取他们的先进经验，从而将我国的烹饪事业推向新的高度。

（三）真本事来自基本功，学厨贵在主观努力

烹饪工作和其他工作一样，同样是讲究基本功的，如翻锅、火候的掌握、原材料初步加工、刀工切配、干货涨发等。现时某些年轻的学厨者，进入厨房后首先想到的是学炒菜，或是直接切配筵菜原料，若是被分到其他岗位工作，就显得不高兴，甚至甩手不干。因为这些年轻人学技心切，求知欲望强，总想尽快学到"真本事"。但是要知道，没有良好的基本功，所谓技术只是空中楼阁，经不起任何考验。只有扎扎实实学好基本功，将菜肴的搭

配、制作工艺及调味技巧弄懂，并且由初级到高级，一步一步发展，不断掌握提高，才算是学到"厨之根本"。所以说，学厨始于基础训练。

（四） 提高文化素质，重视烹饪理论的学习

我国是一个"烹饪王国"，有着悠久的烹饪历史，前人为我们留下了丰富的烹饪文化资料和宝贵的制作经验，作为厨师，要对本行业的历史和发展有所了解。从古到今在烹饪这个领域中，大量的烹饪专著，对我国菜肴的形成、制作工艺、风味特点有着精辟的论述。对于今天的厨师来说，这些珍贵的文献资料无疑是一笔巨大的财富。因此，要想吸取这些文化宝库的营养，没有相应的文化知识又怎能做得到呢。

在学习烹饪技术上，除注重实践工作能力外，还要掌握丰富的理论知识。通过理论知识的学习，不但可以掌握菜肴的制作工艺和原理，还可以帮助厨师找出自己存在的不足之处，从而有针对性地提高职业技能。另外通过学习，可吸纳不同菜系的精华，并将其与本菜系融为一体，做到立足于本帮菜系，博采众长。而学习是提高的主要途径，学习与提高是厨师向更高领域发展的必经途径。

23

（五） 要善于总结经验教训，勇于在技术上拔尖

俗语说"失败是成功之母"，对于初学者而言，开始在菜式制作上难免有这样或那样的差错。有人遇到这种情况，就会退缩，像得了恐惧症一样，再也不敢尝试，这样的消极态度只会使你永远都不能从失败中站起来。相反，若采取积极的态度，冷静、认真地反省，就会从中找到成功的经验或失败的教训。作为一名厨师，失败与成功同等重要，都能从中得到有益的教诲。优秀厨师的经验就是这样一点一滴地积累起来的，因此，在学习和实践工作中要善于总结经验教训，为日后发展奠定良好的基础。

俗语说"旱地里长不出水稻",这句话说明环境对事物的存在、事业的成功总有着不可低估的作用,厨师要有学习和掌握高超技术的进取精神,用自己高尚的职业道德和精湛的烹调技术,争当本行业的技术楷模。特别是中年厨师,因为在这个年龄段的厨师基本到了成熟阶段,碰到再提高的问题,有两种选择:一是认为现时所掌握的技术足以应付日常的工作需要,有一种自我满足感;另一种则是放下架子,虚心请教,抱着一种学无止境的求知欲望,向技术挑战。我们提倡的是后者,在当今竞争激烈的环境下,不进则退,要在餐饮业中能成为一棵常青树,不论在任何情况下,都应诚心实意向同行请教,毫无保留地展开技术交流,这样自然就能从中获得教益。这也是厨师可持续发展的必要素质。

(六) 切磋技艺,不断创新

人们日趋变化的饮食观念集中体现在用料和口味上,作为厨师则应以更为新鲜、更为新奇的用料和口味,满足食客的需求。要达到这个目的,单凭一个人或几个人的力量是难以实现的。可通过行业内组织的烹饪研讨会、举办美食节等形式,通过探讨、交流,解决实际工作中存在的问题,推介新知识、新工艺、新原料,使广大厨师从中得到启发和帮助。通过技艺切磋,新的菜式将会源源不断地涌现出来。要做到这一点,首先要解放思想,不受旧观念束缚,特别是中青年厨师应多接受新生事物,提高自我认识;其次,创新意识要强,大胆将传统菜式在包装上、口味上加以改革,要开拓更多的新原料和制作工艺;其三,撰写专业学术论文,将实际工作中的体会和经验写成论文,在专业杂志上发表或上传在网页上,这样有利于技术的交流,互相取长补短,从整体上提高厨师的业务水平。

总之,在市场经济逐步完善的宏观条件下,在厨师行业自身的业务水平和职业素质越来越高的前提下,烹饪行业对厨师的思想素质要求应摆在首要地位。

二、厨房管理人员应具备的素质

厨房部是餐饮部中的核心，要把企业经营好，要想让客人常来常往，使企业持续发展，并在社会上形成品牌，这不仅要求厨师们的烹调技术要不断提高，更要求厨房部的管理人员有一套专业的管理知识，只有这样才能适应当今餐饮业的发展需求。要当好厨房技术管理人员，应具备以下几方面的素质。

（一）全面掌握厨房部各工种技术知识和岗位职责

厨房部是一个多工种、多岗位的部门，每个岗位都有着不同的职责要求，而且各岗位的工作也是互相衔接、环环紧扣。因此，要当好一名厨房技术管理人员，就必须全面掌握厨房各工种、各岗位的技术和职责，才能合理安排、有效地掌握和有力地推动整个部门的工作，提高工作效率。

（二）合理安排人员，配套选用设备、安全管理，确保生产良好运作

厨房部是一个技术性较强、生产设备和工作人员较多的部门。一般中型餐厅的厨房会有十几个工作岗位和数百个餐位，每天制作出的菜肴达数千款。所以，厨房人员安排是否恰当合理，指挥生产是否灵活机动，配套设备是否完备，都是对管理人员组织指挥能力的考查。

1. 配套安排生产设备 设备布局主要根据场地的实际情况和岗位工艺而定，通常分为埋线、中线、开线。后锅岗与上杂岗联在一起；砧板岗与水台岗联在一起（或贴近），砧板岗位的配菜工作台与打荷台距离相对大些，以适应出菜通道的需要；冰柜尽量放在靠近砧板与水台岗的地方；剪菜岗最好接近砧板后面或隔壁；厨房的下水道要做成明渠，并且出口要宽，地面要铺防滑砖，且成龟背形，以便于排水；厨房应有两个出口，一个用于

将菜肴送到餐厅，要求距离较短，便于菜肴迅速送到客人桌上，另一个出口用于货物的进出和防火通道。

设备配套的另一方面是根据餐厅的用餐座位而定。目前顾客对菜肴的要求越来越高，不仅质量要好，而且供应要快，要达到这个效果，首先应具有技术熟练的厨师，但也不能忽视设备的配置。根据经验总结和现在设备情况分析，通常厨房设置一个炒锅要负责80个餐位的供应任务；若餐厅是以经营海鲜为主的，则水台和上杂岗应多设1～2个岗位；若餐厅是经营大众化菜，以小炒为主的，则应增设两个炒锅，加快供应速度；一般砧板岗位与炒锅岗位数量相近；若原材料是统一由加工间提供给厨房部的，则砧板岗位可减少。

2. 人员岗位设计与安排　在岗位人力安排上，作为厨房管理员，首先应了解部门所有人员的技术程度、技术专长，按岗位工作特点来安排人员，明确职责，充分发挥员工的技术专长，尽量避免因技术跟不上而出现问题。按现在餐饮业市场的需要，以中、晚饭每天八小时工作制计算，通常一名后锅师傅配备七名生产人员较为适宜，亦可根据实际情况增减。

3. 做到安全生产、文明操作，防止事故发生　厨房是餐饮部生产的核心，同时也是安全事故的高发区，厨房安全事故一般包括火灾、食物中毒、工伤等。作为厨房管理者，除了做好日常生产工作外，还要时刻把"安全"两字记在心中，厨房管理者是厨房部门安全第一责任人。为了防止事故的发生，首先，应在设备旁贴（挂）上设备使用说明书，在电源开关上贴上危险警示标志；其次，要安排专业人员定期检查电路的安全情况、设备的运行情况，发现异常情况及时维修好；其三，定期组织员工召开安全会议，将安全意识灌输给每位员工，起到全员重视的作用；其四，每天在餐前检查食品的质量，发现异常情况及时处理，防止发生食物中毒事故；其五，厨房设计和使用的建筑材料要合理。在设计上要求三线平衡，通道要宽，地面要求有一定的倾斜，便于排水，地面要使用防滑材料，这样才可避免事故的发生。

（三） 负责检查菜肴质量，亲自烹制高规格及重要宾客的菜肴

质量是企业的生命线，也是永恒的管理主题。作为厨房部的管理人员，要时刻做好产品的控制、检查工作，确保每道菜肴送到客人面前都总是最完美的。在工作中管理人员不但自己亲自督查指挥，做好表率，还要督促每个岗位的技术骨干做好工作，倡导全员积极参与，共同做好这项工作。

厨房的主要管理者也应是技术的佼佼者，除日常的管理工作外，还应亲自下厨，起到技术带头、指导他人的作用。特别是一些档次高的筵席，或者是接待重要客人的筵席，都应亲自下厨烹制，这样不但能确保菜肴的质量，还可起到技术带头作用，树立管理者的威信，更有利于日常工作的开展和技术交流。

27

（四） 加强与各部门的联系，提高菜肴质量

厨房部门要做出好的菜肴，单纯靠本部门的力量是远远不够的，必须要与餐厅部、货仓部、营业部密切联系，相互协助，才能把各部门的工作做好，企业才能发展，作为厨房管理员应该明白这点。

首先，菜肴质量的好坏、受客人欢迎与否，以及客人对菜肴的评价等等，厨房是难以听见、看见的，主要的途径就是要通过餐厅的人员反馈，才能及时得到改进，不断提高菜肴质量和完善内部的管理结构。此外，多与餐厅部联系，还可以检查厨房部菜肴供应的速度和次序是否合理，有利于改进内部存在的问题。在这个环节中，厨房管理人员应主动、虚心征求和听取餐厅部的意见和合理建议，绝对不能夜郎自大，千方百计推脱责任，要采取积极的态度，找出问题并及时解决。

其次，在原材料采购方面，厨房部应与货仓部经常联系，要做到定时、定质、定量，确保食品正常供应，具体应做到：

1. 做好原材料的进货计划 厨房管理人员要根据每天的供应销售情况，筵席菜单的原料需求情况，提前做好进货计划清单；另外，还要根据季节时令及创新菜式的需要，做好原材料的申购计划，并且注明对原材料的质量要求。这样才能使货仓有计划、有针对性地采购原材料，并适当地储存材料，否则货仓采购便会产生盲目性，或者会影响厨房部的正常工作和材料供应。

2. 经常与货仓部交换意见 厨房部除了根据本身日常要供应的菜肴品种、季节变换品种而做出采购计划外，还必须根据部门内存货的情况，根据采购员提供的有关市场货源供求、进货渠道、价格等方面的信息，合理编排供应菜式，推出新菜式，争取解决积压的货源和充分利用市场物价的变化，力求降低菜肴成本。厨房部还要及时向货仓主管反映有关领用原料的质量情况，有利于仓管员对货源管理和进货价的控制掌握。对于某些原料存放较长，质量较差，厨房部要根据货仓的情况尽量为其提供技术处理上的指导，并在条件允许的情况下，积极帮助货仓使用或处理这些积存多的原料。

3. 准确地核算成本，争取更大的盈利 现在的市场货源越来越丰富，价格也随着供求关系的变化出现波动。因此，厨房部管理人员应随时向货仓有关人员了解货源进货价格，结合起货成率，合理正确地计算出原料成本价格，向营业部及时提供参考数据，或迅速调整菜肴的搭配，力求保证企业和顾客的利益不受损害。由此可见，厨房与货仓的经常性沟通，是保证日常菜品供应，保证菜肴质量的稳定性，降低菜肴的成本，赢得社会效益和经济效益的关键。

再有，在菜肴花式品种的变化中，在经营的手法、筵席菜单的编排和制定菜肴价格等方面，必须与营业部相互加强联系，从而使菜品质量不断提高，时令菜品不断更新，具体工作如下：

1）每天要主动提供厨房内所存的货源情况，尤其是鲜活和急销货源，以便于营业部编写筵席菜单和出牌销售。

2）要经常向营业部提供技术资料，如新进原材料的起货成率，菜肴的搭配，菜品的风味特点，以及受季节、产地等因素影响的情况，以便营业部掌握新情况进行核价。

3）要经常向营业部提供时令创新菜单，向营业部和服务员讲解菜式的特点及制作工艺，以便于使新菜品迅速与客人见面。

4）主动、虚心听取营业部的意见，让其发挥参谋作用，不断改进和提高制作工艺，从而提高菜肴质量。

（五）发挥好技术骨干的作用，培养青年接班人

企业的可持续发展，人才起着关键性的作用。厨房部的岗位众多，而且各个岗位工种的特点又各有不同，人员的组合也较复杂。如何调动技术骨干的积极性，发掘和培养技术人才，是每个管理人员都会面对的问题。首先，要制定一套对钻研技术、爱岗敬业人员的有效激励机制，使每名厨师在岗位上充分发挥特长。定期组织厨师进行技术考核，制定末位淘汰、岗位调动等制度，激励厨师们在技术上积极进取；其次，进行技术交流，全面提高专业技术。一方面组织部门核心技术人员，定期研究制作新的菜式，供应给客人；另一方面多参与行业组织的技术交流会、美食节等活动，让厨师们增长见识，学习和吸收同行的先进技术及经验，并能在自己的岗位上发挥得更为出色；其三，在工作中各人员要进行相互配合、取长补短，共同完成生产目标和提高部门管理工作；其四，注重培养青年技术接班人，在企业内部要做好青年厨师的培训计划，掌握青年厨师的技术情况，在日常工作中对有潜质的青年厨师注重"传、帮、带"或送到职业学院进行进修，使青年厨师迅速成长，成为企业中的技术骨干，为企业可持续发展奠定坚实的基础。

对于厨房部管理者来说，没有什么固定的管理模式，只能靠

在日常工作中不断探索、总结和提高，用发展的眼光看问题，用先进的管理手段来解决发展中存在的问题。

复习思考题

1. 现代粤菜是怎样形成和发展的？
2. 试述粤菜组成的风味特点。
3. 地方风味和风味有什么区别？
4. 厨房布局有哪些基本原则？
5. 厨房部门的岗位种类有哪些？
6. 概述各岗位的职责及功能。
7. 现代厨师应具备的基本素质有哪些？

第二章　原料加工的基本知识

【学习目标】

1. 掌握蔬菜的加工方法。

2. 掌握水产品的加工方法。

3. 了解禽类的初步加工方法。

4. 了解兽、畜类的初步加工方法。

5. 了解干货原料的涨发方法。

一、原料加工在烹调中的地位和任务

原料加工是整个烹调过程中的重要环节，这项工作范围广，内容复杂，并具有一定的技术性和艺术性，是烹调技术的基础。

原料加工主要包括原料的初步加工、干货的涨发、原料的切配等多方面工作。原料加工之所以占有重要地位，是因为原料购入以后，不能直接用于烹调制作，必须按照不同的烹制要求、不同的菜品质量进行不同的细加工和配料。原料加工是烹调前必不可少的工作。

原料加工范围广、任务重，它不是简单的手工操作，还要注意一定的加工技巧。如：鲜活原料初加工中加工动物性原料时，若动物的血放不净，就会使肉色发红，甚至变黑，被人误解为是不新鲜的原料，就会大大降低食品的质量；植物性原料选择、加工不合理，亦会大大影响菜品质量。干货的涨发中，不掌握过硬的技术，不仅材料达不到食用的要求，还会降低名贵原料的质量或造成浪费。刀工技术不精细，会使菜品造型走样，色彩严重失真，达不到预期的效果。

原料加工过程中，必须分工合作，专职专责，以利于提高工作效率，保证原料加工的质量。粤菜在原料加工中的主要岗位安排如下：

1. 剪菜岗 主要负责蔬果的初步加工。

2. 水台岗 主要负责鲜活动物性原料的初步加工。

3. 砧板岗 主要负责鲜活原料的细加工、配菜及部分干货原料的浸焗涨发加工。

4. 上杂岗 主要负责动物性干货原料的涨发加工。

二、原料加工的基本要求

原料加工不是一种简单的操作，它是一个复杂的过程，需要精细的技术和严格的指标，这就要求做到：

1）熟悉和了解各类原料的结构和性能。各种原料千差万别，具有不同的组织结构，只有熟悉它们的特性，才能顺利地施以加工，使其符合烹调要求。如动物性原料，多需剖剥、拆卸使用，若不掌握它们的骨骼结构和肌肉分布情况以鉴定质量，就不能达到合理用料、合理烹调的要求，甚至会破坏原料美观的形状。不同的原料，不同的品种，或同一品种不同的产地、产期，它们的性能都会有差异，如肥瘦、老嫩。这就要求根据烹调的需要加以选择，在加工过程中区别对待。如果不熟悉原料的结构和性能，就会使原料加工的形态不完整，起货成率低，甚至造成浪费。

2）掌握原料加工的规格要求。对于各种需要加工的原料，首先要了解它们的用途和所要达到的规格要求，才能更好地根据烹调的需要，加工出各种合格的半制成品，保证菜肴的色、香、味、形不受影响。

3）要注意操作的方法和技巧。好的方法和技巧是提高工作效率、保证质量的必要手段。不同的原料其加工方法也有不同，这就要求操作者在加工某一原料前，必须了解和掌握加工方法和操作顺序，并要准备好必要的工具，以免延误时间或因盲目操作而降低甚至破坏原料的质量。

4）保证食品卫生合格。原料的加工应清除不能食用的部分和杂物，加工过程要符合卫生要求，对各类原料必须清洗干净。对质次的原料应及时地作出妥善处理，腐败、变质的原料必须淘汰。

5）注意节约，做到物尽其用。在清洗、剖剥、拆卸、整理等过程中，既要清除不能食用的部分和污秽，同时又要遵循节约成本的原则。在加工过程中，应选用合适的原料，合理地分档取料，做到大材大用，小材小用，并尽量减少损耗，以提高起货成率，降低菜肴的成本。

33

第一节　蔬菜的加工方法

一、蔬菜的分类

在烹制菜肴中，蔬菜的应用是最广的，它既可以单独组成一个完整的菜肴，亦可作配料用。蔬菜的品种很多，季节性较强。按季节，蔬菜可分为春季蔬菜、夏季蔬菜、秋季蔬菜、冬季蔬菜和常年蔬菜；按照构造和可食用部位可分为叶菜类、茎菜类、根菜类、果菜类、花菜类和食用菌类。

二、蔬菜初步加工的一般原则

蔬菜的食用部分因品种不同而有所不同，但不论使用蔬菜的哪一部分，在加工时必须做到：

1）黄叶、老叶必须去除干净，老的部分必须切除，以保持原料的鲜嫩。

2）虫卵、杂物、泥沙必须清洗干净，以保证用餐者身体健康，合乎食用的卫生要求。

3）尽量利用可食用部分，做到物尽其用，切忌浪费。

4）结合烹调要求，严格注意加工的规格要求。只有注意加工的规格要求，才能做出精美的菜肴。

三、常见蔬菜的加工方法

1. 菜心、芥蓝 适用于炒、扒的菜式。

（1）郊菜（又称玉树） 剪去菜花及叶尾端，在郊菜茎部12cm处斜剪而成，适用于扒、炒、伴边之用。

（2）菜远（又称玉簪） 剪去菜花及叶尾端，在菜远茎部6cm处斜剪成段即成，适用于炒名贵菜的配料。

2. 凉瓜（苦瓜） 适用于炒、酿、焖的菜式。

（1）炒 将苦瓜开边，去瓤、切去头尾端，焯熟后斜刀切成片。

（2）酿 将苦瓜切去头尾端，按每段1.5cm直刀切成段，挖去瓜瓤，成瓜环状。

（3）焖 将苦瓜开边、去瓤、切去头尾端，焯熟后切成长4cm、宽2cm的"日"字形件。

3. 芥菜、生菜、小白菜 适用于炒、扒、滚的菜式。

（1）改菜胆 切去原料的头尾端，去部分软叶留梗，改成14cm长。在头部用刀切"十"字，约0.5cm的深度，若大株则一开二。适用于炒、扒的菜式。

（2）用于滚汤 切去原料根部和老叶，再切成约5cm的菜段。

若生菜亦可作菜包的配料，将菜叶洗净，消毒，叠齐，再改成直径约10cm的圆形。

4. 绍菜（又称为大白菜、津菜、黄牙白） 适用于炒、扒的菜式。

（1）绍菜核　将原棵菜头摘去老叶，将嫩叶剥下，撕去菜筋，开边，再改成长约 15cm 的"榄菱"形（即菱形），适用于作炒、扒的菜式。

（2）绍菜胆　将嫩叶剥至胆时，不再剥叶，根据菜胆大小开两边或四边，适用于作炒、扒的菜式。

5. 鲜菇　适用于扒、焖、炒、滚、酿的菜式。

用刀削去头部的根和泥，用刀在头部切成约 0.5cm 的"十"字纹，再在菇顶浅切一刀。若较大的，则一开二，适用于炒和焖的菜式。用于酿的菜式，只取菇头部分。

6. 冬瓜　冬瓜用途甚广，因而加工成形也较多。

（1）瓜盅　将有皮无破伤的冬瓜近蒂部分约 24cm 高处切断，在刀口处刨斜边至见白肉为止，用刀改刻锯齿形，然后挖去瓜瓤成盅形（可在瓜皮刻图案）。用于整只炖的菜式。

（2）瓜件　将冬瓜去皮、去瓤，改成约 20cm 的大方件，然后去四角（亦可改成"柳叶"形或"蝴蝶"形等图案）。例如用于"白玉藏珍"等菜式。常用于炖、扒的菜式。

（3）棋子瓜　将冬瓜去皮、去瓤、洗净，改成约 3cm 直径的圆条，再切成厚约 2cm 的"棋子"形。适用于焖、炖的菜式（若用于名贵的菜式可改成"梅花"形）。

（4）瓜脯　将冬瓜去皮、去瓤、洗净，改成"海棠叶"形或其他形状。若用于做火腿夹冬瓜，改成约长 8cm、宽 4cm 的"日"字形（或"蝴蝶"形），在侧面切入四分之三夹火腿。适用于扒的菜式。

（5）瓜粒　去皮、去瓤，洗净后。先开条，后切成 1cm 的方粒，适用于滚汤。

（6）瓜蓉　去皮、去瓤，用姜磨磨成蓉状（亦可把冬瓜白肉放于汤水中蒸软后用手搓成幼蓉状），适用于烩羹的菜式。

7. 丝瓜（又称胜瓜）　适用于炒、滚汤、扒的菜式。

（1）瓜脯　切去头尾端、刨去棱边，留瓜青，开成四边去部分瓜瓤，按7cm长切成段。适用于扒的菜式。

（2）瓜件　与瓜脯的加工方法相似，按长4cm、宽2cm切成"日"字形或菱形，适用于炒的菜式。

（3）瓜粒　切去头尾端、去棱边、开边去部分瓜瓤，改成长、宽各1cm的方形或菱形，适宜滚汤或炒丁的菜式。

8. 茄瓜（又称矮瓜）　适用于焖、蒸、酿的菜式。

（1）瓜条　将瓜切去头尾端、刨去皮、开边，改成长7cm、宽2cm的方条，适用于焖或蒸的菜式。

（2）瓜夹　将瓜切去头尾端、刨去皮、斜切成3cm厚的双飞件，适用于酿的菜式。

9. 节瓜　适用于扒、焖、酿、煲的菜式。

（1）瓜脯　选用新鲜嫩的节瓜将其去毛皮，切去头尾端，开边挖去中间瓜瓤，用刀在瓜肉表面刻"井"字花纹，适用于扒的菜式。

（2）瓜环　选用细条均匀的瓜，去毛皮，切去头尾端，按长2cm切段挖去瓜瓤，适用于酿的菜式。

（3）丝状　刮去毛皮，切去头尾端，斜切厚约5cm的片状，然后再切成丝状，适用于焖的菜式。

（4）片状　刮去毛皮，切去头尾端，切成长4cm、宽2cm、厚0.4cm的"日"字形，适用于滚汤、焖的菜式。

（5）块状　刮去毛皮，洗净，按约6cm切段，适用于煲汤的菜式。

第二节　水产品的加工方法

一、水产品初步加工的一般原则

广东属于沿海地区，省内河流密布，出产的水产品种类相当丰富，加上外地运来的水产品，品种更是数不胜数，给粤菜的烹调奠定了良好的物质基础。水产品味鲜肉美，营养丰富，因此用水产品制作出的菜式在粤菜中占有重要的地位。

水产品的初步加工主要有宰杀、刮鳞、取内脏、洗涤、起肉等过程。但具体做法要根据不同的品种和用途来决定。总的来说，应注意以下四个原则：

（1）注意营养卫生　水产品初步加工时，必须除去各种污秽杂质，如鱼鳞、鱼鳃、内脏、血水、黏液等，并洗涤干净。

（2）注意不同品种和不同用途加工方法的差异　如一般鱼取内脏要剖腹，但有些整条蒸的鱼取内脏应从鱼口拉出。例如鲈鱼，在用于蒸或炒时，其加工方法就不同。

（3）注意形态的美观　不少水产品是以整体或起肉后加工烹制成菜肴的，在初步加工过程中，应保持其外形的完整及肉质的洁净，以免影响菜肴造型的美观及食用的质量。

（4）注意节约，合理选用原料　如用于起肉改鱼球的，可选用1000g以上的鱼，如用于整条蒸制，可选用1000g以下的鱼。

二、水产品的加工方法

水产品的种类繁多，体态各异，加工方法也很多。下面介绍常用水产品的初步加工处理方法：

1. 鲩鱼、大鱼、鳊鱼、鲮鱼、鲤鱼、鲗鱼、鲢鱼

（1）用于整条蒸菜式的加工方法　先用刀在鱼鳃下横拉一刀放血，再将鱼侧放，用食指和拇指扣紧鳃部。一手执刀从尾至头刮去鱼鳞，再从鳃下至尾鳍用平刀将鱼腹开肚，挖出内脏，刮去黑膜，用刀挖去鱼鳃，洗净（如是鲩鱼则要挖去鱼牙，因其牙味苦）。

（2）用于炒、炸菜式的加工方法　将已经取出肠脏的鱼侧放在砧板上，用平刀由尾部开始，紧贴着脊骨逆刀而上至头部，将鱼肉起出（用同样的方法起出另一边鱼肉），最后斜刀起出腩骨。

2. 鳜鱼、鲈鱼、石斑鱼、黄花鱼等

（1）用于整条蒸菜式的加工方法　将鱼拍晕，刮去鱼鳞，在

肛门上方 0.5cm 处横切一刀（将鱼肠切断），用火钳从鱼鳃两侧插入鱼肚内，顺一方向扭动使鱼肠脏粘附在火钳上，随即把火钳连肠脏拉出，洗净。若是大条的石斑鱼，应用热水略烫后再刮鱼鳞。

（2）用于炒、油泡、炸、蒸菜式的加工方法与鲩鱼起肉方法一样。

3. 生鱼

（1）用于整条蒸菜式的加工方法　用刀拍鱼的头部至晕，在鱼鳃根部戳一刀放血；从尾部至头部刮去鱼鳞（鱼头的鱼鳞也要削净）；然后将鱼的腹鳍、尾鳍起出；用刀从头部沿着背脊将鱼肉与鱼骨分离，破开鱼头（鱼嘴部位相连），用刀从尾部沿着背脊将另一边鱼肉与鱼骨分离，并把脊骨从头部至尾部的一段截断、取出，去除鱼鳃和肠脏，在鱼肉上切"井"字花纹，洗净。

（2）用于煲汤菜式的加工方法　用刀拍鱼的头部至晕，在鱼鳃根部戳一刀放血；从尾部至头部刮去鱼鳞（鱼头的鱼鳞也要刮净），刮去黏液；开肚取内脏，挖去鱼鳃，洗净。

（3）用于炒片、油泡、炸菜式的加工方法　用刀拍鱼的头部至晕，在鱼鳃根部戳一刀放血；从尾部至头部刮去鱼鳞（鱼头的鱼鳞也要刮净）；然后将鱼的腹鳍、尾鳍起出；用刀从头部沿着背脊将鱼肉与鱼骨分离，并在近头处下刀，再从尾部沿着背脊将鱼肉与鱼骨分离，并在近尾处下刀，最后取出鱼肉（两侧脊肉与鱼腩应相连），洗净。

（4）用于斩件蒸的菜式加工方法　用刀拍鱼的头部至晕，在鱼鳃根部戳一刀放血；从尾部至头部刮去鱼鳞（鱼头的鱼鳞也要刮净），挖去鱼鳃，刮去黏液；按厚 0.8cm 切断呈"金钱片"，挖去肠脏，洗净。

4. 山斑鱼、乌鱼、笋壳鱼　适用于整条蒸、浸、煲汤、滚汤等菜式的加工。与生鱼的加工方法一样，由于这些鱼的肉质较软，因此在刮鳞时要用筷子从鱼口插入肚内，使鱼挺直，便于

刮鳞。

5. 白鳝

（1）用于整条蒸的菜式加工方法　用刀在颈部横斩一刀（不能断）放血，用热水兑白醋将白鳝烫过（时间约 10s），再用刀刮去黏液，洗净；在背部下刀，至腹部，刀距约 1cm，最后用筷子挑去肠脏，挖去鳃洗净。

（2）用于红烧、煎的菜式加工方法　用刀在颈部横斩一刀（不能断）放血，用热水兑白醋将白鳝烫过（时间约 10s），再用刀刮去黏液，洗净；剖腹取出肠脏，挖去鳃；按 1cm 厚切断呈"金钱片"，洗净。

6. 水鱼、山瑞

用于红烧、炖、煲、蒸等菜式的加工。将水鱼翻转，肚朝天，用拇指、食指钳紧尾部两侧并将其放在砧板上。待头伸出后，用刀压着，将颈拉长，横切一刀放血，然后用手抓住颈部，竖起从肩部与裙边中间下刀，斩断头骨和肩骨，把甲壳切开取出内脏（特别要去清黄膏）。用 60℃ 温水烫过，擦去外衣膜，斩去脚爪再斩件（要保持裙边的完整）。

7. 田鸡

用于炒、焖、蒸等菜式的加工。用食指钳住田鸡腹部，从田鸡眼后部下刀斩去头部，另一手的食指从刀口插入，向后撕去外皮，斩去脚爪，直刀开肚取出肠脏；在脊骨两侧下刀（骨断肉相连），再在脊骨尾部横下一刀（骨断肉相连），一手抓住田鸡双腿，反屈，另一手抓刀按着凸出的脊骨，把田鸡腿往后拉，将脊骨起出；再用刀斩断小腿，一手抓住腿的末端反折，另一手抓刀按住凸出的骨，往后拉把小腿骨起出；最后斩件。

8. 蟹

（1）用于炒、蒸、炸的菜式加工方法　将蟹背朝下，在蟹肚中部处斩一刀，但不能斩断，翻转蟹身，用刀压着蟹爪，将蟹盖揭开，刮去鳃；然后用手执着蟹爪，在刀背上敲去蟹身内的污物（如膏蟹应取出蟹膏另用）。洗净后，斩出蟹螯并拍裂，蟹身每边斩四块，每块附一只爪（小的每块附两只爪），斩去爪尖，用斜刀削去蟹盖旁的硬边，去掉盖内污物，洗净。

（2）用于整只蒸或整只焗菜式的加工方法　先应用牙刷把蟹身、蟹爪刷干净，斩去爪尖，然后用刀撬开蟹盖，再放回。

（3）用于烩羹等菜式的加工方法　先将蟹斩死，去蟹盖、鳃和污物，洗净，然后蒸熟或浸熟。将熟蟹斩下螯爪，用刀跟将蟹钉撬出，把蟹身破开顺着肉纹将蟹肉挑出；将蟹爪用刀柄碾压出蟹肉；蟹螯拍裂，去壳取出蟹肉便成。

9. 塘虱鱼

（1）用于整条蒸的菜式加工方法　用刀拍头至死，开肚取肠脏，挖去鱼鳃和头花，去黏液洗净。

（2）用于红烧菜式的加工方法　用刀拍头至死，开肚取肠脏，挖去鱼鳃和头花，再按厚1cm斩件。

（3）用于炒、油泡的菜式加工方法　用刀拍头至死，用横刀从尾至头贴脊骨分别将肉起出。

10. 鲜蚝　适用于炒、炸等菜式的加工。撬开蚝壳、取肉，洗去蚝头两旁韧带的壳屑。每500g生蚝肉用3g盐擦匀，去除黏液；然后加入25g淀粉拌匀，再用清水洗净，使生蚝的泥味随粉洗去。

11. 鲜鱿鱼、鲜墨鱼　适用于炒、油泡等菜式的加工。用剪刀剪开腹部，刮清内脏剥去软骨（粉骨）、软衣，取出鱼眼，洗净。

12. 鲜鲍鱼

用于整只蒸的菜式加工方法：用软刷将青苔等污物擦去，洗净。若大只鲜鲍鱼取肉则要去壳。

13. 明虾

（1）用于煎等菜式的加工方法　先用手抓住虾身，让虾背向上，剪去虾须、虾枪，在枪底下用剪刀尖剔出虾屎；再将虾翻转，用拇指按住虾尾，掌心托着虾身，从头至尾剪去虾爪；再将虾背翻转，在虾背中节部位用剪刀尖剔出虾肠，最后在三叉尾处，剪去尾四分之三后剪齐底尾，洗净。

（2）用于炒、油泡菜式的加工方法　剥去虾头，两手执住虾尾，揭开虾壳取肉，在虾背中节部分用剪刀尖剔出虾肠便成。

14. 龙虾　适用于焗、炒等菜式的加工。活龙虾先用竹签插入尾部底端，然后抽出竹签，放尿（因为虾尾部有一黑色分泌腺，吃虾时会有一股异味），再按菜看要求开边斩件或起肉。若用沙拉酱凉拌，则放尿后加热至熟再起肉。

15. 响螺　适用于炒、油泡、灼等菜式的加工。左手执螺尾，用锤子将螺嘴部外壳敲破，取出螺肉，去掉螺厣，用盐或枧水（碳酸钾）擦掉黏液和黑衣，挖去螺肠，洗净。

第三节　禽类的初步加工方法

一、禽类初步加工的一般原则

禽类原料是烹制粤菜的主要原料之一，一般分为家禽和野禽两大类。各种禽类的组织结构大致是相似的，因此加工过程也基本相同，都要经过宰杀、脱毛、开膛、取内脏、洗涤五个环节。此外，禽类加工还包括起肉、脱骨等加工内容。

禽类初步加工时应注意以下几个原则：

1）宰杀时，气管、血管必须同时割断，血要放尽。如果家禽的气管未割断，就不会立即死亡，血管没有割断，血液放不尽，会造成肉质发红，影响成品质量。

2）脱毛时，烫毛的水温要适宜。要根据禽类的品种、产地、肉质和季节变化来决定水温和烫泡的时间。肉质嫩的烫泡时间要短一些。烫毛时，水温过高，表皮容易破裂；水温过低，难于脱毛，造成毛脱不净，直接影响烹制菜肴的质量。

41

3）洗涤干净。禽类的内脏、血污和污秽必须清除冲洗干净，否则不符合卫生要求，并会影响菜肴的色泽和口味。

4）合理选料，做到物尽其用。需要脱骨、起肉的禽鸟，应注意合理选料，避免浪费原料。

二、禽类初步加工的方法及实例

（一）活禽的初步加工

1. 宰杀　宰杀活禽多采用割断血管、气管的方法。如鸡、鸭、鹅较大时，不宜手提，可用绳套脚绕翅膀倒挂吊起，将颈拉直再割喉、放血。

2. 脱毛　宰杀后的烫泡、脱毛，需要在禽鸟停止挣扎、完全死亡而体温尚未完全冷却时进行。烫泡过早，肌肉痉挛皮紧缩，不易脱毛；烫泡过晚，肌体会僵硬，毛孔收缩也不易脱毛。烫泡的水温要根据家禽的老嫩和季节的变化而定。一般情况下，小母鸡（俗称"鸡项"）用65℃水温，阉鸡用75℃水温，鸭用75℃水温，鹅用70℃水温，白鸽用60℃水温，鹧鸪、斑雀均用55℃水温，蚬鸭用75℃水温。鹌鹑不用放血，用水浸死或摔死，用55℃水温。

3. 开膛取内脏　在禽鸟颈与脊椎之间开一刀，取出嗉囊和食管，再将禽鸟腹朝上，在肛门与肚皮之间开一条长约5cm的刀口，把脂肪拉开，用食指和中指伸入肚内，取出内脏，挖清肺，挖去肛门的肠头蒂。

4. 洗涤　将禽鸟清洗干净，再将肝脏旁的胆摘去，冲洗干净，最后将肫（肾或胃）切去食管及肠并刮开，把黄衣连同污物一起剥掉，洗擦干净。

实例：活鸡的宰杀方法

左手横抓鸡翼，小拇指勾住鸡的右脚，用大拇指和食指抓着鸡头，把鸡颈拉长，在鸡下颚处横拉一刀，同时割断血管、气喉，鸡头向下垂直，将鸡血放尽。接着调好水温，待鸡停止挣扎后，放入热水中，烫至湿透，取出脱毛。脱毛时，先脱胸毛，再从嗉窝处向头部逆脱颈毛，然后脱背毛、翼毛，最后煺尾毛。煺尾毛时，要抓住尾毛向左右扭拔。去尽毛洗净后便开膛。先在鸡颈背右边近翼处割一刀，取出气管、嗉囊及食管；然后将鸡胸向上，在肛门与肚皮之间开一条长约 5cm 的刀口，将食指和中指伸入肚内，取出内脏，挖尽鸡肺，挖去肛门的肠头蒂；在鸡的两脚关节下斩去鸡脚，洗净便可。

（二）脱骨加工

脱骨加工是在光禽的基础上，根据用途的不同而进行的加工方法，一般包括起肉和整离脱骨两大项加工内容。

1. 起全鸭（全鸡、全鸽）

1）将整只未开肚的光鸭洗净，先用刀在鸭颈背切一长约 6cm 的刀口，剥开颈皮，将颈骨从刀口处退出，在近鸭头处将颈骨切断（皮不要切断），再将鸭皮往下退，使整条颈骨露出。

2）用刀将鸭翼上端与肩胛连接的筋络割断（两翼起法一样），再用刀将锁喉骨与胸肉连接处割离。

3）将鸭仰放在砧板上，胸向上，左手按牢鸭腋部分，右手将鸭胸肉挖离胸骨到胸骨下端即止，再将胸两旁的肉挖离肋骨。

4）切离背部根膜，顺脱至大腿上关节骨，将两腿翻向背部，用刀割断大腿筋，使腿骨脱离。再用刀背在皮肉与下脊连接处轻轻敲离，边敲边脱骨，至尾即止，将尾骨切断，使鸭的骨骼与皮肉完全分离。

5）先在鸭翼骨的顶端用刀圈割，然后用力顶出翼骨，斩断（两边起肉方法相同）。将膝关节处割断，先起出大腿骨，然后以与翼骨的相同方法，起出小腿骨（两侧起法一样）。

6）将鸭从颈背刀口处覆转好，起出鸭尾骚，将鸭的小翼斩去（全鸡、全鸽应保留全翼），将鸭舌拉向一边，斩嘴留舌。

起全鸭、全鸡、全鸽的要求：不穿孔，刀口不超过翼膊，不存留残骨，起肉要干净。

适用范围：用于炖、炒、煎菜式，如"八宝炖全鸭"、"子萝炒鸭片"、"柠汁煎软鸭"等。

2. 起光鸡肉

1）先在鸡嗉囊前端横刀圈割颈皮，将颈皮拉离颈部至头部切断取出；然后在背正中切一刀至尾，在鸡胸正中切一刀，将翼骨与膊骨关节割离，手抓鸡翼向后拉，将鸡肉脱至大腿；再将大腿向背后翻起，用刀割断腿部与鸡身的关节及筋胳，再将鸡肉拉出，脱离鸡壳。

2）将起出的鸡肉割下鸡翼，在鸡腿部位沿腿骨切一刀，将大腿骨与小腿骨关节割开，先将大腿骨起出，再起出小腿骨（将鸡柳肉从胸骨中拉出另用）。

鸡的两侧起肉方法相同。起鸭肉、鹅肉、鸽肉与起鸡肉方法相同。

适用范围：用于炒、炸、煎等菜式，如"腰果炒鸡丁"、"生炒鸽松"、"香麻鸡脯"、"凤吞翅"等。

3. 红鸭的加工方法 将光鸭洗净，割两节翼，用刀背敲断四柱骨，在背上斩"十"字，切去下巴，切去鸭尾骚。

适用范围：用于扒、炸、烩菜式，如"四宝扒大鸭"、"荔蓉窝烧鸭"、"拆烩红鸭丝"等。

第四节 兽、畜类的初步加工方法

一、兽、畜类初步加工的一般原则

体型大的兽、畜类原料一般是在屠宰场加工的，体型小的可自行宰杀，但是都应注意如下几项基本要求：

1）要放尽血污。兽、畜类的宰杀，要放尽血，以保持肉色的洁净，否则会使肉质淤红，影响菜肴质量。

2）烫泡脱毛要干净。根据原料的特点，选择合适的水温，并应注意烫毛时的先后次序，否则难以将毛除净，还要注意清除细小的绒毛。

3）要洗涤干净。必须将内脏及四肢的腥臊味清洗干净，否则会影响菜肴的口味和质量。

4）要去除影响食品质量的不良部位，如猫的脊髓有很浓的臊味，应将其去除。

5）加工、分割后的各部分原料应分别放置储藏，以免造成相互间的污染，影响菜肴的味道。

6）注意节约，提高利用率。

二、兽、畜类原料的初步加工方法

（一）猪

生猪由于体大，一般由屠宰场宰杀加工处理，餐饮企业购入的，多是已分割好部位的原料，只需经洗涤和斩件等初步加工。

1. 洗涤　主要是内脏部分的原料要清洗干净，方法如下：

（1）猪肠　里外翻洗。先将外层的污物洗净，然后用筷子顶着肠的一头，将肠翻转，使内层翻向外，用食盐、淀粉擦洗，去黏液，再用清水冲洗干净。

（2）猪肺　灌水冲洗。将猪肺的硬喉连接水龙头，将清水灌入猪肺内至发涨，然后将猪肺放下，用手按压，将灌入肺内的水及肺内的血污、泡沫一齐挤出，反复灌洗4～5次，直至肺叶转白色为止。

（3）猪肚、猪舌头　烫洗。将猪舌头或翻转的猪肚放入沸水中略烫，至猪舌膜呈白色时捞起，用刀刮去舌膜、肚膜及黏液，用水洗净。

（4）猪脑　用清水漂洗。先用牙签剔去猪脑的血筋、血衣。用手托住猪脑放入清水盆中，轻轻浇水漂洗至干净。猪脑质地极其细嫩，切不可直接用清水冲洗，以免破损。

2. 斩

（1）斩排骨　按肋骨的间格开条，斩去脊骨，将肋骨横斩成"日"字形，刀工要均匀。洗净滤干水分。

（2）斩猪手　将猪手、脚燎去细毛，放在水中刮洗干净。用于碎焖的，则开边，横斩件，每件约重 30g，洗净，滤干水分。若用于扒的，开边（皮不断），横斩几刀，骨断皮不断，洗净即可。

（二）牛

牛均由屠宰场宰杀后进行加工处理。初步加工主要是内脏的洗涤工作。加工方法如下：

1. 牛舌头　烫洗。先将牛舌头放入沸水中烫至白色，捞起，再用刀刮去舌头上的黏液，洗净。

2. 牛肠　用姜块塞入肠内挤压，将肠内污物挤出，再清洗干净。

3. 牛百叶、草肚　用石灰水浸 10 分钟后捞起擦去外黑衣，洗净。或用 90℃ 的热水烫过，捞起浸在冷水中擦去黑衣洗净。

（三）羊

羊一般由屠宰场宰杀。若自行宰杀，则用绳把羊脚捆扎，用刀割喉放血，用 75℃ 热水将羊烫透后，脱毛，并刮净幼毛，开膛取内脏，洗净。羊内脏的洗涤方法与猪、牛的洗涤方法相同。

（四）狗

狗一般由屠宰场宰杀。若自行宰杀，可用绳子套住狗颈吊起，用木棍击打鼻梁至昏死，再用刀割喉放血，用 70℃ 水温烫透后脱毛，并用火燎去幼毛，用小刀刮净，开膛取脏，洗净。内脏按牛、猪的洗涤方法清洗。注意狗肺要去掉。

（五）　猫

将猫装入布袋或铁笼里，放入水中淹死，宰喉放血，用 75℃ 水温烫透脱毛（烫时先烫尾部，后烫头部），用火燎去幼毛，开膛取脏，洗净。斩件时，将猫脊髓去净，否则腥膻味极大。

（六）　兔

用手抓住兔的后腿，将兔摔昏后割喉放血，用 68℃ 的水烫透脱毛，开肚取肠脏，洗净。

（七）　蛇

蛇的种类较多，有毒、无毒的均有，宰杀时要特别小心，以防被毒蛇咬伤。

宰杀方法：先用右手将蛇尾轻轻提起，左手沿着蛇身轻轻捋至蛇头，用食指和拇指把头捏紧，右脚踩着蛇尾，右手用小刀在蛇颈圈切一刀。把颈皮切断，然后用小尖刀插入皮内，从头剪至尾，剥离蛇皮，连内脏一齐带出，再剁去蛇头、蛇尾，洗净即可。

第五节　干货原料的涨发方法

一、干货原料涨发的目的

干货原料，就是将新鲜的原料经过脱水加工而成的一大类较名贵的原料。干货原料一般采用阳光晒干、自然风干、以火烘干、盐渍后制干等方法脱水。制成干货后便于久藏、运输，且能增加特殊风味，调节市场原料供求。

干货的初步加工比鲜活原料的初步加工更为复杂，必须经过一系列的涨发加工过程。涨发加工在行业中简称为"发干货"，就是使干货重新吸收水分，最大限度地恢复原有形状，通过各种加工方法，可使干货体积膨胀，质地松软，并除去腥膻气味和杂质，以便于切配和烹调，供以食用。

二、干货原料涨发的一般要求

干货原料涨发是一项技术性较强的工作，工艺较为复杂，涨发后原料的质量对菜肴的色、香、味、形起着决定性的作用。再加上干货原料的种类多，产地不一，品质复杂，加工干制的方法多种多样，因此，性能也各有不同，涨发加工的方法也必须因其性能而异。一般来说，干货原料的涨发加工，应注意掌握如下的要求：

1. 熟悉原料的产地和性能　干货原料品种繁多，有野生的，也有人工培育的，产地多而分散。因气候、土壤、水质等自然条件和生态环境的不同及原料干制方法的不同，即使是同一品种原料，其质量和性质也会有很大差异。例如：鱿鱼中九龙吊片身薄而质地柔软，浸发的时间较短，便可达到食用的要求；而竹叶鱿体形大、身厚，浸发的时间就长，有时还需作特殊的处理，才达到爽脆的效果。因此，熟悉原料的产地和性能，才能把干货原料发好。

2. 掌握识别干货原料的新旧、老嫩和好坏的方法　原料的质地有老、嫩、干、硬之别，准确地判断原料的等级，运用相应的加工时间和方法，是干货原料涨发成败的关键因素之一。例如海参，个头大的、老的海参，如梅花参，煲、焗时间可长些，以加快涨发的速度；但小的海参，在涨发方法上，则应以煲为辅、焗为主，并防止"绵烂"。

3. 要熟练掌握操作过程中的每个环节　干货原料的涨发，往往分几个步骤进行。每个步骤的要求、目的都不同，而它们既相互联系，又相互影响，相辅相成，无论哪一个环节失误都会影响到涨发的效果，降低起货成率，甚至浪费原料。

三、干货原料的涨发方法

干货原料涨发一般采用冷水浸发、浸焗发、浸焗煲发、煲发、蒸发、油发、砂发、盐发、火发等方法。在涨发过程中，这些方法并非孤立使用，往往是交叉运用或综合运用。

（一）冷水浸发

先将干货原料洗净，再放进冷水中浸泡至原料回软，没有硬度，最后清洗净便可。这种方法适用于涨发植物性的干货原料和部分容易涨发、异味不大的动物干货原料，如虾米、土鱿等。

1. 涨发冬菇　将冬菇放入冷水中浸至 30 分钟，直到用手抓时感到松软为止，剪去菇蒂，洗净即可。

2. 涨发土鱿　将原料放入冷水中浸约 90 分钟，然后捞起，剥去红衣、眼睛、软骨，洗净即可。对于质地较差的土鱿，可用清水 500g、枧水 40g 兑匀后，再放进原料，浸约 20 分钟，至原料涨身、用指甲较易掐入、刀切时不粘刀为止，最后用清水漂净枧水味即可。

3. 涨发竹笙　将原料放入冷水中浸约 2 小时，再用清水漂洗 6～7 次，然后放入沸水中滚约 2 分钟，取起用冷水漂凉，用清水浸着备用。

4. 涨发云耳　将原料放入冷水中浸 2 小时，把尾端末屑和泥土剪洗干净，再用清水漂洗 1～2 次即可（与木耳、石耳的涨发方法相同）。

5. 涨发雪耳　将原料放入冷水中浸 4 小时，剪洗干净，去清末屑，放入盆内加入沸水焗 30 分钟。色泽带黄的可加入少许白醋（雪耳 500g 加入白醋 1.5g）稍浸后漂清水即可变白。

（二）浸焗发

将干货原料用冷水略浸至软身，洗净表面的污物；然后放入瓦制器皿内加入沸水或热水焗制；当水转凉后，再重新加入沸水或热水焗，直至原料软身为止；最后洗净，用清水浸着备用。此方法适用于涨发时较易吸水，并且异味不大的动物性干货原料和部分植物性干货原料的涨发，如广肚、花胶、燕窝、黄耳、榆耳等。

1. 涨发黄耳　将原料放入冷水中浸约 8 小时，用牙刷刷去泥土，洗净，再用沸水焗 4 小时取出（若发不透再焗），用清水浸着备用（榆耳浸完后，用小刀刮去耳毛）。涨发的黄耳多用于扒的菜式，如"鼎湖上素"等。

2. 涨发燕窝（燕盏）　将燕盏放入瓦锅，用冷水浸 30 分钟，倒去冷水，加入沸水加盖焗至水凉，至松身为止（若未松身，则倒去冷水换沸水连续焗至松身），捞起，放在小白盘上，用小铁钳或牙签剔去燕毛（不可将燕盏、燕条弄散），用清水浸着备用。涨发的燕窝多用于烩、炖等菜式，如"鸡蓉烩燕窝"、"双鸽吞燕"等。

3. 涨发广肚　将原料放入冷水中浸约 12 小时，取起洗擦干净，放进瓦盆内，加入沸水加盖焗至水凉，换沸水再焗，如此 2～3 次，直至肚身软透为止，再用冷水浸着备用。

（1）质量要求　肚身松软，中间不硬，涨发较大，不泻身，色泽洁白。

（2）鉴别软身方法　用手指能轻易捏入；用刀切时不粘刀；将原料分别放入沸水和冷水时，其软硬度一致。

（3）涨发要点

1）必须先用冷水浸后才能用沸水焗，若直接用沸水焗，则色泽不够洁白。

2）用冷水浸完后，一定要将广肚洗刷干净，不能焗完再洗刷，否则会使原料破损。若洗完后还有难以去除的斑渍，可放在砧板上轻轻磨去。

3）在焗时，沸水变凉后要马上更换，直至透身为止。

4）浸发过程中，水一定要保持清洁，不能混有虾、蟹水或油腻水。

（4）适用范围　涨发的广肚适用于炖、扒、烩等菜式，如"广肚烩鸡丝"等。

（三）浸焗煲发

先将干货原料用冷水浸泡至软身（约 12 小时），洗净表面的污物；再放进瓦盆内，加入热水焗至水变冷，换热水再焗至透身，取出，用清水洗净；将原料放进砂锅内，加入清水，先用猛火烧沸，再转用慢火煲至软身，取出用清水洗净。这种方法适用于涨发异味大、较难涨发的干货原料，如海参、鱼翅等。

1. 涨发海参　用冷水将海参浸 12 小时后，取出放入盆内，每 500g 海参加入石灰 35g 或枧水 15g，用沸水溶化，焗 3 小时，以除去海参本身的灰味。取出用清水漂清，再放回瓦盆内，加入清水，用慢火煲焗 2 小时（至软身为止），取出用剪刀开肚，将肚内沙石洗净，留肠在海参肚内，用清水浸着备用（如不留用海参肠，则不耐浸，容易绵烂、霉烂），待烹制时再将肠去掉。

（1）质量要求　涨发的海参应呈膨胀的圆筒形状，挺直而有弹性；从中间提起，两端向下弯垂，有光泽且呈半透明；用筷子容易插入。

（2）鉴别软身的方法　用筷子能轻易插入；用刀切时不粘刀；用手抓时，松软有弹性，没有硬度。

（3）涨发要点

1）涨发时水质要洁净，避免混有油腻和虾、蟹水以及污物等，以防影响海参吸水涨发和绵烂变质现象。

2）在焗和煲时最好使用瓦盆（或瓦煲），这样不易散热。在煲焗时，在瓦煲内放入竹笪，避免海参粘煲底，若海参有破损，

51

要用竹笪将其夹起，防止海参绵烂。

3）在涨发过程中，应注意海参的大小、干燥情况不同，因此，在焗和煲时应灵活处理。

4）处理好去沙留肠的环节。

（4）适用范围　涨发的海参适用于扒、烩、扣等菜式，如"乌龙吐珠"、"蝴蝶海参羹"、"蒜子扣海参"等。

2. 涨发鱼翅　行业习惯将鱼翅分为裙翅、鲍翅、散翅（骨翅）三种，这三种鱼翅在涨发过程中也有差异。

（1）涨发裙翅（鲍翅）　先用剪刀将翅边剪齐约 0.3cm，放入冷水中浸 12 小时，取出放在瓦盆内。加入沸水加盖焗约 1 小时（以能去沙为止），取起轻刮去沙并洗净，用清水漂浸 2 小时。用两块竹笪将鱼翅夹起，放入瓦盆内加入清水煲约 1 小时（至能去骨为止），取出漂清水去翅骨，去净沙膜和夹心筋，重新用竹笪夹起，放进瓦盆内，加入清水煲约 2 小时，取出换水再煲（前后 4 次），以去尽灰味、臭味（若仍有灰、臭味，则再煲再漂，直至无灰、臭味为止）。

1）质量要求　色泽明净，形态完整，翅针软滑。

2）涨发要点　剪边使鱼翅在浸发时容易吸水涨发，但不宜太宽，否则容易造成表面的沙渗入翅针内。焗时，若水变冷要马上换热水，刮沙时不能刮穿翅膜和防止沙参入翅针内。去翅骨、翅筋时要保持完整，并用竹笪夹好。煲翅过程中，要根据鱼翅的老嫩和新旧不同，掌握好火候和时间，要经常换水来煲，达到使翅针变软和去异味效果。

3）适用范围　涨发的裙翅适用于扒、煲、炖等菜式，如"红烧大裙翅"、"菜胆炖鲍翅"等。

（2）涨发散翅（骨翅）　用剪刀剪去翅边约 0.3cm，用冷水浸 6 小时后取出，放入瓦盆。加入沸水焗 1 小时，用清水漂洗，刮去沙洗净，用冷水漂浸 1 小时。再将鱼翅放入盆内，加入清水煲约 1 小时（以能去翅骨为止），取出用清水漂洗，去除翅骨、腐肉、夹心筋，取出翅针。把翅针放回盆内加入清水煲约2小时至软身（每隔1小时换一次水），洗去翅肉，留回翅针洗净。

1）检查翅针软身的方法 用拇指和食指拿着翅针，一掐即断的为软身；用筷子将翅针拦腰挟起，两端下垂，韧而不断的为软身。

2）适用范围 涨发的散翅适用于烩、炒等菜式，如"鸡丝碗仔翅"、"炒桂花翅"等。

（四）煲发

将干货原料先用冷水浸泡，然后放进瓦盆内，加入清水慢火煲滚至一定时间，再换水煲至透身。这种方法一般用于涨发腥味不大、内味好，但难涨发透身的干货原料，如鲍鱼等。

涨发鲍鱼 将鲍鱼放入冷水中浸6~8小时，取出用软刷刷洗净表面污迹。再将鲍鱼放入瓦煲内，加入清水，用中慢火煲约2小时，不揭盖焗2小时，如此重复2次。大只鲍鱼最好焗的时间长一些。

（1）质量要求 色泽明净，整体变软，体积增大，保持原有的鲜味。

（2）涨发要点 冷水浸泡至略软后，要洗擦净表面污迹，若煲后再洗擦易使鲍鱼表面破损；煲时要使用瓦煲或不锈钢煲，煲壁越厚越好（散热慢，焗的效果好）。煲时水量要多些，加入冰糖，可起到帮助膨润、去腥增鲜作用。

（3）适用范围 涨发的鲍鱼多适用于扒菜式，如"红烧鲍脯"、"白玉鲍鱼卷"等。

（五）蒸发

将干货原料用冷水略浸后洗净，放进瓦盆（或炖碗）内，加入姜片、葱条、清水，溅入绍酒，放入蒸柜（或蒸笼），用中火蒸炖约1小时至完全涨发后取出，去除姜片、葱条、汤水，转用上汤浸着备用。这种方法可保持原料的特殊风味和形态，因此，适用于涨发鲜味足、香味好、质地松散的干货原料，如瑶柱、干带子等。

涨发瑶柱时，先将瑶柱去枕（旁边的硬肉），用冷水浸10分钟，洗净，放进炖碗内，加入清水（以浸过表面为准）、姜片、葱条，溅入绍酒，放入蒸柜（或蒸笼）内蒸约1小时，至松身（若用于煲汤，则不用蒸发，可直接使用）。

适用范围：蒸发的瑶柱适用于酿、扣等菜式，如"白玉瑶柱环"、"北菇扣柱脯"等。

（六）油发

将干货原料放进已烧至一定温度的油中，用笊篱压着浸于油中，慢火浸炸至完全涨发、色泽呈浅金黄色后捞起。凉凉后放入清水中浸至软身，加入枧水浸去油脂，再加入醋精漂洗，挤干水分后，用清水漂净醋味，挤去水分。这种方法适用于涨发胶质丰富、含结缔组织多的干货原料，如蹄筋、鱼肚、鱼白、鳝肚等。

1. 涨发鱼肚（棉花肚）　将鱼肚斩成小块，放入90℃的油锅中，以慢火使油温逐步上升至约150 ℃，炸至鱼肚刚浮起，用笊篱压着原料，使其不浮于油面而炸于油中，若鱼肚浮力增大，笊篱还得增大压力，这时候溅入清水，使油脂沸腾，反复两次左右，直至将鱼肚炸至涨大、通透、松脆后捞起。待凉后，放入清水中浸（水要浸过面）约1小时至软身，用双手在水中轻抓出其油渍；第二次加入少量枧水，用手轻抓后，放入清水漂洗；最后放进清水中（清水5000g加白醋50g兑开）再轻揸，放入清水漂洗至原料色白，不含油脂，用清水浸着备用。

（1）质量要求　色泽洁白，软身，不含油脂和污物，涨发好，不绵烂。

（2）涨发要点

1）要将鱼肚斩件，容易将原料炸透，避免绵烂。

2）使用洁净的油脂，并正确使用油温，讲究浸炸。在炸时溅入水，利用油脂沸腾，有助于原料涨发。

3）炸时判断好原料色泽和软身。炸好时要求原料呈浅黄色，涨发较大，捞起后发出"卜卜"的声音，用手拗时较脆，易断。

4）原料炸后待凉才放入冷水中浸，否则易使原料绵烂。

5）加入枧水浸鱼肚，可去除表面的油脂，加入白醋可使原料色泽洁白，不易变质，但处理后必须用清水漂净。

6）若发现原料色泽不够洁白时，可多洗几次，或用剪刀把黄色不洁的污迹剪去。

（3）适用范围　涨发的鱼肚适用于扒、酿、烩、炒等菜式，如"百花酿鱼肚"、"三丝鱼肚羹"、"炒桂花鱼肚"等。

2. 涨发鳝肚　先将鳝肚用冷水浸至软身后，剪成片状，除去内膜，平摊在竹笪上晾干。然后把油加热至180℃，将鳝肚放入油中，慢火浸炸，至涨发通透，捞起，需使用时用冷水浸泡至软身，洗净油脂即可。

上述方法是传统的涨发方法，这样涨发的鳝肚色洁白，质量好，成率高。现在有些做法是将鳝肚先斩成件，直接放入油锅中炸发，这种方法简单，但是鳝肚色泽不够洁白，起发成率稍低。

3. 涨发鱼白　将鱼白撕开，烧锅下油加热至180℃，把鱼白放入油中，用慢火浸炸至浅金黄色，涨发通透，捞起，冷却后用清水浸泡至软身，清洗净油脂至爽身即可。

4. 涨发蹄筋　猛火烧锅下油，待油加热至180℃时，把油锅端离火炉，放入蹄筋，随即端回火炉，使用慢火浸炸至浅金黄色，涨发通透，捞起，待冷却后，放入清水中浸约3小时，用手将蹄筋的油脂抓洗干净，至爽身即可。涨发的蹄筋适用于扒、焖等菜式，如"冬菇蹄筋扒菜胆"、"冬菇蹄筋煲"等。

（七）砂发和盐发

砂发和盐发一般由干货加工企业完成。砂发和盐发的用料虽不同，但方法相同，是利用砂粒或粗盐的高温来涨发原料，将如鱼肚、猪皮等干货原料膨胀发大，达到疏松质地的目的。其涨发的效果在色泽、膨胀度、疏松度等方面比油发更佳。

（八）火发

火发是将某些表皮特别坚硬或有毛、鳞的干货原料用火烧燎以利于涨发的一种处理方法。火发并不能直接涨发原料，还需用水发才能使原料涨发，如海参中的乌参，其外皮坚硬，水发的涨发效果不佳，且外皮硬而不能食用，因此可采用先火发，将其坚硬外皮烤焦、刮去后再用热水涨发的方法。

复习思考题

1. 蔬菜的初步加工应掌握哪些原则？

2. 蔬菜按可食部位分为哪几类？请举例说明。

3. 熟记各种蔬菜的加工方法和用途。

4. 宰鱼取内脏有哪几种方法？各有什么意义？请举例说明。

5. 试写出剪明虾的全过程。

6. 用于蒸的肉蟹和膏蟹在加工上有何区别？

7. 禽类的初步加工应掌握哪些原则？

8. 写出各种活禽宰杀时脱毛应用的水温。

9. 试述宰杀活鸡的方法。

10. 兽、畜类的初步加工应掌握哪些原则？

11. 试写出猪肺、猪舌头、猪肚和牛百叶的洗涤方法。

12. 试述宰杀狗和猫的全过程。

13. 试写出涨发裙翅和散翅的全过程。

14. 怎样涨发广肚、棉花肚、鳝肚、鱼白？

15. 干货涨发有哪几种方法？各适用于什么品种？

16. 熟记各种干货涨发的成率。

第三章 刀工技术

 【学习目标】

1. 了解刀工的意义。
2. 掌握刀法的运用。
3. 了解原料分档取料与使用方法。
4. 掌握料头知识。

第一节 刀工的意义及基本要求

一、刀工的意义

刀工就是运用各种刀法把原料切成各种特定形状的操作过程。大多数烹调原料经过初步加工之后，还不能直接烹制，或者虽经烹调但还不便食用，必须运用刀工技术，将原料加工成符合烹调和食用要求的各种形状，才能烹制出美味可口的菜肴。

中国菜肴以其独特的色、香、味、形、器五大属性著称于世，而构成菜肴属性的前提条件就是刀工技术，也就是说，刀工技术是烹调技术的基础。熟练地掌握刀工技术，能够为学习烹调技术创造良好的条件。刀工技术不仅能使菜肴发生"形"的变化，而且能从百形争妍、丰富多彩的"形"的变化中，给食者以美的享受，增进其食欲。这说明刀工不仅具有技术性，而且更具艺术性。

从整个烹调过程来说，刀工、火候、调味是三个重要的环节，要互相配合，互相促进，才能使菜肴达到尽善尽美的境地。作为一名优秀厨师，必须继承传统精湛的刀工技艺，在发展中不断提高。

二、刀工的作用

刀工不仅能决定原料的形状，而且对菜肴制成后的色、香、味、形及卫生等方面都起着重要的作用。

1. 便于烹制入味 大块整料直接烹调，调味品大多停留在原料表面，不易渗透到原料内部，若将原料切细或在表面刻上刀花，就能使调味品渗透入味。

2. 便于烹调 原料的形状与加热时间密切相关，各种不同的烹调法，所运用的火候也不一样，这就要求物料的形态要配合烹调的需要。如用于炒的原料要切成较细小、较薄的形状，才能在猛火、短时间的炒制中成熟。

3. 整齐美观 整齐、均匀、多姿的刀工成形组合，会使一桌的菜肴显得格外协调美观。若在原料表面刻上各种刀花，加热后卷曲成各种美观的形状，能使菜肴的形态丰富多彩。

4. 便于食用 大块的肉料吃起来感到不方便，将其切成小块，可方便食用。对于质地坚韧的原料，若刻上刀花，在一定程度上可使原料变得爽脆或软滑。

三、刀工的基本要求

要学好刀工，首先必须了解刀工的几项基本要求，才能更好地研究刀工操作技术，了解刀工与整个菜肴色、香、味、形等各方面的关系。刀工的基本要求有如下几点：

1. 整齐划一 经刀工切改后的原料形状，无论是丁、丝、粒、片、块或其他任何形状，都应做到：粗细均匀，长短相等，厚薄一致，整齐美观，有利于原料在烹调时受热均匀，并使各种调味料恰当地渗入菜肴内部。否则，原料形态杂乱，粗细不均，厚薄不一，长短不齐，必然直接影响烹调的质量，如原料细的薄的往往先入味，粗的厚的后入味；细的薄的已经成熟，粗的厚的还有夹生、老韧等现象，这样就不能烹制出美味的佳肴。

2. 清爽利落，不可互相粘连 运用刀法，使加工切出的原料形状不仅要做到美观整齐，还要做到使成形的原料断面平整、断连分明，不应似断非断、藕断丝连。要达到清爽利落的目的，应注意下列三点：

1）刀刃没有缺口。

2）砧板平整，不可凹凸不平。

3）操作时用力均匀，不可先重后轻，或先用力后松劲。

3. 密切配合烹调要求加工 刀工与烹制作为烹调技术的两道主要工序，相互制约，相互影响。原料形状的大小一定要适应烹调技术的需要，如炒、泡等烹调方法所用的火力宜猛，制作时间短，原料必须切得薄一些、小一些，过分厚大不易入味和成熟；而焖、炖等烹调方法所用的火力较小，加热时间较长，带有较多汤汁，因此，原料必须切得厚一些、大一些，因烹制后肉质会收缩变形。

4. 掌握原料的性能 刀法应用必须合理，要适应不同质地的原料，才能使刀法发挥出应有的效力。切割不同性质的原料时，要采用不同的刀法，如切韧性的肉料时，应采用推切或拉切；猪肉片要顺纹切，而牛肉片则要横纹切。掌握原料性能，加以适当的刀工处理，才能保证菜肴的质量。

5. 注意同一菜肴中多种原料形状的调和 在刀工处理时，要注意主料与配料之间形状的调和，一般是配料服从主料。如"五彩炒肉丝"这道菜，肉和其他配料都应切成丝状来搭配，这样才能使菜肴的整体形状协调，也就是说顺应"丁配丁、片配片、丝配丝"的搭配组合原则。

6. 注意物尽其用，不要浪费原料　在加工原料时，要充分考虑到它的用途。落刀时要心中有数，合理用料，做到大材大用，小材小用，合理分用，充分利用，不要盲目下刀，避免造成浪费。凡一切可利用的原料，均要充分地、合理地加以使用。

第二节　刀法的运用及原料成形

刀法就是运用刀的各种技法，也就是将原料切成各种不同形态时所应用的各种方法。刀法的种类较多，各地的称呼也有差异，随着烹调技术的不断提高，刀法也在不断地改进。通过学习刀法，可以正确掌握各种刀法，熟练技巧，提高刀工技艺。

一、刀工的基本姿势

刀工的姿势包括站立姿势和握刀姿势等，还有放刀位置。这是厨师的一项基本功，有着严格的要求。刀工的基本操作姿势，主要是以既方便操作又有利于提高工作效率并能减轻劳动强度为依据。

1. 站立姿势　正确的站立姿势是身体保持自然直立，上身略向前倾，前胸稍挺，头要端正，双眼正视两手操作的部位，腹部与砧板保持 10～15cm 的距离。砧板放置的高度以操作者身高的一半为宜。站立脚法有两种：一是双脚自然分立站稳，脚尖分开与肩同宽；二是呈稍息姿态，一脚在前，一脚在后。站立时无论用哪一种姿势，都要保持身体重心稳，利于上肢操作，灵活自如。初学者较容易出现低头、弯背或腹部靠着砧板、重心不稳等不良姿势，应注意及时纠正，否则容易养成不良习惯。

2. 握刀手势　在刀工操作时，握刀的手势与原料的质地和所用的刀法有关，所用的刀法不同，握刀的手势也有所不同。握刀以牢而不死、软而不虚、硬而不僵、轻松自如为好。

3. 放刀位置 正确的放刀位置，是当操作完毕后，刀应放在砧板面中央，前不出刀尖，后不露刀柄，刀背、刀刃都不应露出砧板面。刀具用完后，应把刀具清洗干净，用干布抹净，放在刀架上。不要随处放刀，否则，容易伤人。

刀工操作时，应该有条不紊、干净整齐。原料要按不同品种分别堆放。未切的原料和已切好的原料要分别放置，加工后的原料要注意洗净，并及时冷藏。加工生料和熟料的刀具、砧板要分开，不能混用。

二、刀法的分类

刀法的种类较多，各地方的刀法名称和操作方法也不尽相同，根据刀刃与砧板或原料接触的角度来划分，刀法可分为直刀法、平刀法、斜刀法以及混合刀法。混合刀法是前三种刀法的综合使用，主要用于原料的美化加工过程。

1. 直刀法 直刀法是指刀刃与砧板面或原料基本垂直运动的刀法。这种刀法按照用力大小的不同，可分为切、剁、斩、劈等。

（1）切 切是直刀法中刀的运动幅度最小的刀法，一般适用于加工无骨的肉料或植物性的原料。由于这类原料的性能各不相同，因此切又有许多不同的方法。

1）直刀切 又称为跳刀，一般适用于加工脆性的植物性原料，如鲜笋、萝卜、青瓜等。操作时，左右手配合要协调而有节奏，左手呈蟹爪形，中指抵住刀身，右手握刀，用刀的中、前端快速用力切下。提刀时，刀口不得高于中指的第一指节，左手向后移动时，距离必须均匀，刀切下时，必须保持垂直，才能使原料粗细一致。

2）推刀切 推刀切适用于加工各种韧性的原料，如无骨的新鲜猪肉、牛肉等。推刀的方法可将韧性的纤维切断。操作时，左手按住原料，用中指第一关节顶住刀膛，右手持刀，刀身垂直于砧板。刀刃切入原料后，立即从后向前推进，并随之向下切，着力点在刀的中段及后端，一推到底，不需要再拉回。

3）拉刀切　拉刀切是与推刀切相对的一种方法，与推刀切的适用范围基本相同，适宜加工各种韧性的原料。操作时，左手按住原料，用中指第一关节顶住刀膛，刀身垂直于砧板，刀刃切入原料后，立即从前向下切，着力点在刀的中段及前端，一拉到底。

4）推拉切（锯切）　推拉切适宜加工松软易碎的原料，如面包、熟肉等。有些质地较硬的原料也可用锯切方法，如切火腿或未解冻、较硬的肉料等。操作时，将推刀和拉刀混合使用，左手按稳原料，中指关节抵住刀身向后有节奏地移动，右手握刀向前推并向后拉，提刀时，刀口不得高于左手中指的第一关节。

（2）剁　剁的用力及幅度比切要大，适用于加工无骨的原料，将原料加工成末、蓉状。操作时，多使用双刀，左右两手各持一把刀，两把刀必须保持一定的距离，运用腕力，有节奏地从左到右，再从右到左反复地剁，并适当地把原料翻转，使剁出的原料粗细均匀。注意提刀不能过高，用力不可太猛。

（3）斩、劈　斩、劈适用于加工带骨头或质地坚硬的原料。操作时，右手大拇指与食指必须紧握稳刀柄，将刀对准原料要斩、劈的部位，用力直斩或劈下去，一刀斩或劈到底，才能使原料整齐美观，否则，会把原料斩、劈得支离破碎，影响菜肴质量。斩、劈时不但要用腕力，也稍用臂力。骨头较小的，应用斩（举刀不适宜过高）；骨头粗大、坚硬的，要用劈（举刀较高，用力劈下）。

2. 平刀法　平刀法是指刀与砧板面或原料的相对运动基本接近平行的一种刀法。这种刀法包括平推刀和平拉刀。

（1）平推刀　这种刀法操作时左手掌心按稳原料，右手握刀从原料外侧横片切进去，片时刀要向前推进。这种刀法主要用于把原料加工成片的形状，适用于脆性原料的加工。

（2）平拉刀 方法基本与平推刀法相同，但运刀时刀要向后拉。适用于将无骨、无韧性的原料片成片状，如猪肉、鸡肉等。

平推刀与平拉刀有相似之处，只是操作的方向相反。技术要求都是原料要按稳，防止其滑动，刀在运行时要有力，原料一刀未片开，可连续拉片，直至完全片开为止。操作时，必须保证刀身与砧板保持平行，刀口向下或向上倾斜，都会使片切出的原料厚薄不一，甚至会片切伤手。这两种方法在加工原料时多合并使用。

3. 斜刀法 斜刀法是刀与砧板面或原料成斜角，刀作倾斜运动，将原料片开的一种刀法。一般适用于加工无骨、软性的原料。斜面刀法可分为左斜刀和右斜刀两种。

（1）左斜刀 一般适用于加工无骨的肉料或植物性的原料。操作时，刀与砧板面成斜角，刀口向左，左手五指按原料，右手握刀，向左下方推切，两手必须紧密配合，刀身的倾斜度要根据原料成形规格灵活调整，并保持刀距相等。

（2）右斜刀 适用于加工脆性、软性原料。操作时，左手按住原料，右手握刀，刀口向右，逐刀向下方推切，左手有规律地配合向后移动，移动的距离要基本一致，以保持片的形状大小、厚薄一致。提刀时，注意刀口不能超过左手中指的第一关节，否则容易切伤手指。

三、刀法的运用

直刀法、平刀法、斜刀法是最基本的运刀方法。刀法变化是多种多样的，并且在具体加工操作中，视原料的特点和用途不同而综合运用，从而出现了斩、劈、切、起、片（拉）、敲、剖、撬、拍、剁、批（削）、改、雕等不同的变化。通过刀法变化，能把各种食物原料加工成丁、丝、粒、片、球、块、脯、件、条、段、花、松（米）、蓉等形状。加工时，要根据菜肴的具体要求，运用特定的刀法，将原料加工成相应的形状，在操作时要善于灵活运用。下面举例具体说明：

1. 斩

（1）斩整只熟鸡　先斩下颈和头，将颈斩成小块，与头摆放在盘内，再斩下翼和大腿，将鸡身斩开两边为脊部和胸部；斩开脊部分为两边，然后斩成小件，摆放在颈骨两旁（呈"V"形）；将两只大腿分为阴阳腿（外侧带皮多肉为阳腿；内侧少肉带骨为阴腿），阴腿斩件，分别放在胫骨两边；起出胸骨，胸肉与胸骨分离，胸骨斩件铺在阴腿上，胸肉斩件再铺在胸骨上面；阳腿斩件铺在胸肉与脊骨之间的下半边，最后斩去翼尖，将翼斩为三件，摆在鸡头两旁，砌成整鸡形。如"白切鸡"、"脆皮炸子鸡"等。

（2）斩鸡件、排骨　先将原料斩成2cm的条形，再斩成2cm的方形，如"排骨酱蒸骨"、"清蒸滑鸡"等。

（3）斩鱼件　将起出的软边或硬边（带整条脊骨为硬边），按长5cm斩断，再按宽3cm斩开呈"日"字形，如"红焖鱼"、"烧汁焗鱼腩"等。

（4）斩骨排　先斩成条形，再按长7cm斩断，如"蒜香骨"、"京都骨"等。

（5）斩狗肉、羊肉　先将原料斩成约4cm的条形，再斩成约4cm的方形，如"生焖狗肉"、"竹蔗马蹄焖羊腩"等。

2. 片

（1）猪肉片、鸡片　先将肉料改成长5cm、宽3cm，再片成厚0.15cm的片状，如"菜炒肉片"、"三色炒鸡片"等。

（2）鸭片　与片鸡片方法一样，规格为长5cm、宽4cm、厚0.1cm，如"子萝炒鸭片"等。

（3）鸡球　将鸡肉片成厚约5cm，刻"井"字形花纹，再切成4cm的方形，如"豉汁炒鸡球"等。

（4）肉脯（猪扒）　先将枚肉切成长5cm、宽4cm，再片成厚0.4cm，最后用刀背捶松，如"果汁煎猪扒"等。

（5）鸡脯、鸭脯 与加工肉脯方法一样，规格为长6.5cm、宽3cm、厚0.3cm，如"柠汁煎鸭脯"、"香麻鸡脯"等。

（6）鲍片 先将鲍鱼的枕片去掉，再片成厚约0.4cm的波浪纹片状，如"蚝皇鲍片"等。

（7）响螺片 先将螺肉改去螺皮、头、尾，只用螺心，再切成每件厚0.4cm的圆形片，用于白灼。若用于炒、泡的，则片成长4cm、宽3cm、厚0.15cm的长方形片，如"XO酱爆螺片"等。

3. 切

（1）丝 植物性原料切丝，先用直刀切片，堆叠整齐，再用跳刀切丝。肉类原料切丝，是先用平刀片成片状，堆叠整齐，再用直推刀切成丝状。丝的规格根据用途不同，可分为粗丝、中丝、幼丝三种。

1）笋丝

粗丝：长7cm、截面为边长0.4cm的方形丝状，用于三丝卷，如"腐皮三丝卷"。

中丝：长6cm、截面为边长0.3cm的方形丝状，用于炒的菜式，如"五彩炒肉丝"等。

幼丝：长6cm、截面为边长0.1cm的方形丝状，用于烩羹的菜式，如"三丝鱼肚羹"等。

笋丝应顺纹切成丝状。其他的（如红萝卜、沙葛、芥蓝头、土豆、茭笋、白萝卜等）植物类原料丝的规格及用途基本与笋丝相同，但长度则要视物料而定。

2）枚肉丝 与笋丝规格相同，分为粗丝、中丝、幼丝三种，都要求顺纹切成丝，但是运用推刀进行切丝，其用途与笋丝基本相同。

3）牛肉（柳）丝、羊肉丝 长7cm、截面为边长0.4cm的方形丝。先将原料片成片状，堆叠整齐，然后横纹切成丝。多用于炒的菜式，如"味菜牛柳丝"等。

4）鱼肚丝　切成长 6cm、宽 0.5cm 的丝，用于烩羹，如"三丝鱼肚羹"。若用于炒、扒的菜式，则宽度约 1cm，如"鱼肚滑鸡丝"等。

5）广肚丝、花胶丝　切成长 6cm、宽 0.6cm 的丝，用于烩羹。

6）鲍鱼丝　一般先将鲍鱼去枕，片成片后切成截面为边长 0.3cm 的方形丝状，如"白玉鲍鱼卷"等。

7）水鱼丝、山瑞丝　将鱼裙滚至软身，拆去壳骨，顺纹切成长 6cm、截面为边长 0.3cm 的丝，将水鱼起肉，再切成中丝。用于炒的菜式，如"锦绣水鱼丝"等。

（2）片　片分为厚片、中片、薄片、指甲片等。

厚片：长 4cm、宽 2cm、厚 0.6cm 的"日"字形片状，用于焖的菜式，如"鲜笋焖牛蛙"等。

中片：长 4cm、宽 2cm、厚 0.3cm 的"日"字形片状，用于炒的菜式，如"生炒凤肝鲜鱿"、"鲜笋炒生鱼片"等。

薄片：长 4cm、宽 2cm、厚 0.2cm 的"日"字形片状，用于炒的菜式，如"鲜笋炒鸭片"等。

指甲片：切成两端尖，长 2cm、宽 1.2cm、厚 0.2cm 的榄核形（或称菱形），用于烩羹，如"海皇太子羹"等。

笋片应顺纹切片，其他的（如红萝卜、沙葛、茭笋等）植物类原料片状的规格及用途基本与笋片相同。

（3）丁

1）红萝卜丁　先切成厚 1cm 的片状，再切成 1cm 的条，最后用 45°斜切成"榄核"形的丁状，或切成边长 1cm 的方丁。用于炒的菜式，如"锦绣美果肉丁"等。

2）肉丁　将瘦肉片成厚 1cm 片，然后切成 1cm 的条，再切成边长 1cm 的方丁。用于炒的菜式，如"锦绣美果肉丁"等。

3）肾球、肾丁　将鸭肾开边，去肾衣切成 4 块肉，每块用横、直刀相隔 0.3cm 刻花（不可切断），成花球状。再每块切成

2～3块成肾丁，要视肾的大小，灵活掌握。用于炒、泡的菜式，如"碧绿肾球"、"三色肾丁"等。

（4）粒　切粒与切丁的方法相同，但尺寸比丁略小。

1）肉粒　切成边长约0.8cm的方形。

2）瓜粒　切成边长约0.8cm的方形。用于滚汤，如"三鲜瓜粒汤"等。

（5）鱼条　将鱼去皮后，切成长5cm、宽和厚1.2cm的条形。用于炸的菜式，如"脆炸鱼条"等。

4. 剁

（1）鸡丝　与肉丝的规格、用途基本相同，只是要用刀剁成丝状。

（2）鸡丁、鸡粒　与肉丁、肉粒的规格、用途基本相同，只是要用刀剁成丁或粒。

（3）肉蓉、鸡蓉　将原料加工成粒状后，用双刀剁成蓉状，用于蒸、烩等菜式，如"咸鱼蒸肉饼"、"鸡蓉粟米羹"等。

（4）鸡条　与鸡丝的加工方法相同，规格为长6cm，宽和厚各0.7cm，用于炒的菜式，如"蚝油滑鸡条"等。

5. 改

（1）鲈鱼球　将鲈鱼肉铲去皮，改成长6cm、宽3cm、厚0.7cm的"日"字形。生鱼球、桂鱼球、石斑鱼球的加工方法相同。用于炒、泡等菜式，如"香滑鲈鱼球"、"碧绿石斑球"等。

（2）塘利球　将起净的塘利鱼肉，用直刀刻浅花纹，再连皮斜刀改成长约6cm的段。乌鱼球、山斑鱼球的加工方法相同。用于炒、泡的菜式，如"豉汁塘利球"等。

（3）鱼块　与鲈鱼球的加工方法基本相同，规格为长9cm、宽6cm、厚0.4cm。用于蒸、炸等菜式，如"麒麟蒸生鱼"、"吉列鱼块"等。

（4）鲜鱿件　将鲜鱿开肚，取出内脏和软骨，撕去黑衣，在肚内运用直刀和斜刀刻花，刀距为0.5cm，再斜刀改成长6cm、宽4cm的三角形。土鱿件的加工方法相同，只是刻花的刀距为0.3cm。用于炒、泡等菜式，如"油泡双鱿"、"菜炒鲜鱿"等。

（5）料头花　将红萝卜或姜等原料，改成如花卉、动物等各种形态，然后切成厚0.2cm的薄片。

6. 斜刀切

（1）生鱼片　将生鱼肉连皮，由尾起斜刀切成厚0.3cm的片，用于炒、滚汤的菜式，如"菜炒生鱼片"、"豆腐芫茜生鱼片汤"等。

（2）猪肚件　先将原料改成长6cm，再斜刀切成宽1.5cm的件，用于炒等菜式，如"味菜炒肚片"等。

（3）鲍脯　将燀好的鲍鱼去枕，轻刀刻"榄核"花纹，再斜刀切成厚的脯状，细的分两块，大的可分三块。用于扒等菜式，如"红烧鲍脯"等。

第三节　分档取料与使用

分档取料是将经过宰杀等加工的禽畜作原料，按菜肴的制作要求，依据其肌肉组织的不同部位、不同质量，采用不同的刀法进行分割的工艺。烹调原料是制作菜肴的物质基础，要使菜肴美味可口，品种丰富，形态美观，一方面取决于烹调技术，另一方面取决于原料的质量，如果分档取料不正确、不合理，不仅会影响切配，浪费原料，而且还会影响烹调，影响菜肴的质量。

分档取料是原料加工中的一项重要环节，其作用有：

1）不同原料运用不同的烹调方法。

2）保证原料的合理使用，做到物尽其用。

3）有利于切配和提高菜肴质量，突出烹调特色。

一、猪的分档取料及其使用

猪的分档取料按猪的骨骼构造和肌体各组织的不同部位，可分为头、前夹、肉眼、后腿、肥肉头、花肉、排骨、泡腩、肘肉、猪手、脚尾等。

1. 猪头部分 包括嘴、耳、舌、猪头肉。猪头肉质脆嫩，肥而不腻，适用于制作卤水食品，头骨适用于煲汤。另外，猪耳可用于焖或炒，猪舌可用于煲汤。

2. 前夹 包括鬃头肉、前肘肉等部位。前腿肉宜作叉烧，下夹适用于煲汤，近脊背部位的鬃头肉宜作猪扒、咕噜肉等。

3. 肉眼 肉纹有条理，肉质细嫩，适用于切肉丝、肉片。

4. 后腿 包括后肘肉、柳肉。后肘肉厚而嫩，而且瘦肉较多，适用于切肉丝、肉片、肉丁、猪扒等。柳肉肉质嫩滑，色稍深红，多用于焗或油泡。

5. 肥肉头 肉肥厚，多用于制作炸鸡卷、锅贴、酥盒等菜式。

6. 花肉 肥瘦分明，素有"五花肉"之称，适用于红焖或炸、扣等菜式，如"南乳扣肉"等。

7. 排骨 多用于焖、蒸、焗、炸等菜式，如"豉汁蒸排骨"、"香菠生炒骨"等。

8. 泡腩 该部位为猪肉中之次品，韧而肥腻，食味较差，多用于煲熟后切片，或焖或卤肉等。

9. 肘肉 即斩去猪手、脚后的第二节肘肉，适用于煲汤、扒、炖，还可制作"皱沙圆蹄"。

10. 猪手、脚 适用于煲、炖、扒或腌酸猪手之用。

11. 猪尾 多用于焖、炖、煲。

二、鸡的分档取料及其使用

粤菜中用鸡多用整只，但也有些菜肴是只用其中某一部位的。

1. 鸡头 皮薄骨多，全无肉质，一般用于熬汤或作下杂处理。

2. 鸡颈　皮厚而肉少骨多，宜取皮或熬汤用。

3. 鸡脊　骨硬而肉薄，不宜起肉，但有鸡的鲜味，适用于煲、炖汤。

4. 鸡翼　肉纹幼而筋骨少，肉鲜滑而味清香，在粤菜中应用极广，不论筵席、散餐，皆能用作上菜的原料，如泡、炒、扒等菜式。

5. 胸肉　胸肉除主骨外，全无骨骼，是鸡身最嫩的部位，肉纹幼而瘦肉多，适用于切成丝、切片，鸡柳肉可用于剁成肉蓉，制作较名贵的菜式。

6. 大腿　肉多而瘦，富有鸡鲜味，适用于起肉切片。

7. 小腿　肉较少而筋络多，宜起肉切丁或制作油炸的菜式。

8. 鸡爪　可制作"白云凤爪"或"紫金凤爪"等菜式。

三、火腿的分档取料及其使用

火腿的使用，一般都以浸熟后分部位使用。

1. 油头　适用于制"烧云腿"。

2. 草鞋底　适用于切片，用于拼鸡等菜式。

3. 升肉　可称为针肉，适用于切丝。

4. 手袖　适用于炖汤。

5. 脚　适用于制炖品，如"炖三脚"。

6. 梅头、改出的腿碎　用刀背剁成腿蓉。

7. 皮、肥肉、骨（要敲断）　多用于制汤的原料。

第四节　料头在菜肴中的作用和使用

一、料头的作用

"打荷看料头，便知焖蒸炒"，这是饮食行业内的一句俗语。

这句话说明了"料头"的重要性。那么，料头是什么呢？"料头"就是用各种味道较香鲜的原料，加工成各种形态，并根据菜式的分类和原料的性、味，形成固定的配用组合，虽用量少，但是能去腥膻异味、增加锅气的原料。

料头在粤菜的搭配中起着重要的作用，料头的主要作用是：增加菜肴的香气滋味，增加锅气；消除某些原料的腥膻异味；便于识别菜肴的烹调方法和调味料搭配，提高工作效率；增加菜肴的色泽和美观感。若原料使用不当或违反行业中的俗约，用错了或用多了料头，也会弄巧成拙，增加不少麻烦。

二、料头的原料及其成形

料头的主要原料是姜、葱、蒜、芫茜（香菜）、料菇、火腿、五柳（瓜英、锦菜、红姜、酸荞头、酸姜）、辣椒、青蒜、洋葱、陈草菇、陈皮等。这些原料经过刀工处理，便可分为多种类别。

1. 生姜 姜米、姜花、姜丝、姜片、"姜旧"、指甲片。

2. 生葱 葱米、葱丝、短葱榄、长葱榄、葱段、葱条、葱花、葱球。

3. 洋葱 洋葱米、洋葱丝、洋葱粒、洋葱件。

4. 青蒜 青蒜米、青蒜段。

5. 蒜头 蒜蓉、蒜子、蒜片。

6. 芫茜 芫茜段、芫茜米。

7. 辣椒 椒米、椒丝、椒件、小方粒。

8. 五柳 五柳粒、五柳丝。

9. 陈草菇 菇粒、菇丝、菇件。

10. 料菇 菇粒、菇丝、菇件。

11. 火腿 腿蓉、腿丝、腿片、腿粒、大方粒。

12. 陈皮 陈皮米、陈皮丝、陈皮件。

三、料头的使用

"料头"的使用是根据菜肴中的不同原料，进行恰当的搭配，总的划分有如下两大类。

1. 大料类 由蒜蓉、姜片、葱段、料菇件等组成。

1）菜炒料　蒜蓉、红萝卜花、姜花或姜片。

2）蚝油料　姜片、葱段、红萝卜花。

3）鱼球料　姜花、红萝卜花、葱段。

4）白灼料　姜片、长葱条（即煨料）。

5）红烧料　烧肉、蒜蓉、姜米、陈皮米、料菇件、炸蒜子。

6）糖醋料　蒜蓉、葱段、椒件。

7）蒸鸡料　姜花、葱段、菇件。

8）豉油蒸鱼料　姜丝、葱丝、（姜片、长葱条）。

9）焖料　料菇、葱条、姜片、（笋片）。

10）啫料　蒜片、姜片、洋葱件、青（红）椒件、芫茜。

11）酱爆料　蒜蓉、姜片、洋葱件、椒件。

12）茄汁牛料　蒜蓉、洋葱件（或葱段）。

13）锅仔浸料　炸蒜片、青（红）椒件、姜片、西芹段。

14）炖汤料　姜片、葱条、大方粒（火腿、瘦肉）。

2. 小料类 由蒜蓉、姜米、葱米组合而成。

1）虾酱牛料　蒜蓉、姜米、洋葱米、辣椒米。

2）咖喱牛料　蒜蓉、姜米、洋葱米、辣椒米。

3）唥汁牛料　蒜蓉、姜米（可加葱丝）。

4）滑蛋牛料　葱花。

5）油泡料　姜花、葱榄、红萝卜花。

6）油浸料　葱丝。

7）豉汁料　蒜蓉、姜米、椒米、葱段、豉汁。

8）炒丁料　蒜蓉、姜米、短葱榄。

9）炒丝料　蒜蓉、姜丝、葱丝、料菇丝。

10）炒桂花翅料　姜米、葱米、火腿蓉。

11）蒸鱼料　肉丝、葱丝、姜丝、菇丝（生焖鱼料相同）。

12）咸芡料　葱花、菇粒。

13）炸鸡料　蒜蓉、葱米、椒米。

14）走油田鸡料　姜米、蒜蓉、葱段。

15）煎封料　蒜蓉、姜米、葱花。

16）红焖鱼料　菇丝、姜丝、葱丝、肉丝、蒜蓉（或炸蒜子）。

17）煎芙蓉蛋料　笋丝、葱丝、菇丝。

18）五柳料　蒜蓉、椒丝、五柳丝、葱丝。

19）西湖料　蒜蓉、椒米、五柳米、葱花。

复习思考题

1. 什么叫刀工？刀工有什么意义和作用？

2. 刀工有什么基本要求？

3. 刀法分哪几类？各类刀法有什么意义？

4. 通过刀工加工，原料可加工成哪些形状？

5. 切肉丝时，要注意哪些问题？

6. 鱼球类有些要带皮？哪些不要带皮？为什么？

7. 什么叫做分档取料？分档取料有什么作用？

8. 试写出鸡和火腿的分档取料及其使用。

9. 什么叫"料头"？分有哪几大类？

10. 料头有什么作用？

11. 用作料头的有哪些原料？各自成形有哪几种形态？

第四章 半制成品的配制

【学习目标】

1. 理解原料的腌制原理。
2. 掌握原料的腌制方法。
3. 了解馅料的制作方法。

74

第一节 原料的腌制

制作美味佳肴，除了高超的烹调技艺外，在烹制过程中还应对某些原料进行适当的腌制加工。原料的腌制主要是指利用物理和化学作用，在烹制食品原料前，使原料渗透入味、去腻或改变原料的组织结构，使之加热后达到爽、嫩、滑的要求。

一、腌制原理

腌制常用的原料有精盐、味精、糖、鸡精、酒、枧水、食粉、松肉粉、吉士粉、植物性的香料（如姜、葱、蒜、芫茜、西芹、洋葱等）、酱料（如南乳酱、花生酱、芝麻酱、咖喱粉等）、淀粉等。腌制时要根据各种菜式的不同要求，运用不同分量的腌料进行腌制，其腌制原理如下：

1. 使食品入味和增加香味 凡烹制菜式，都必须调味，有部分菜式不但要求表面着味，更要求原料内部带味和带香气，如"蒜香骨"、"煎肉脯"等，人们在品尝这类菜式时，会产生齿颊生香的感觉，这都是由于肉料在烹制前用调味料和植物香料腌制过。

盐：属于矿物质，于加热前用盐腌制能使盐分慢慢渗透进肉料内部，这样不致使食品制成后外表有味而内部味淡。

姜：腌制时加姜，便于加热时去除原料中的异味。

葱：主要成分是二烯丙基二硫（大蒜素）。在烹制时，锅烧热后，将葱放进肉料中急速加热时，便会产生一种特殊的香气。

酒：主要成分是乙醇，加入肉料中，加热时易与脂肪中的脂肪酸结合生成酯类物质，使食品产生浓郁的香气。

2. 使某些食品去肥腻　一些使用肥肉的菜品，如"金钱虾盒"、"香芋扣肉"等，都有特殊的风味，它们所用的主要原料之一，都是肥猪肉。肥肉的主要成分是脂肪，若不加处理，直接烹制，吃时会感觉太肥腻，故事先必须腌制。使用的腌料除一般调味料外，主要用高度数的酒。酒中的乙醇是很好的有机溶剂，用酒腌肉时能使肥肉中的部分脂肪溶解，且经加热烹制时，乙醇与肥肉中脂肪酸发生酯化反应，起到增香减腻的作用。

3. 使食品除韧　牛肉、羊肉、蛇肉等肌肉纤维较粗而紧密的动物原料都比较韧，如果运用煲、焖、炖、扣等烹调方法，经过较长时间的高温、高压处理，肉会过于软烂；所以用这些原料腌制出的菜式，多以猛火急炒为主，在短时间内成熟，这就需要烹制前进行腌制。使用腌料时除调味料外还要加入食粉（碳酸氢钠）、水和淀粉。因为食粉属弱碱性物质（它的 pH 值为8），能有效促进肌球蛋白的水化作用，提高原料的持水性；且食粉能破坏肌纤维膜、基质蛋白及其他组织，使肉类结构组织疏松，有利于蛋白质的吸水膨润，使原料质地比原先更为柔嫩爽滑。在腌制时加入淀粉，是因为粉浆包裹在肉料表面上，加热时淀粉受热糊化形成一层保护膜，不致使肉料因炒锅火力太猛而炙焦，进食时还会产生软滑之感。

4. 使某些特殊食品爽脆　如炒爽肚等这类的菜式，要求肉质爽脆，在腌制时需要使用食粉或枧水。爽肚所指的是猪肚，它的肌间结构复杂，分泌的黏液又多，若烹制不当则很易变韧，为使其具有爽脆的质感。腌制时可加入适量食粉（或枧水），食粉既便于其表层黏液蛋白的溶解，也便于分离与疏松猪肚肌间组织，并大大提高猪肚的吸水、持水性，因此食用时便觉更爽脆。

5. 利用物理作用，使某些食品爽脆　在行业中，某些动物性原料可通过冰冻或冷藏的方式使之达到爽脆的质感。大家知道，动物肌体是由肌细胞构成的（肌细胞构成肌纤维束，进一步由纤维束来构成我们肉眼见到的大块肌肉组织），在低温保存肉料的过程中，温度低于0℃以下时，肌纤维束、肌细胞中水分会部分或全部结冰（纯水在0℃结冰，而含各种营养成分的细胞液的结冰温度会低于0℃），至使肌肉组织体积膨胀，从而使肌纤维膜、肌细胞膜膨胀破裂，在肉料解冻过程中至使肌肉组织结构变得更为疏松，从而增加了原料的吸水性，使之更为爽脆。如腌过的虾仁、虾球，其本身含水丰富，放入冰箱冷藏，改变其组织结构和吸水性后变得更加爽脆。

二、腌制实例

原料腌制是砧板岗位的重要工作之一，不少肉料经过腌制处理后，既有利于烹调，又能使肉质变得爽、滑、香，并可除去异味。下面介绍常用原料的腌制方法。

（一）腌虾仁

1. 原料　鲜虾仁500g、味精6g、精盐5g、干淀粉6g、鸡蛋清20g、食粉1.5g。

2. 制作过程

1）将虾仁放入洁净白毛巾内吸干水分，放入小盆内。

2）先将所有调味料和匀，再放入虾仁内拌匀，放进冰柜冷藏 2 小时。

3. 成品要求 虾仁洁净、透明、结实，略有黏性，熟后爽滑。

4. 制作要点

1）虾仁要新鲜，清洗干净。

2）虾肉腌制前应吸干水分，越干越好。

3）下腌料后不应用力搅拌，只能轻力拌匀，拌的时间可稍长些。

4）冰柜冷藏后，效果更爽。

5. 适用范围 用于炒、油泡等菜式，如"三色炒虾仁"、"油泡虾仁"等。

鲜带子的腌制方法与虾仁一样。

（二）腌猪扒

1. 原料 肉脯 500g、精盐 2.5g、姜片和葱条各 10g、玫瑰露酒 25g、食粉 3.5g。

2. 制作过程 将肉脯洗净，滤去水分，将调味料放入肉料内拌匀，放进冰柜冷藏约 2 小时。

3. 成品要求 肉脯没有韧性，松软而香。

4. 制作要点

1）肉料洗净后要滤去水分。

2）下腌料后不应用力搅拌，只能轻力拌匀，拌的时间可稍长些。

3）冰柜冷藏后，效果更好。

5. 适用范围 用于煎、炸的菜式，如"果汁煎猪扒"、"吉列猪扒"等。

（三）腌牛肉

1. 原料　牛肉片500g、食粉6g、生抽10g、干淀粉25g、清水75~100g、食用油25g。

2. 制作过程

1）将牛肉片洗净，吸干水分。

2）用少量的清水溶解食粉，放入牛肉片内拌匀，然后放入生抽和匀。

3）用清水溶解干淀粉，分几次放入牛肉内拌匀。

4）将食用油放在肉料上"封面"，然后放进冰柜冷藏约2小时。

3. 成品要求　牛肉手感软滑、松涨，熟后爽、嫩、滑。

4. 制作要点

1）牛肉应横纹切成片状。

2）下腌料搅拌时，要轻力搅拌，时间要长，并且感觉到牛肉松涨、软滑。

3）以生油封在牛肉上面，可保牛肉鲜红而不变黑。

4）放进冰柜冷藏1~2小时，使化学反应完全发生，从而达到去韧软滑的目的。

腌牛肉的另一种配方如下：

牛肉片500g、食粉5g、松肉粉5g、鸡蛋50g、精盐2.5g、鸡精5g、干淀粉25g、精水100g、食用油25g。

5. 适用范围　用于炒、油泡等菜式，如"凉瓜炒牛肉"、"蚝油牛肉"等。

（四）腌肉片、肉丁、肉丝

1. 原料　肉料500g、鸡蛋清50g、干淀粉25g、盐2.5g、鸡精5g、松肉粉5g。

2. 适用范围　用于炒、油泡等菜式，如"菜炒肉片"、"锦绣肉丁"、"五彩炒肉丝"等。

（五）腌牛柳

1. 原料　牛柳 500g、食粉 6g、生抽 10g、味精 5g、姜和葱各 15g、绍酒 7.5g。

2. 制作过程

1）将牛柳切成片或块，姜和葱拍碎，洗净原料，吸干水分，放入小盆内。

2）将调味料放入肉料内和匀，放进冰柜冷藏约 1 小时。

3. 成品要求　肉质明净，熟后爽滑。

4. 制作要点

1）切片或切块时要横纹切，并用刀略拍。

2）腌制前要吸干水分。

3）下腌料搅拌时，要轻力搅拌，时间可略长些。

5. 适用范围　用于炒、油泡、煎等菜式，如"味菜牛柳丝"、"黑椒牛柳"、"铁板茄汁牛柳"等。

（六）腌姜芽

1. 原料　嫩姜 500g、精盐 12.5g、白醋 200g、白糖 100g、食用糖精 0.15g、红辣椒和酸梅各 2 只。

2. 制作过程

1）洗净炒锅，加入白醋，加热至微沸时，放入白糖、精盐煮溶倒入瓦盆内凉凉。

2）用竹片刮去姜衣、苗，然后切成薄片。

3）将精盐 10g 放入姜片内拌匀，腌制约半小时，用清水洗净，滤干水分。

4）将食用糖精、红辣椒和酸梅放进凉凉的咸酸水中和匀，然后放入姜片，腌制 2 小时。

3. 成品要求 色泽呈嫣红色，爽口，甜酸味适中。

4. 制作要点

1）姜要用竹片刮，以防变黑。

2）姜片腌制时盐的量要足够，然后要漂清咸味。

3）姜片应抓干水分，最好晾干爽后再腌制。

4）待咸酸水完全冷却后才下姜片。

5）放入酸梅可增加姜片的复合味。

5. 适用范围 用于炒的菜式，如"子萝鸭片"等。

（七）腌京都骨

1. 原料 肉排（每件重约25g）500g、食粉和嫩肉粉各5g、鸡蛋100g、吉士粉2.5g、花生酱和芝麻酱各10g、精盐2.5g、鸡精5g、干淀粉50g、玫瑰露酒25g、油咖喱10g。

2. 制作过程

1）排骨斩成约 6cm 长，放入清水中洗净，滤干水分，放入小盆内。

2）将调味料放入肉料内拌匀，放进冰柜冷藏约 4 小时。

3. 成品要求 色泽呈浅黄色、松涨，熟后呈金黄色、酥香。

4. 制作要点

1）要选用肉排制作。

2）放入清水中洗至原料呈白色、肉质松涨，并且要吸干水分。

3）下腌料搅拌时，要轻力搅拌，时间可略长些。

4）放进冰柜冷藏的时间要足够。

5. 适用范围 用于炸的菜式，如"京都肉排"。

（八）腌蒜香骨

1. 原料 肉排500g、蒜汁50g、南乳2g、玫瑰露酒10g、甘草粉 1g、味精 5g、精盐 4g、白糖 20g、鸡蛋黄 50g、食粉 4g、糯米粉和面粉各 10g、吉士粉少许。

2. 制作过程

1）排骨斩成约 6cm 长，放入清水中洗净，滤干水分，放入小盆内。

2）将调味料放入肉料内拌匀，放进冰柜冷藏约 4 小时。

3. 成品要求 色泽呈浅黄色、松涨，熟后呈金红色，有浓郁蒜香味。

4. 制作要点

1）要选用肉排制作。

2）放入清水中洗至原料呈白色、肉质松涨，并且要吸干水分。

3）下腌料搅拌时，要轻力搅拌，时间可略长些。

4）放进冰柜冷藏的时间要足够。

5. 适用范围 用于炸的菜式，如"美味蒜香骨"。

（九）**腌锡纸排骨**

1. 原料 肉排 500g、生抽 5g、蚝油 5g、精盐 1.5g、味精 2.5g、鸡精 2g、白糖 5g、柠汁 5g、食粉 2.5g、干淀粉 5g、蔬菜香汁 10g。

2. 制作过程

1）排骨斩成约 6cm 长，放入清水中洗净，滤干水分，放入小盆内。

2）将调味料放入肉料内拌匀，放进冰柜冷藏约 1 小时。

3. 成品要求 肉色明净、清香，熟后色泽金黄、味美。

4. 制作要点

1）要选用肉排制作。

2）放入清水中洗至原料呈白色、肉质松涨，并且要吸干水分。

3）下腌料搅拌时，要轻力搅拌，时间可略长些。

4）放进冰柜冷藏的时间要足够。

5. 适用范围　用于炸的菜式，如"锡纸肉排"。

（十）腌椒盐骨

1. 原料　肉排 500g、精盐 5g、鸡精 2.5g、五香粉 5g、蒜蓉 5g、鸡蛋 50g、玫瑰露酒 25g、干淀粉 50g、松肉粉 5g、食粉 2.5g。

2. 制作过程

1）排骨斩成约 6cm 长，放入清水中洗净，滤干水分，放入小盆内。

2）将调味料放入肉料内拌匀，放进冰柜冷藏约 4 小时。

3. 成品要求　肉色明净、味香，熟后色泽金黄、味美。

4. 制作要点

1）要选用肉排制作。

2）放入清水中洗至原料呈白色、肉质松涨，并且要吸干水分。

3）下腌料搅拌时，要轻力搅拌，时间可略长些。

4）放进冰柜冷藏的时间要足够。

5. 适用范围　用于炸的菜式，如"粤式椒盐骨"。

（十一）腌虾球

1. 原料　虾球 500g、味精 6g、精盐 5g、干淀粉 6g、鸡蛋清 20g、食粉 1.5g。

2. 制作过程

1）虾球洗净，用洁净白毛巾吸干水分，放入小盆内。

2）将蛋清和精盐、味精、干淀粉、食粉调成糊状，放入肉料内拌匀，放进冰柜冷藏约 2 小时。

3. 成品要求　肉质明洁、结实，略有黏性，熟后爽滑。

4. 制作要点

1）要选用新鲜的明虾，清洗干净。

2）肉料腌制前应吸干水分，越干越好。

3）下腌料后不应用力搅拌，只能轻力拌匀，拌的时间可稍长些。

4）冰柜冷藏后，效果更佳。

5. 适用范围　用于炒、油泡、炸等菜式，如"碧绿虾球"、"油泡虾球"、"吉列虾球"等。

（十二）腌花枝片

1. 原料　花枝片 500g、姜汁酒 25g、姜片和葱条各 10g、食粉 4g、精盐 5g。

2. 制作过程　将切净的花枝片洗净，滤干水分，放入小盆内，加入腌料，拌匀后，放进冰柜内冷藏约 2 小时。

3. 成品要求　有香浓的姜、葱、酒味，熟后爽嫩，色泽洁白。

4. 制作要点

1）花枝片腌制前要洗净，并吸干水分。

2）下腌料后不应用力搅拌，只能轻力拌匀，拌的时间可稍长些。

3）冰柜冷藏后，效果更佳。

5. 适用范围　用于炒、油泡等菜式，如"碧绿花枝片"、"XO 酱爆花枝片"等。

第二节　馅料的制作

粤菜品种的千变万化全依赖于师傅的精湛手艺，为了制作多样的菜品，就必须处理好每一种烹饪原料。其中馅料的制作比较复杂、多变，一般都需要预先制作，这样便于菜式烹制，缩短制作时间，提高工作效率。

馅料的制作讲究选料、刀工、调味和配制分量等。常用的馅料半成品的制作如下：

（一）虾胶

1. 原料　虾仁肉 500g、肥肉粒 100g、精盐和味精各 5g、鸡蛋清 15g。

2. 制作过程

1）用刀将肥肉切成约 0.5cm 粒状，放进冰柜冷藏。

2）将虾仁洗净（去除壳及污物），用洁净的白毛巾吸干水分。

3）将虾仁放在干爽的砧板上，先用刀拍散，再用刀背剁成蓉状，放入盆中。

4）加入盐、味精，搅拌至起胶后，加入鸡蛋清，再搅拌至虾仁有黏性，加入肥肉粒拌匀，装入保鲜盒内，放进冰柜冷藏 2 小时。

3. 成品要求　黏性好，呈透明状，熟后结实、有弹性而爽滑。

4. 制作要点

1）要选用新鲜的河虾仁，用毛巾吸干水分。

2）砧板要刮洗干净，切忌有姜、蒜、葱等异味。

3）虾仁应先用刀拍散，再用刀背剁成蓉。

4）制作时应加入足够调味料。

5）打制虾胶时应顺一个方向搅擦，切忌顺逆方向交错使用，以擦为主，挞为辅。

6）擦虾胶时力量要足，用力要均匀。

7）下肥肉粒的不宜搅拌过长时间，以免造成肥肉脂肪泻出，影响胶性。肥肉可以增加虾胶的香味、爽质和色泽。

8）打制后要放入冰柜冷藏。

5. 适用范围 用于炒、油泡、炸、蒸酿、煎酿等菜式，如"碧绿虾丸"、"油泡虾丸"、"吉列香蕉虾枣"、"竹笙煎酿百花"、"百花酿北菇"等。

（二）鱼青

1. 原料 压干水分的鱼蓉 500g、鸡蛋清 100g、精盐 6g、味精 5g、干淀粉 10g。

2. 制作过程

1）将鲮鱼肉放在砧板上，用刀从尾至头轻力刮出鱼蓉，直至红赤（鱼瘦肉）为止，用洁净的白毛巾包着，用清水洗净，并吸干水分。

2）将压干水分的鱼蓉放进刮净的砧板上，用刀背剁至鱼蓉匀滑，放进小盆内。

3）将精盐、味精加入鱼蓉内，拌至起胶后，再加入鸡蛋清和淀粉，边拌边挞至胶性增大，放进保鲜盒内，放入冰柜冷藏 2 小时。

3. 成品要求 色泽洁白，呈半透明，黏性好，熟后有弹性、爽滑。

4. 制作要点

1）要选用新鲜的鲮鱼肉，刮鱼蓉时不应粘有鱼红肉。

2）鱼蓉要洗得洁白，并要吸干水分。

3）剁鱼蓉的砧板要干净，不应有姜、葱、蒜等异味。

4）剁鱼蓉时应剁得匀滑，不应起粒状。

5）加入盐可增加鱼肉的胶性，若淀粉过多则不透明。

6）应顺一方向搅拌。

7）以挞为主，挞的力量要足且均匀。

8）打制后要放入冰柜冷藏。

5. 适用范围 用于炒、油泡、酿制菜式，如"锦绣鱼青丸"、"油泡鱼青丸"、"煎酿椒子"等。

85

（三）荔蓉馅

1. 原料　熟荔浦芋头 500g、猪油 100g、牛油 100g、精盐 10g、味精 5g、熟澄面 100g、溴粉 1.5g。

2. 制作过程

1）把蒸熟的荔浦芋头用刀拍散成蓉状，加入熟澄面，在砧板上擦至纯滑。

2）将味精、精盐、猪油、牛油、溴粉放进荔蓉中，并用力擦至纯滑，入冰柜冷藏约 1 小时（可加入冬菇粒、虾米、叉烧等料搅拌，增加风味）。

3. 成品要求　荔蓉纯滑，有黏性，炸后有幼丝飞出，松化而酥脆。

4. 制作要点

1）要选用松化的荔浦芋头。

2）拍散荔蓉时要匀滑。

3）加油脂（猪油、牛油）要准确，多则炸熟后飞散，少则熟后不松化。

4）掌握好澄面的用量，多则实而不松化，不起丝状，但少则荔蓉分离不结堆。

5. 适用范围　多用于炸的菜式，如"荔蓉窝烧鸭"、"荔蓉鲜带子"等。

（四）花枝胶

1. 原料　净墨鱼肉 500g、精盐 20g、味精 5g、鸡蛋清 10g、干淀粉 25g、麻油 5g、胡椒粉 1g。

2. 制作过程

1）将精盐 15g 放入清水中，溶解后放入墨鱼肉浸约 1 小时，再用清水洗净。

2）将墨鱼肉吸干水分后，用绞肉机绞烂成蓉状，放入小盆内。

3）加入精盐、味精，搅拌至起胶，再放入麻油、胡椒粉、鸡蛋清、淀粉拌挞至有黏性时，放入保鲜盒内，放进冰柜冷藏2小时。

3. 成品要求　色泽洁白，有黏性，熟后爽滑。

4. 制作要点

1）肉料放进盐水中浸泡可去除异味。

2）肉料要吸干水分，要充分绞烂成蓉状。

3）打制时下调味料要适当，用力要均匀。

4）打制后要放入冰柜冷藏。

5. 适用范围　用于炒、油泡等菜式，如"碧绿花枝丸"、"油泡花枝丸"等。

（五）肉百花馅

1. 原料　枚肉350g、虾胶150g、湿冬菇粒50g、精盐5g、味精5g、干淀粉25g。

2. 制作过程

1）将枚肉切成米粒形，放入小盆内。

2）将精盐、味精放入肉料内，搅挞至起胶，再加入虾胶、冬菇粒、干淀粉拌匀，拌至起胶，放入保鲜盒内，放进冰柜冷藏2小时。

3. 成品要求　馅料明净，有黏性，熟后爽滑、味鲜。

4. 制作要点

1）要选用新鲜的枚肉。

2）打制时搅拌要均匀，并且用力要均匀。

3）打制后要放入冰柜冷藏。

5. 适用范围　多用于酿制的菜式，如"煎酿凉瓜"等。

（六）牛肉馅

1. 原料　净牛肉 500g、精盐 7.5g、味精 4g、白糖 2.5g、食粉 5g、干淀粉 50g、枧水 2g、陈皮末 1.5g、食用油 25g。

2. 制作过程

1）用刀将牛肉切成薄片，洗净。

2）用清水 75g 将食粉溶解，放入牛肉内拌匀，放进冰柜冷藏 1 小时。

3）将腌好牛肉放在砧板上，用刀剁成蓉状，放入小盆内。

4）将精盐、味精、白糖、枧水放入牛肉蓉内，顺一方向搅拌至起胶。

5）用清水 75g 将干淀粉溶解，放入牛肉蓉内，边擦边挞至起胶，加入陈皮末、食用油拌匀，放进冰柜冷藏 2 小时。

3. 成品要求　馅料明净、有黏性，熟后有弹性、爽滑。

4. 制作要点

1）要选用新鲜的牛肉，切片前要去除肉料的筋膜。

2）牛肉片腌制时间要足够。

3）牛肉剁成蓉状，肉蓉要幼滑，不能起粒状。

4）食用油不宜过早放入（食用油主要起到化筋的作用）。

5）枧水是在剁成蓉状后加入，主要起到收敛作用，使肉质不会太结实。

5. 适用范围　多用于馅料或制作牛肉饼。

复习思考题

1. 原料的腌制有什么作用？它的原理是怎样的？

2. 熟记各种原料腌制的配方及方法。

3. 举例说明馅料在菜肴制作中的作用。

4. 虾胶、鱼青在制作中应注意哪些问题？怎样辨别它们的质量好坏？

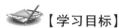 配菜的知识

 【学习目标】

1. 了解配菜的意义。
2. 掌握配菜的基本原则。
3. 熟悉配菜的方法。

第一节 配菜的意义和要求

89

　　配菜就是根据菜肴的质量要求，把各种成形的原料适当组合搭配，使其成为一个完整菜肴原料。配菜又称之为"执单"，是属于砧板岗的重要工作之一。配菜是否合理，往往会影响到菜肴的质量高低，特别是配筵席菜，更是至关重要。

　　配菜是紧接着刀工以后的一道工序，与刀工有密切的关系。因此，人们往往把刀工和配菜联系在一起，总称"切配"，在饮食行业中大多由同一砧板厨师负责。配菜可分为两种类型：一种是热菜的配菜，一种是冷菜的配菜，两者的操作程序与操作要求都不相同。热菜的操作程序是：刀工→配菜→烹调→上席；冷菜的操作程序是：烹调和刀工→配菜→上席。冷菜是在烹调和刀工之后，将菜配好即可上席食用的菜品，因此冷菜的配菜不论在色和形的配合方面，还是清洁卫生方面，都比热菜的配菜要求高得多，需要更高的技术和更严格的卫生条件才能符合要求。

配菜还可以分为散单（一般）的配菜和筵席的配菜两种类型，这里只讲例盘（散席）菜的配菜。

一、配菜的意义

在整个菜肴烹制作过程中，配菜也是一项非常重要的操作过程。它纵然不能使原料发生物理变化，可是通过各种原料之间适当的搭配，对菜肴的质量、色、香、味、形以及成本都有着直接决定性的影响。一般来说，它的重要性可分为以下方面：

1. 确定菜肴的质和量　所谓菜肴的质，就是指一个菜肴的构成内容，包括各种原料的配合比例，主料和辅料的配合比例，精料和粗料的配合比例等等。所谓菜肴的量，就是指一个菜肴中所有包含各种原料的总分量，也就是一个菜的单位定额。

配菜所掌握的比例和分量是确定菜肴质量的重要前提。如果配菜的比例和分量掌握得不恰当，那么，烹调技术再高超也不能改变这个菜的构成内容。所以配菜是确定菜肴质量的一项重要操作程序。

2. 基本确定菜肴的色、香、味、形　一种原料的形态要依靠刀工来确定，但一个菜肴的整个形态要依靠配菜来确定。菜肴的色、香、味虽然要在加热和调味后才能显示出来，不能在配料中直接体现，但各种原料都有其自身的色、香、味。几种不同原料配合在一起应能使它们之间的色、香、味相互融合，相互补充。配合很好才能相互补充，反之相互排斥，相互掩盖，有损于整个菜肴的色、香、味。所以配菜是整个基本确定菜肴色、香、味、形的一项重要操作程序。

3. 确定菜肴的营养成分　不同的原料，所含的营养成分是各不相同的。在一种原料中，可能某些营养成分的含量多一些，而另一些营养成分的含量少一些。可是人体对营养素的需要都是多方面的，某些营养成分过多了，或某一种营养成分过少了，对人体都不利。所以在一道菜中，营养成分的配合，应尽可能力求全面，而这种配合，当然也要靠配菜来确定。例如：肉类中含有较多的蛋白质和脂肪，蔬菜中含有较多的纤维素、维生素等，如果把两者相互搭配，就能够相互补充，使营养更加全面。至于在筵席菜中，菜与菜之间，营养的调剂也靠配菜来决定，所以配菜是确定菜肴营养成分的一项重要操作程序。

4. 确定菜肴的成本　配菜时配料的精粗，用量的多少，直接影响企业的成本。如果配菜时分量不正确，确定粗料和精料的配合比例不适当，那么结果不是影响菜肴的质量，使消费者吃亏，就是提高了菜肴的成本，使企业受损。所以，配菜是控制成本的一道极其重要的关口。

5. 配菜是形成菜肴多样化的重要环节　通过刀工的变化和烹调方法的不同，可以使菜肴多样化。因为种种原因，不同原料的相互配合，可以形成形式不同的菜肴，通过各种原料的合理搭配，可以创造更多新的品种，所以配菜也是形成菜肴多样化的一道重要环节。

91

二、配菜人员应具备的知识

配菜工作在整个菜肴烹制过程中所占的地位非常重要，且它的涉及面又很广，因此厨师必须既熟悉有关业务，又通晓相关知识，才能把这项工作做好。一般来说，一个称职的配菜厨师至少应具备以下素质。

（一）必须熟悉和了解原料的情况

各种不同的菜肴是由不同的原料配合而成的，所以配菜工作首先必须熟悉和了解原料。

1. 必须熟悉原料的性能　不同的原料有不同的性能，有的较韧，有的较脆，有的较软等等。不同的性能在烹调过程中所发生的变化也不同，在配菜时必须使其相互之间配合恰当，完全适用所用的烹调方法。即使是同一种原料，也会因季节的变化而使性能发生改变，例如在选择笋类原料时，春季应选用笔杆笋，夏季选用鲜笋，秋季选用茭笋，冬季选用冬笋。还有些体积较大的原料，如猪、羊、鸡、鸭等，身体上各个部位的肌肉性质各不相同，质嫩、含结缔组织少的，适用于泡油，质老、结缔组织多的适用于煲、炖、焖，它们不能混用。因此配菜人员必须熟悉原料性能、时令变化以及分档取料使用等知识，才能把工作做好。

2. 必须了解市场供应情况　市场上原料的供应不是一成不变的，而是随着生产情况和季节变化、供求关系等因素的变化而变化，有时这一品种多了，有时那一品种少了，配菜人员对此情况必须有所了解，才能配合市场供应的情况，多用市场上供应多的品种，适当少用市场上供应紧张的品种，并利用代用品制作出新的菜肴品种来。

3. 必须了解企业贮备货源情况　配菜人员还必须对企业中的贮备货源情况做到心中有数，也就是了解企业的"家底"，才能确定供应的品种，并及时向企业管理人员提供建议，哪些原料必须进货，哪些原料不必购买，使企业中的存货既不积压，也不脱节。

（二）必须熟悉菜肴的名称及制作特点

粤菜的菜式品种较多，各地区都有其特殊的地方风味菜式，各企业也有各企业的特色菜，以形成自己的特有风格，每一款菜肴的烹制都有自己的名称和制作特点，都有一定的用料标准、刀工形态和烹调方法。配菜人员首先必须对本企业菜肴的名称和制作特点了如指掌，才能保证一接触到菜肴的名称，就能熟练地进行配菜，使自己配出的菜肴完全符合本企业的特有风格。不仅如此，除了本企业菜肴的名称和特色以外，对同地区中其他同行的菜肴，以及其他地方菜的名称和特色也应有一个大概的了解，才能在配菜工作中推陈出新，创造出新的品种来。

（三）必须精通刀工，了解烹调

热菜的配菜介于刀工和烹调之间，它是刀工的继续，也是烹调的前提，它的操作技术可左右刀工和烹调这两道工序。前面已经讲过，配菜与刀工是密不可分的一个整体，如果不精通刀工，是做不好配菜工作的。不仅如此，一个配菜人员还必须懂得不同的火候和调味对原料所产生的各种不同的作用，以及各种烹调方法的特点，特别是本企业的特色菜和烹调特点。只有在充分了解这些变化与特点之后才能很好地掌握配菜的关键，使配出来的菜看能够符合标准，保证烹调后其色、香、味、形都能充分体现出来。所以配菜是联系刀工和烹调的纽带，配菜人员必须既精通刀工的操作技术，又了解烹调的操作关键，才能把工作做好。

（四）必须掌握定质定量的标准及净料成本

配菜人员必须掌握每一款菜看所用的净料的质和量以及它的成本。有些菜只用单一的料，有些菜中包含主料和配料，还有些菜中包含着不分主次的多种原料，配菜人员必须将各种原料按比例适当搭配，以确定它的质；每个菜的用量，也都有一定的标准，这个量一般习惯上都是根据盛器的大小来衡量的（但也有按照售价来衡量一个菜的用量），但每道菜各种原料的用料分量，一定要很正确地予以确定。不仅如此，除了掌握定质定量之外，配菜人员还必须熟悉和掌握各种原料的起货成率，了解每种原料净料的成本，配菜时切实按照本企业所规定的规格配菜，使成本与毛利都很恰当，使企业与消费者都不吃亏。

（五）必须注意主、配料分别放置

一道菜看，往往有着多种的主、配料（当然这也不是绝对的），在对多种主、配料进行配菜时，应将各种原料分别放置在码碗（或碟）内，不能全部混在一起，否则，下锅时无法分开，会发生原料生熟不匀的现象，严重影响菜肴的质量，所以要将先后下锅的原料分别放置。

（六）具有一定的审美能力，使菜肴在色和形方面都达到美的境地

配菜人员应具有一定的美学知识，懂得构图的理论，在配菜时注意原料之间色彩与形态的协调。特别是一些花色菜，必须严格注意它的构图，使其美观大方、雅致优美，切忌图形紊乱或庸俗不堪。

（七）能够推陈出新，创造新品种

作为一个配菜厨师，除了能够把一些公认的、已经定型的菜肴按照标准正确地配制出来外，还应当能不拘陈迹，根据原料、刀工和烹调方法的特点，随着市场上货源的变化加以灵活运用，创造出更多的品种，设计出营养成分更全面，色、香、味、形更佳的菜肴，来满足人们的需要。

（八）注意原料营养成分的配合

我国菜肴中原料的配合大多是符合营养原则的，但不可否认，某些菜肴的配菜其营养的相互配合与相互补充是注意得不够的。作为新一代的厨师，必须克服这个缺陷，应掌握各种原料的营养成分，在配菜时注意营养成分的相互配合，使吃的人得到更全面的营养，进一步提高广大人民的健康水平。

第二节　配菜的基本原则和方法

一、配菜的一般原则

配菜的好与坏，关键在于各种原料的搭配是否得当，尤其是

主料和配料搭配是否得当。主料是指在菜肴中作为主要成分、占主导地位的原料；配料是指在菜肴中起辅佐、衬托作用的原料。因此，在配菜时必须突出主料，配料应适应主料，衬托并点缀主料，切忌喧宾夺主，这是配菜最基本的原则。下面介绍配菜在量、色、形、质、香、味等方面的一般原则。

1. 量的搭配比例要恰当　每一份菜肴都有一定数量的定额，通常是根据就餐的人数和价格，用不同规格盛器的容量来确定的。配菜时，每一份菜肴所用原料的搭配比例要恰当。菜肴原料的用量比例大致分为三种类型：

1) 主、配料搭配要突出主料。

2) 主料由几种原料构成的，这几种原料的用量基本相等。

3) 使用单一原料的，应按单位定额配菜。

2. 色泽搭配要鲜艳悦目　一个菜肴如果色调和谐，色泽鲜明，可以增进人们的食欲。配色的具体方法主要是根据各个不同菜肴的具体情况来决定的，应以和谐鲜明、符合审美观点为原则。菜肴色泽的安排一般有顺色搭配和异色搭配两种。

1) 顺色搭配　即同一菜肴的各种原料的色泽力求一致或相似，在同一色彩中，有时深浅会稍有不同，但影响不大。偶尔还可以显出鲜亮明快的色彩，如"鲜笋炒生鱼片"中所用的生鱼片、笋片基本都是白色的，看起来十分清爽。顺色的搭配不仅限于白色，其他的如红色、粉红色、绿色等也都可相配。

2) 异色搭配　是由几种不同颜色的原料搭配组合成色彩鲜艳的菜肴。这种配色给人一种明快的感觉，例如"缤纷花枝片"中，主料洁白，配以绿色、红色、黑色等颜色的配料，在色调上红、绿、黑、白相衬，显得格外艳丽夺目。

除"配色"外，还可采取增色处理，以弥补色彩的不足，例如"四宝炒牛奶"面上撒上火腿蓉，使此菜更有吸引力。此外，调色也是一种重要方法，通过调色起主导作用，可增加菜肴的美感，如"果汁猪扒"中果汁的鲜红色彩使人产生浓烈的味觉，菜

95

肴的滋味更觉可口。

3. 香、味搭配要取长补短 菜肴的香和味，虽然要经过加热和调味之后才能最后确定下来，但大多数原料本身就具有特定的香和味，并不单纯依靠调味品。因此，配菜时既要了解原料在未加热调味前的香和味，又要知道烹调后原料香和味的变化，按原料特定的香和味进行合理的搭配，取长补短，使制成的菜肴香气扑鼻，鲜美可口。香和味的搭配方法大致有以下三种：

1）以主料的香为主，配料衬托并突出主料的香味。一般以鲜、活原料为主的菜肴可采用这种搭配方法。

2）以配料的香味填补主料的不足。有些主料本身香和味不足，可用香、味较浓的配料加以补充。

3）以配料的清淡来适当调和主料过于浓烈或过于油腻的香味。

4. 形状搭配要协调、美观 原料形状的搭配不仅关系到菜肴的外观，而且直接影响到烹调以至整个菜肴的质量，这是配菜的一个重要环节。配菜时要做到配料适应主料的形状，这样才能衬托主料，使主料更加突出。配菜人员还应掌握刀工，使原料的形状能符合烹调的要求，烹调时间较长的，不宜配以形态细小的原料；烹调时间较短的，不宜配以形态很大的原料；配主配料的菜肴时，配料一般不宜大于主料；配不分主配料的多种料时，各种原料的形态应大致相似，如丁配丁、片配片、丝配丝等，这样才能调和融洽。配花色菜时，对形的要求更为严格，必须密切注意构图的完整性，要求整齐、均匀、清晰、美观、形象逼真、引人入胜。

5. 质地搭配要和谐适口 为了突出菜肴的特点，人们常常将质地相近的原料相配合，即"嫩配嫩"、"软配软"。但是，也有些菜肴的主配料的质地并不相同，而通过烹调手段的调节，可使两者达到协调，同样能受到食客的欢迎。在用焖、炖、扒等长时间加热的烹调方法制作的菜肴中，主、配料的软硬配合、韧脆配合、老嫩配合，完全可以通过投料的先后、火候的适当调节，使主、配料口感一致。总之，烹饪原料在质地上的搭配，应做到和谐适口，以适应食用者的要求。

6. 营养成分的搭配要科学合理　烹饪原料在营养成分的搭配上必须科学合理。不同的原料所含的营养成分各不相同，配菜时，必须根据原料的特性、营养成分进行合理、科学地搭配，尽可能地使食用者得到必要的、全面的营养。

二、配菜的基本方法

配菜的基本方法也是按配散单菜和配宴席菜来区分的。散单菜肴的配菜方法较简单，其成品也较朴实。宴席菜对菜肴的色和形特别讲究，其成品具有一定的艺术性。现就散单菜的配菜基本方法介绍如下：

配散单菜肴，按照配菜时所用原料的多少来分，可分为配单一料、配主配料、配不分主次的多种料三个大类。

1. 单一原料菜肴的配法　所谓单一原料菜肴，即是由一种原料构成的菜肴，配菜时只要将这份原料按菜肴的单位定量配备即可，方法较简单。但为了保证菜肴的质量，必须严格选料，必须选用具有特色的新鲜质好的原料，注意突出原料的优点，避免原料的缺点。因为凡用单一原料做菜，一般都直接体现了这一原料的特点，如鲜活的河鲜、海鲜、肉类，碧绿脆嫩的蔬菜等，都适宜以单一原料做菜。而有些高档原料，如鱼翅、海参等，由于原料本身缺少鲜味，在作为单一原料配菜时，应配以高汤、鸡肉、猪肉、火腿等辅佐调味，使鱼翅、海参吸取其鲜味，成为鲜美可口的菜肴，上席时再除去鸡肉、猪肉、火腿等，这样就突出了原料的优点，避免了原料的缺点。

2. 主配原料菜肴的配法　所谓主配料，就是指这个菜肴在主要用料以外，还配以一定数量的辅助原料。搭配辅料的目的，主要是对主料的色、香、味、形以及营养成分起调剂作用，例如"荔浦扣肉"，主料含有较多的脂肪，配以荔浦香芋，就能使主料肥而不腻；又如"鲜百合炒鱼片"，除主料生鱼片外，配以鲜百合，更感主料的鲜爽，同时主配料搭配，形成混食，有利于各种原料营养成分的综合吸收。

在主配料的菜肴中，一般主料在质量上都占优势，起主导作用，配料只对主料起陪衬、烘托的作用。主料居于主位，配料居于宾位，必须突出主料。一般来说，主料大都用动物原料，配料大多用植物原料。

3. 不分主配原料菜肴的配法　这是指配制由两种或两种以上数量基本相同、比例基本相等的原料所构成的菜肴。一个菜肴中的各种原料不分主、辅，但形态也应互相适应。例如"油泡鸳鸯鱿"，使用的原料土鱿和鲜鱿都是爽脆的原料，形态上的大小、厚薄、刀花都应尽量做到一致，以保持它们的平衡相称。这类菜肴，在命名时一般都带有数字，如"双脆"、"鸳鸯"、"三式"、"四宝"等，也就说明这个菜是由几种地位平等的原料组成的。

复习思考题

1. 什么叫配菜？它有什么作用？
2. 配菜人员应掌握哪些知识和技能？
3. 配菜的原则是什么？
4. 配散单菜肴可分哪几类？各应注意哪些问题？

第六章 烹调技术概论

【学习目标】

1. 了解烹调的意义和作用。
2. 掌握火候的运用方法。
3. 了解调味的原则和方法。
4. 了解复合调味料的加工方法。
5. 掌握芡、汁的应用方法。

99

烹调是将切配好的净料，通过加热和调味使原料成熟，变成美味可口的完整菜肴的操作过程，它包含两个主要内容：一个是烹，另一个是调。烹就是加热，通过加热的方法将原料烹制成熟；调就是调味，通过调入各种调味料，使菜肴有滋味、可口、色泽诱人，形态美观。

第一节　烹调的意义和作用

一、烹调的意义

烹调是与人类的进化分不开的，人类的文明始于饮食劳动。随着人类的进化发展，烹调技术也随之一步步提高。烹调技术具有复杂、细致的特点，特别是我国的烹调技术，以精细、灵活、多变而闻名于世，烹调出的菜肴口味鲜美，花样繁多，并有独特的地方风味，凸显了我国劳动人们的伟大智慧。

烹调技术作为一门具有一定难度的技术和具有一定的科学性及艺术性的技艺，正在改善和丰富着人民的精神生活与物质生活，并在对外交流活动等方面发挥着越来越重要的作用。

二、烹调的作用

烹与调有着不同的作用，但它们又是在一个工艺流程中体现出来的，无论是离开烹，还是离开调，都不能使原来生的原料变成美味、可口的菜肴。通过调，将原料和调味品配合起来；通过烹，使原料和调味品在加热过程中发生各种物理的、化学的反应，并结合在一起，构成菜肴。总之，将烹和调都运用恰当，才能做出好的菜肴。但是，烹与调在菜肴制作中又起着不同的作用。

1. 烹的作用 烹的目的就是将生的原料通过加热变成熟的食物。它的作用有：

（1）杀菌消毒 一般生的原料食物，不论如何新鲜，总会或多或少地带有一些致病细菌及寄生虫，有些还带有少量的天然毒素，人们吃了以后，很容易致病。这些有害因素一般在加热至80℃左右时，可被杀死或去除，因此，通过烹制可起到杀菌消毒的作用。

（2）便于消化吸收 食物原料中含有维持人体正常生理活动及机体生长所必需的蛋白质、脂肪、糖、矿物质、维生素等营养成分，这些营养物质是以复杂的化合状态存在于各种原料的组织中，不易分解出来。经过烹制加热处理，会使其发生复杂的物理变化和化学变化，从而使它们的营养成分分解（例如，蔬菜、谷物中坚韧的细胞壁被软化，蛋白质发生变性、凝固，淀粉被糊化、部分分解等），这样就减少了人体消化器官的负担，使得食物中的营养成分更易于消化吸收。

（3）使原料中的香味透出 食物原料未经加热时一般没有香

味，但是通过烹制，食物往往会呈现出香味，诱人食欲，例如，生肉基本是没有香味，如加水烹制到一定程度，即使不加任何调味品，也会肉香四溢；粮谷、蔬菜煮熟后，也会有一些香味散发出来。这是因为食物原料都含有一些醇、脂、酚、糖类等，在受热时，一方面它们随着原料组织的分解而游离出来，另一方面它们又可以发生某些化学变化，变为某种芳香的物质，所以通过烹的作用，就能使食物味香可口，增进食欲。

（4）可形成复合的美味　一个菜肴往往由好几种原料组成，而每一种原料都有其特有的滋味。在烹制前各种原料的滋味都是独立存在的，但当几种原料放在一起加热时，各种原料中的呈味成分就会在高温的作用下，以水和油为载体，互相渗透，从而形成复合的美味。例如，把栗子和鸡肉放在一起焖制，那么鸡肉中的一些味道就会渗透到栗子内部，栗子中的一些味道也会渗透到鸡肉中去，于是栗子含有鸡肉的鲜味，鸡肉又含有栗子的味道，这样栗子和鸡肉都更加美味。

（5）使菜肴色泽鲜艳，形态美观　通过烹制还可以大大改善菜肴的外观。只要在加热时火候掌握得恰到好处，就可以使菜肴颜色鲜艳、外形美观。如虾经过加热后变得色彩鲜红，鱼片经过油泡后洁白如玉等。此外，经过刀工处理的原料，加热后会形成球形、菊花形、松子形、麦穗形等优美的形态。

2. 调的作用　调的目的就是通过调味品的适当加入或几种原料的适当配合，除去菜肴异味，增加美味。

（1）去除异味　有些动物性原料，如牛肉、羊肉、内脏、水产品等，往往有较重的腥膻味，仅仅通过加热一般难以全部去除这些味道。如果在烹调时加入姜、葱、蒜、盐、味精等调料，就能更多地去除或掩盖这些原料的腥膻气味。另外，有些肉类原料往往过于油腻，如在烹调时加入合适的调味品，常可以起到解腻的作用。

（2）使味淡的原料增味　调味品本身具有提鲜、添香、增进菜肴口味的作用。许多食物原料本身就是淡而无味，难以引起人的食欲，所以必须加入调味品或采取其他调味措施，才能成为美味佳肴。如豆腐、萝卜等原料本身滋味清淡，只有在烹调时加入适量的姜、葱、蒜、盐、味精等调味品，或与鱼、肉等味浓的原料配合烹制，才能使其变得美味可口；又如鱼翅、海参、燕窝等原料，其本身基本上也没有什么滋味，所以一般要与鸡汤或其他鲜上汤一同烹制，使鲜味浸入内部，来增加它们的滋味。

（3）确定口味　菜肴的口味是通过调味确定的，用同一种烹调方法烹制相同的原料，如调味方法不同，则菜肴的口味也会截然不同。例如：原料同样是排骨，同样用炸的方法制作，若以糖醋调制，就成为酸甜的"糖醋排骨"，若以椒盐味调制，就成为咸香的"椒盐排骨"；又如焖鸡，若以咖喱为主进行调味的就为"咖喱焖鸡"，若以蚝油为主进行调味的就为"蚝油焖鸡"等等。可见，所用的调味品不同，它们的滋味也就不同。这就说明调味不仅是增加菜肴品种的手段，而且是形成各种不同风味菜肴的重要途径。

（4）丰富色彩　调味品的加入还可以丰富菜肴的色彩，使菜肴的色彩浓淡相宜，鲜艳美观。因为很多调味品是有色的，烹制菜肴时加入不同品种或不同数量的调味品，就能制出色彩各异的菜肴。色泽洁白的菜肴，如"香滑桂鱼球"、"油泡虾仁"等，可以用盐、味精进行调味；色泽深浓的菜肴，如"南乳扣肉"，可用南乳使菜肴成玫瑰红色；咖喱可使菜肴呈淡黄色；蚝油可使菜肴具有明亮鲜艳的光泽，这些都可以增进菜的色彩。

烹与调虽然是两个不同的概念，但两者是一个过程的两个方面，相互间的关系是密切联系、不可分割的。通过调，对原料与调味品加以适当的配合；通过烹，使这些原料与调味品起各种物理的与化学的作用。只有正确掌握好烹和调，才能使菜肴达到完美的境地。

第二节　火候的运用

一、火候的意义和掌握火候的重要性

烹调就是对菜肴加热与调味的操作过程。菜肴原料是多种多样的，从性质来说，有老的也有嫩的，有软的也有硬的；从形态上来说，有大的也有小的，有整只的也有零星碎料；从烹调的目的和要求来说，有的需要香脆，有的需要鲜嫩，也有的需要酥烂。在这样复杂的条件与要求下，烹调菜肴就不是仅凭一种加热方法或一种火力就能够解决问题的，而必须使用多种加热方法、多种不同的火力才行。所谓使用多种不同的火力，也就是掌握火候。火候就是根据菜肴原料的性质、形态和烹调菜肴的目的、要求，控制菜肴原料加热时所用火力的大小与时间的长短。

火候是由多种因素构成的，火力的大小、传热工具的传热速度快慢、加热时间的长短，都是构成火候的因素。火力的大小又取决于炉灶的结构性能、燃料的种类及使用炉灶的方法。火候发生了变化，受热的菜肴原料也会相应地发生变化，这也就是形成各种不同烹调方法、不同菜肴的主要原因。影响火候的因素很复杂，必须要不断实践，不断探索，从而提高掌握火候的技巧。

烹调技术的两大内容就是烹制和调味，而火候又是烹调技术的核心，因为菜肴的原料如果只加入调味料，而不经过加热烹制，就不能完成质变的过程，也就不能构成菜肴的属性。所以，不论是初步热处理，还是正式加热烹制，都要求每一名厨师必须精于火候的技术，厨师烹调技术的好坏，主要的是要视其能否根据菜肴原料的性质、形态、色泽等条件，根据菜的特点、要求等，在加热过程中恰到好处地掌握火候，制作出色、香、味、形俱佳的菜肴。

二、火候的分类

识别火候的方法通常都是由感官来确定的，一般地根据火焰的高低、颜色等现象可对火候来进行分类，基本上可以把火候分为三大类：

1. 猛火 火焰高而稳定，呈黄白色，光度明亮，热气逼人。

2. 中火 火焰低而摇晃，呈红色，光度较暗，热气较大。

3. 慢火 火焰细小，时有起落，呈青绿色，光度暗淡，热气不大。

另外，电烤炉、电灶及微波炉等火力的鉴别可按照辐射和微波的强弱来进行。

虽然这种对火力的鉴别方法不十分精确，而且因炉灶的大小，燃料的差异等因素的不同，有同样的火焰现象可能却不是同样的温度。要在长期的实践中，不断地加以总结，才能很好地掌握火力的大小，从而熟练地运用火候。

三、热量的传递方式

热量可以从高温的物体传到低温的物体或者从物体的高温部分传到低温部分，这种现象称为热传递。热传递通常是通过传导、对流、辐射三种形式实现的，而在实际的传热过程中往往又可能是三种方式同时进行的。

1. 传导 热传导是由于大量分子、原子或电子的相互撞击，使热量从物体的温度较高部分传递到温度较低部分的过程，热传导是热量传递的一种基本方式，也是固体物质热传递的主要方式。

2. 对流 对流是液体和气体特有的热量传递方式，它靠液体或气体的流动，使液体和气体中较热部分和较冷部分之间通过循环流动并相互渗透而使温度趋于均匀。

3. 辐射　辐射是指不需要任何传热介质，从热源将热量沿直线直接向四周散出去，使周围物体受热的传热方式。

（1）火热辐射　是利用电烤炉的辐射传热直接对原料进行加热，使食物原料成熟。

（2）远红外线辐射　远红外线辐射是波长介于红外线和微波之间的电磁辐射，它具有较强的热效应，容易为物体吸收，故通常用远红外线烤箱烘烤食品。

（3）微波辐射　一般烹调加热，其热量是由先传给原料外部，再由原料外部传给内部；而用微波辐射加热，可让物体内外同时受热，大大缩短烹调时间。当烹饪原料的物质分子吸收电子微波辐射后，它们就开始振荡产生分子间的相互碰撞、摩擦而产生热量并向外扩散，从而使原料成熟。水的电解常数特别高，用微波辐射时，食物原料中的水更易吸收微波辐射，所以，含水分较多的食物熟得较快。

四、传热介质

食物原料由生变熟，除了运用不同的火候外，还要选用不同的传热介质来传递热量。

1. 以水为传热介质　以水为传热介质，主要是利用水的对流传递热量。水是烹调过程中最常用、最基本的传热介质，纯水在 1 个标准大气压下的沸点是 100℃。当对水加热时，水的体积变大、密度变小，热水上升，冷水向下运动，形成对流。当水温到达 100℃时，水开始沸腾。在加热过程中，以水为传热介质，通过对流作用，把热量传递给原料外部，原料再通过传导，使内外部温度逐步平衡，从而使原料不断升温直到熟。水达到沸点后，在标准大气压下，不管是用中火加热还是猛火加热，水的温度都不会升高，这是以水为传热介质的特点。

2. 以油为传热介质　以油为传热介质，主要是利用油的对流传递热量。油的沸点比水高得多，因此可以利用的温域范围比水的宽。用油作传热介质有以下特点：

105

1）油的沸点比水高，用油加热能缩短加热时间和加快原料成熟速度，使一些质地鲜嫩的原料在加热过程中减少水分养分的流失，保持了脆爽软嫩营养的特点。另外高温也能使油分子驱散原料表面和内部的水分，使原料香脆。

2）用油导热制作出的菜肴香味浓郁。动物原料中含有酯、酚、醇等有机物质，加热后能离析逸出，它们与油分子一起散发出来，所以香味较浓。

3）用油导热制作出的菜肴表面光润柔滑，这主要是油分子浸润的效果。

4）用油导热还能最大限度地突出原料的本味。这是因为原料中的水分外逸，提高了原料本味的浓度，有些还吸收了一部分油脂。

综合上述，用油作传热媒介，能使原料达到脆、嫩、酥、鲜、香的效果。

3. 以蒸汽为传热介质　用蒸汽为传热介质主要是依靠蒸汽的对流使食物原料受热的。蒸汽实际上就是达到沸点而汽化的水，所以，以蒸汽为传热介质实际上就是以水为传热的发展。不过，用蒸汽传热的速度要比用沸水快，而且可较好地保持原料的形状，使原料的各种营养成分不易流失。因此，用汽蒸熟的菜肴软滑入味，形状美观。用蒸汽传热，蒸汽的温度主要取决于火力的大小和各种笼屉的密闭程度。在标准大气压下，蒸汽的温度也只有100℃，但如盖紧锅盖开大火，可使笼里的温度达到102～105℃，因此，同样形状和同样形态的原料，用汽蒸比水煮成熟的时间要短。

4. 以热空气为传热介质　以热空气传热主要用于烘、烤两种烹调方法，它是利用强烈的辐射和对流作用来传递热量，使烹饪原料的温度升高而做熟的。用空气传热，其温度的高低取决于炉灶的结构、形式、热源火力的大小和均匀程度。

5. 以盐或砂粒为传热介质　以盐或砂粒为传热介质，是以热传导的方式将热量传递给食物原料的。介质温度的高低由火力的大小来确定。在以盐或砂粒为传热介质时，必须不断地翻搅，使介质和原料受热均匀。

此外，还有用泥、面粉等物质来传递热量的。

五、加热对烹调原料的作用

由于原料的性质和采用的烹调方法的不同，原料在加热过程中发生的变化也不同，因此，加热可对烹饪原料产生以下方面的作用。

1. 分散作用 许多烹饪原料在加热前结构稳定，组织紧密，但受热后原料的组织分散、结构松弛，变得易于食用。原料受热后产生的分散作用包括吸水、膨胀、分裂和溶解等现象。

新鲜蔬果的细胞中充满水分，细胞之间通过植物胶素相互连接着，所以在加热前一般都较饱满。在加热时，胶素软化而与水混合成为胶液，细胞间变得松弛而分散，同时细胞膜破裂，细胞内的一部分物质溶于水，从而使原料组织变得松软。

动物性原料在加热后，一部分蛋白质会凝固，另一部分蛋白质受热后水解成为胶蛋白；但结缔组织被水解破坏后，蛋白质与肌肉纤维分离，使肌肉组织松散呈软烂状态。

淀粉原料经过加热，吸水膨胀，使构成淀粉的各层分离，导致破裂而成糊状。

2. 水解作用 烹饪原料在水中加热，原料中很多成分会发生水解反应，例如用鸡、鱼、肉类制作的汤汁异常鲜美，这是主要是由于这类原料中的蛋白质逐步被水解，最终生成各种氨基酸的原因。

淀粉类原料在水中加热后会被水解成低聚糖，并进一步水解生成麦芽糖和葡萄糖，所以这类原料加热成熟后会变得略带甜味。

3. 凝固作用 加热可使原料中蛋白质产生变性，即蛋白质的空间结构发生改变，原料的组织凝固变硬。如蛋类加热会凝固，瘦肉类在烹制过程中收缩变硬，温度越高变性越快，加热时间越长，凝固得越硬。此外，在烹制菜肴过程中如有电解质存在时，蛋白质的凝固就会变得更加迅速。盐是一种电解质，在烹制豆类、牛肉或熬制浓汤时，盐往往是最后加入，否则会使原料中的蛋白质过早凝固、紧缩，使原料中的各种营养成分难溶于汤汁中，影响菜肴的质感和汤汁的浓度。

4. 酯化作用　在烹调动物性原料时，调入酒或醋后会产生香气，这就是酯化反应的效果。含脂肪较多的原料在水中加热时，一部分脂肪被水解为脂肪酸和甘油，如加入酒或醋就会发生酯化反应而生成有芳香气味的酯类物质，酯类物质较易挥发，因此菜肴会变得香气扑鼻。不同的原料加热后产生的酯类物质不同，因此酯化后的产物也不同，菜肴的香气也就有所不同。

5. 氧化作用　氧化还原反应也是加热过程常会发生的反应，如动物的肌肉组织因含有肌红蛋白，在加热前呈红色，当加热后颜色逐渐由红变为灰白，最后变为淡褐色，这就是因为肌红蛋白受热变性，血红色素被氧化成变性肌红蛋白的缘故。

动、植物所含的多种维生素也易被氧化分解，尤其在碱性环境下温度缓慢升高时，维生素的损失更大。因此在烹制维生素含量高的原料时，加热的时间不宜过长，也不宜放碱。

6. 其他作用　加热对烹饪原料还会产生一些其他作用和变化，例如，淀粉和糖类在高温下会发生焦糖化反应而呈金黄色或焦黑色；又如鸡蛋长时间加热后蛋黄表面会出现一层暗绿色，这是由于蛋黄中的铁元素与蛋清中的硫元素化合生成硫化铁而造成的；再如虾、蟹类原料烹熟后壳变成红色，这是因为虾、蟹中虾壳红色素耐高温而被保存下来，而其他的色素不耐热被破坏掉的缘故。

六、加热对烹调原料的影响

在烹调过程中采用不同的火候、不同的传热介质及加热方法对烹调原料会产生不同的影响。

1. 用油加热对原料影响　用油烹调的菜肴具有香、酥、脆、嫩的效果。由于油的温度很高，食物原料下锅后表面很快干燥收缩，凝成一层薄膜，使外部变酥脆并使内部汁浆不易溢出而形成外脆内嫩的特点，且具有干香气味。另外，利用油的高温，还可使经刀工处理的原料形成各种美丽的形状。

2. 用水加热对原料影响　用水作传热介质对烹饪原料进行加热，会使原料中部分蛋白质、脂肪、维生素、矿物质等营养成分溶解在汤水中，因此汤汁不可丢弃。

在用水作传热介质烹调蔬菜（尤其是绿色蔬菜）时，必须等水沸腾后再下料。因为蔬菜在加热过程中，会产生一种氧化酶，这种氧化酶对维生素 C 有很强的破坏作用，在 65℃ 时破坏作用最大。这种氧化酶不耐高温，当温度达到 85℃ 时后它就会被破坏掉。如蔬菜在冷水时下锅，当水温升至 65℃ 时，维生素 C 即遭破坏，如果沸水下料，这种氧化酶就不会起作用，这样可以大大地减少维生素 C 的损失。

3. 蒸对烹饪原料的影响　蒸制菜肴时一般采用猛火，它的特点是可使菜肴柔软鲜嫩，保持原料形状的完整美观；同时，蒸笼中水蒸气与原料中的水分处于相对饱和状态，原料中的水分不易失去，营养成分损失较少。

不过蒸也有不足之处，烹饪原料外部的调味品不易渗透到原料内部去，所以较难入味，因此，蒸制菜肴往往在加热前或加热后要进行调味。

4. 烘、烤对烹饪原料的影响　采用烘、烤烹调方法加热原料时，可使食物原料外部干香、内部鲜嫩。烘烤时，原料在干燥的空气中受热，表面水分急速蒸发，内部汁水溢至原料表面受热而凝聚成薄膜，此薄膜能阻止原料内部水分向外蒸发，这就是烘烤类菜肴外干香、内鲜嫩的缘故。

109

如果采用密闭式的电烤炉则水分较难蒸发，溢出的汁水也不易在原料表面凝固，就一滴一滴地落在电烤炉内，这样营养成分损失相对比敞开的烘烤要多。

另外，还有一种用泥或面粉烤的间接烘烤方式。因原料有密封层，如通过外烤内焖使原料成熟，原料水分不易蒸发，因此口味特别鲜嫩，营养成分也很少损失。

七、掌握火候的一般原则

我们的祖先在两千多年以前，就把火候视作为烹制菜肴的决定性因素，是使菜肴原料发生质变的主要条件，因此，在使用火候时要掌握以下原则：

1. 处理好不同形状原料的火候　要求质老形大的原料宜用慢火，要长时间加热；质嫩形小的原料用猛火，时间要短。

2. 处理好不同质感菜肴的火候　要求脆嫩的菜肴用猛火，时间要短；要求酥烂的菜肴用慢火，时间要长。

3. 处理好用水、蒸汽传热的火候　用水传热，菜肴要求软、嫩的，一般需要猛火，时间要短；用蒸汽传热，菜肴要求鲜嫩的，一般需要猛火，短时间；用蒸汽传热，菜肴要求酥烂的需要用中火，时间要长。

4. 处理好不同烹调方法的火候　采用炒、油泡方法加工的菜肴需要猛火，烹制时间要短；采用炖、焖、煲方法加工的菜肴需要用中、慢火，烹制时间要长；采用煎方法加工的菜肴需要用中、慢火，烹制时间略长。

第三节　调味的原则和方法

味只有通过人的味觉器官才能体现出来，这就是人们常说的滋味。简单地说，人们吃食品时，舌头的"味细胞"受到刺激，并把这种感觉迅速地传到大脑中的"味神经"中枢，人们就产生了对各种味道的感觉。滋味就是这样形成的。

一、味觉与调味

所谓味觉，就是某种呈味物质刺激味蕾而引起的一种感觉。

1. 味觉器官的分布 在人的舌头上，排列着许多形状像杨梅一样的舌乳头，在舌乳头上面和周围又有许多极小的颗粒，这些小颗粒叫味蕾。成年人大约有 150～400 个舌乳头，分布在舌面上的不同部位上。每个舌乳头上有数量不等的味蕾，一般成年人大约有 2000 多个味蕾，每个味蕾由 40～60 个细胞组成，并与味觉神经紧紧相连。当人们进食时，食物中的呈味物质溶于唾液或食品中的汁液，会对味蕾产生刺激，经味觉神经传达到大脑中的味觉中枢，就产生了味觉。

2. 味觉器官的分工 舌面上味觉器官有一定的分工，一般舌尖最易感觉甜味；舌根最易感觉苦味；舌根中部最易感觉鲜味；舌缘两侧后部最易感觉酸味；舌缘两侧前面最易感觉咸味。除此之外，辣味、涩味给人的灼烧感及收敛感，其他食物给人的粘稠感、粉末感、腐蚀感、油腻感等单靠味蕾是感觉不出来的，还必须借助触觉、嗅觉来完成。

3. 味觉器官的差异 味觉器官的敏感度并不是每一个人都一样，随着人的年龄、性别、身体状况和生活习惯等不同而有一定的差异。例如：儿童对甜味的敏感度比老人强；妇女对酸味的敏感度比男人强；健康人的味觉比病人强。同时，食品的温度对人的味觉影响也很大，当温度很低（接近 0℃）或高于 45℃ 以上时，味觉就要减弱，例如 5%（质量分数）的白糖溶液，其温度升到 100℃ 时甜度一般，待冷却到 35℃ 时味觉敏感度较强。有人做过实验，其结果表明，在 0℃ 时咸度的味值是常温时的五分之一；甜度为四分之一；苦味则为三十分之一，只有酸味变化不大。刺激味觉的较理想的温度为 10～40℃ 之间，其中 28～33 ℃

时味觉器官对刺激最敏感。若是在 10～40℃ 之外的温度，则人们的味觉神经器官对刺激的敏感度会有所下降。

4. 味觉的三种相互作用　人们对味觉的感觉，还会由于滋味存在相互抵消、对比和转换的作用，以及随着温度不同而引起变化，而产生不同的味觉感受。

两种以上的滋味，按一定的比例混合起来，导致各种呈味物质的味均有所减弱，人们会感觉不出原来的滋味，而会感觉到一种新的滋味，例如甜、酸混合，可变为酸甜味，咸、鲜混合，可以变为咸鲜味。这就是味的互相抵消作用的结果。

两种滋味混合起来，其中一种滋味比例较大，这种滋味不但不会被抵消，而会变得更为突出。例如，在含有 25% 的糖水中，加入 0.1% 的食盐，甜味就会变得更为清甜，这便是味的对比作用的结果。

人们尝了一种滋味后，又接着品尝另一种滋味，使人感到后者有异样的滋味，或减弱后者的滋味，这就是滋味转换作用的结果。如尝了咸味后再喝口水，会觉得水中有甜味；尝了白糖甜味后，再喝口酒，就会感到有点苦味。

总而言之，味觉与调味两者有着密切的联系，了解味觉器官各个部分的功能，根据人们味觉上的差异，结合烹饪原料的性质、产地、气候与各地人们生活习惯等多方面因素进行合理调味，是做好烹饪工作的前提。

二、味的种类

味的种类很多，一般按调味品所含的呈味成分，分为基本味和复合味两大类。

（一）基本味

基本味又称"母味"，是未经复合的、单一的味，如咸、甜、酸、辣、苦、香、鲜。

1. 咸味　中餐烹调习惯把咸味作为调味的主味。呈咸味的调味品主要是食盐，它不但可以突出原料本身的鲜美味道，而且有解腻压异味的作用。除烹调咸味菜肴外，烹制其他味道也离不开咸味。如烹制糖醋类的菜肴时，必须加入咸味，使味道更醇正鲜美。但咸味太重也影响菜肴的口味，并有碍人体健康。

2. 甜味　甜味来自于糖类和多元醇类及一些人工合成甜味剂，是调味中的另一个主味。甜味的主要调味品是各种糖类，如棉花糖、白糖、红糖、冰糖和蜂蜜等。甜味除能增加菜肴的糖分外，还有增加鲜味、去腥解腻、缓和辣味等刺激感的作用。甜味的强弱也有很大的差异，一般以蔗糖的甜度为 100 做标准，测定其他糖类的相对甜度，如乳糖的甜度为 10～27、麦芽糖为 32～60、果糖 114～175、糖精的甜度为 $2 \times 10^4 \sim 7 \times 10^4$。

3. 酸味　酸味是氢离子刺激味觉神经而引起的感觉，因此，凡是在溶液中能释析出氢离子的化合物都具有酸味。食品中酸味的主要成分有醋酸、乳酸、柠檬酸、酒石酸、苹果酸等。市场上食醋中一般醋酸含量为 5%～8%，食用醋精中的醋酸含量为 30%。酸味的主要调味品有黑醋、红醋、白醋、醋精等。醋味可刺激胃口、增加食欲，并有去腥解腻、提味爽口和分解原料中钙质的作用。

4. 辣味　辣味是刺激性最强一种基本味，可分为热辣味（火辣味）和辛辣味两种。热辣味主要作用于口腔，能引起口腔的烧灼感，而对鼻腔没有明显刺激作用，产生热辣味的辣椒素和胡椒碱主要存在于胡椒和小辣椒之中。辛辣味除作用于口腔之外，还有一定的挥发性、能刺激鼻腔黏膜，引起冲鼻感。辛辣味的调味品主要有葱、姜、芥末等，其主要成分有蒜素、姜酮、黑芥子甙等物质。辣味的刺激性较强，具有增香、解腻、压异味、帮助消化、增加食欲的作用。但辣味不可用量过大，否则将影响菜肴的鲜味和其他味道，有损肠胃。辣味的主要调味品有辣椒、辣椒粉、胡椒粉、生姜粉、芥末等。

5. 苦味 凡是原料的组织结构中含氮酰基的，大多数带有苦味。单纯的苦味并不可口，如与其他调味品及原料恰当配合，也可烹制出风味独特的菜肴。苦味主要来源于植物的生物碱，如咖啡因、可可碱、茶叶碱等，其原料主要来自各种药材和一些植物，如杏仁、陈皮、柚皮、槟榔、白豆蔻、贝母、枸杞子、苦瓜等。苦味具有开胃、助消化、清凉、降火等作用。

6. 鲜味 鲜味的主要成分是一些氨基酸、核苷酸、琥珀酸等，它们主要存在于畜类、水产类、蕈类等原料中。呈鲜味的调味品主要有味精、鲜汤、虾、蟹等。带有鲜味的调味品，可使鲜味弱或基本无鲜味的原料增加鲜味，不但可使菜肴鲜美可口、诱人食欲，而且有缓和咸、酸、苦等味的作用。

7. 香味 具有香味的调味品中都有一些醇、酯、酚等有机物质，在受热后，能散发各种芳香气味。具有香味的调味品很多，主要有酒、葱、芝麻酱、花生酱、八角、花椒、食用香精、芝麻油等等，这些调味品可使菜肴有芳香气味，能刺激食欲，还可去腥解腻。

（二）复合味

复合味就是两种或两种以上的基本味经复合调制以后的味道。复合味的种类很多，常用的有如下几种：

1. 酸甜味 酸甜味的调味品有番茄酱、山楂酱、白醋、糖醋汁等。

2. 甜咸味 甜咸味的调味品有海鲜酱等。

3. 鲜咸味 鲜咸味的调味品有虾酱、美极鲜酱油、豆豉、鱼露等。

4. 辣咸味 辣咸味的调味品有辣椒油、泡辣椒等。

5. 香辣味 香辣味的调味品有咖喱粉、芥末等。

6. 香咸味 香咸味的调味品有味椒盐、盐焗鸡料等。

以上各种复合味的调味品都是由调味食品厂家生产的，市场均有出售。还有很多复合味，可根据菜肴口味和各人的饮食喜好自行调制，如煲仔酱、田螺酱、乳香酱、京都汁、西柠汁等。

三、调味的方法及原则

1. 调味的方法 在烹调菜肴时，由于菜肴的特点不同，所用原料的种类、形态、质地不同，各种烹调方法不同，所以在调味的时机和方法上也应有所差异。

（1）原料在加热前的调味 原料在加热前的调味属第一阶段调味，可称为基本调味，其主要目的是使原料在加热前就具有一定的基本味道，并能解除原料中的腥膻气味。具体方法是：原料先用盐、味精、姜、葱、酒等调味品拌匀再加热。例如烹制动物性原料前，多用盐、味精等调味品腌制；又如肉料的腌制、馅料的制作、蒸制的菜肴都属于这个阶段的调味。

（2）原料在加热过程中调味 原料在加热中的调味属于第二阶段的调味，也可称为决定性调味，通过这一方法，可以决定一道菜肴的真正口味。具体方法是：原料下锅后，按照菜肴的口味要求，在适当的时机，加入咸、酸、鲜、甜、辣等调味品，使菜肴正式定味。

（3）原料加热后调味 原料加热后的调味属于第三阶段的调味，可称为补充调味或辅助调味。这种方法适用于在加热前或加热过程中调味不足或不能调味的一些菜肴。如炸、蒸等菜肴虽然经过第一阶段调味，在加热过程却不能调味，所以往往在菜肴烹制后，以酱汁、淮盐等作为佐料，更能增加滋味。

2. 调味的基本原则 掌握好调味是烹调菜肴关键。各个菜肴的风格不同，调味并没有一定的公式，但在调味时可遵循一些基本的原则。

（1）根据菜肴的特点调味 在调味时，必须了解菜肴的口味

115

特点，所用的调味品和每一种调味品的比例要恰当。有些复合味的菜肴：有的以酸甜味为主，其他味道为辅；有的以咸鲜味为主，其他味道为辅；哪些调味品先下锅，哪些后下锅，都要心中有数。调味要求做到"四个准"：时间定得准，次序放得准，口味拿得准，用料比例准。力求下料标准化、规格化，制作同一款菜肴，不论重复多少次，口味都要求一样。

（2）根据人们的生活习惯调味　人的口味往往随着地区、物产、气候以及风俗习惯而有些不同，各地有各地的特殊的口味要求，必须加以注意。如江苏人喜欢甜味，山西人喜欢吃酸味，四川和湖南人喜欢吃辣味，广东人的口味是清、鲜、爽、淡，山东人喜欢吃葱、蒜等，这是构成各地方菜的主要原因。因此，在调味时要根据各地不同的口味要求，也就是根据各地方菜的特色进行处理。

（3）根据季节的变化调味　人的口味往往随着季节而发生变化，气候的寒冷、炎热的变化都会影响人们的口味，例如在天气炎热时人们往往喜欢食用一些口味比较清淡的菜肴，在寒冷的天气里人们往往喜欢食用一些口味比较浓厚的菜肴。在调味时必须结合这些要求予以适当掌握，才能适应人们的口味。

（4）根据原料的不同性质调味　为了保持和突出原料的鲜味，去其异味，调味时对不同性质的原料应区别对待。

1）新鲜的原料应突出本身的滋味，不能被浓厚的调味所掩盖。过分的咸、甜等都会影响菜肴本身的鲜美滋味，如鸡、鱼、虾及新鲜的蔬菜等。

2）凡有腥膻气味的原料，要加入能去除腥膻气味的调味品，把原料的鲜美味道突显出来，例如，牛、羊肉和内脏、鱼类等，都带有一些腥膻气味，在调味时加以酒、姜、葱或酱油、糖等调味品，可以解除其腥膻气味。

3）对本身滋味不太显著的原料，在调味时应适当增加滋味，以弥补其味不足，例如鱼翅、海参等，本身都没有什么滋味，调味时必须加入鲜汤，以补助其鲜味的不足。

（5）操作干脆利落　绝大部分菜肴都是在加热过程中调味的，这时的原料变化较快，特别是使用猛火速炒的烹调方法时，动作更要迅速，不然，就会影响调味质量。调味操作要干脆利落，一方面要不断实践，提高操作熟练程度；另一方面，就是调味品放的位置要合理，取用方便，才能达到快而准。

第四节　常用调味料的复合加工

俗语曰：国以民为本，民以食为天，食以味为先。在众多的调味品中，如何将这些单一味的调味料恰如其分地搭配在一起，调配成美味的复合汁（或酱），运用到菜肴当中而制作成一道道色、香、味、形俱全的菜式，是每一名厨师都要掌握的技术。下面是粤菜中较常用的一些汁、酱的调配方法。

一、常用复合调味料的制作

（一）芡汤

1. 原料

（1）配方一　上汤 500g、味精 35g、精盐 30g、白糖 15g。

（2）配方二　淡汤 500g、味精 35g、精盐 30g、白糖 15g。

（3）配方三　上汤 500g、鸡精和味精各 20g、精盐 25g、白糖 10g。

（4）配方四　淡汤 500g、鸡精和味精各 30g、精盐 30g、白糖 20g。

2. 制作过程　烧热炒锅，加入汤水，加热至微沸时调入调味料煮溶，倒入小盆内。

3. 成品要求　汤色明净，味道适中。

4. 制作要点　要使用中慢火，汤水不宜大沸，调味料放入

后煮溶即可。

5. 适用范围 用于炒、油泡菜式，如"菜炒鲜鱿"、"缤纷花枝片"、"油泡虾球"等。

（二）糖醋汁

1. 原料

（1）配方一 白醋500g，上等片糖300g，精盐19g，茄汁和喼汁各35g，红色素少许。

（2）配方二 白醋500g、喼汁50g、白糖370g、茄汁100g、精盐10g、西柠檬半个、橙黄色素少许。

（3）配方三 白醋500 g、茄汁100 g、精盐10g、白糖300g、山楂片3小包、酸梅20g、OK汁75g、橙黄色素少许。

2. 制作过程 山楂片用少许沸水浸溶，酸梅擦烂，略烧热炒锅，加入白醋，加热至微沸时放入白糖煮溶后，加入其他原料和匀，用滤网滤清酸梅皮核，倒入小盘内，最后调入橙黄色素调色。

3. 质量要求 酸甜味，呈橙红色。

4. 制作要点

1）掌握原料的搭配。

2）加热时要使用中慢火，不宜大滚，原料煮溶即可。

3）掌握好色素的用量。

5. 适用范围 用于炒、炸等菜式，如"糖醋排骨"、"西湖菊花鱼"、"子萝炒鸭片"等。

（三）果汁

1. 原料 茄汁1500g，喼汁500g，淡汤500g，白糖和味精各100g，精盐10g，红色素少许。

2. 制作过程 烧热炒锅，加入淡汤，加热至微沸时，放入白糖煮溶，随即放入其余调味料和匀，倒入小盆内，调入色素。

3. 成品要求 酸甜味、呈红色。

4. 制作要点 与调糖醋汁相同。

5. 适用范围 用于煎、炸等菜式，如"果汁煎猪扒"、"果汁鱼块"等。

（四）西汁

1. 原料 西芹、香芹、洋葱、芫茜头各 250g，红尖椒 50g，肉姜 100g，香叶 5 片，香茅 20g，茄汁 1500g，喼汁 200g，OK 汁 2 瓶，白糖 1000g，钵酒 150g，味精 150g，美极鲜酱油 150g，清水 4000g，橙红色素少许。

2. 制作过程

1）烧热炒锅，加入清水，再放以上植物香料，用中慢火熬制，得香料汤水 2500g，然后过滤。

2）略烧热炒锅，加入香料汤水，放入白糖、味精煮溶后，再放入茄汁、喼汁、OK 汁、钵酒、美极鲜酱油和匀，加热至微沸时，倒入小盆内，调入橙红色素。

3. 成品要求 味酸甜，带各种植物香料清香。

4. 制作要点

1）熬制香料汤水时要使用中慢火，熬制好后要滤清汤渣。

2）调制加热时使用中慢火，原料煮溶即可。

3）掌握好色素的用量。

5. 适用范围 用于煎、炸、焗等菜式，如"西汁牛柳条"、"西汁猪扒"、"西汁焗乳鸽"等。

（五）煎封汁

1. 原料 淡汤 1250g，喼汁 1000g，生抽 100g，白糖 47.5g，老抽 75g，味精和精盐各 25g。

2. 制用过程 烧热炒锅，加入淡汤，加热至微沸时，放入白糖、味精、精盐煮溶后，加入喼汁、生抽、老抽和匀，倒入小盆内。

3. 成品要求 汁液明净，酸甜味适中。

4. 制作要点 与调西汁相同。

5. 适用范围 用于煎封的菜式，如"煎封马鲛鱼"等。

（六）西柠汁

原料 浓缩柠汁500g，白醋、白糖和清水各600g，牛油150g，鲜柠檬片300g，精盐50g，吉士粉25g，柠檬黄色素少许。

（七）香橙汁

1. 原料

（1）配方一 浓缩鲜橙汁500g、青柠水100g、白醋200g、果粒橙3瓶、吉士粉40g、新奇士橙汁汽水2罐、白糖400g、精盐20g、清水500g、橙黄色素少许。

（2）配方二 鲜榨橙汁750g、白醋500g、精盐20g、白糖300g、吉士粉10g、橙黄色素少许。

（3）配方三 浓缩鲜橙汁和白醋各500g、白糖400g、精盐50g、鲜橙500g、清水1500g、吉士粉40g、橙黄色素少许。

2. 制作过程 烧热炒锅，加入清水加热至微沸时，放入白糖、精盐煮溶后，加入鲜橙汁、白醋，再放吉士粉和匀，倒入小盆内，凉凉后放入鲜橙片。

3. 成品要求 甜酸适口，有鲜橙香味。

4. 制作要点 与调西汁相同。

5. 适用范围 用于炸、煎的菜式，如"香橙骨"、"橙汁煎软鸡"等。

（八）京都汁

1. 原料

（1）配方一　镇江醋 2 瓶，陈醋 1 瓶，白糖 900g，茄汁 250g，清水 500g，精盐和味精各 50g，橙红色素少许。

（2）配方二　浙醋 500g、白糖 450g、茄汁 300g、清水 450g、喼汁 200g、椰汁 200g、忌廉奶 1 支、OK 汁 150g、精盐 15g、橙红色素少许。

2. 制作过程　烧热炒锅，加入清水，加热至微沸时，放入白糖、精盐煮溶后，加入其余调味料再煮至微沸，倒入小盆内，调入橙红色素。

3. 成品要求　甜酸适口，有镇江醋香味，色泽鲜艳。

4. 制作要点　与调西汁相同。

5. 适用范围　用于炸的菜式，如"京都肉排"等。

（九）蜜椒汁

1. 原料　黑椒粉 150g，豆瓣酱 300g，豆豉泥 250g，柱侯酱 50g，蚝油 50g，干葱蓉和蒜蓉各 100g，精盐 50g，蜜糖 2 小瓶（约 575g），鸡精和味精各 50g，二汤 500g，食用油 300g。

2. 制作过程　猛锅阴油（热锅冷油），放入干葱蓉、蒜蓉、豆瓣酱、豆豉泥边加热边加食用油边炒匀，再加入二汤和其他调味料，使用慢火炒匀，最后加入蜜糖和匀，倒入小盆内。

3. 成品要求　咸鲜微辣，突出黑椒和蜜糖香味。

4. 制作要点　与调西汁相同。

5. 适用范围　适用于炸、煎、焗的菜式，如"蜜汁牛仔骨"等。

（十）怪味汁

1. 原料　豆瓣酱、浙醋和白醋各 50g，芝麻酱和美极鲜酱油各200g，白糖150g，姜米、蒜蓉和花椒油各10g，麻油10g，味精和鸡精50g。

2. 制作过程 将以上原料（除姜米、蒜蓉、味精、鸡精外），放入小盆内和匀，猛锅阴油（热锅冷油），放入蒜蓉、姜米爆香，放入和匀的酱料，使用慢火边加热边加食用油边翻炒至匀滑、香味溢出，再加入味精、鸡精和匀，倒入小盆内。

3. 成品要求 麻辣，醋鲜，色酱红。

4. 制作要点 与调西汁相同。

5. 适用范围 用于炒、炸等菜式，如“怪味炸鱼柳”、“怪味茨丝”等。

（十一）火腿汁

1. 原料 净瘦火腿肉500g，上汤1000g，桂圆肉50g。

2. 制作过程 将火腿切成碎块，放入沸水中略“飞水”，放入炖盅内，加入上汤和洗净的桂圆肉，放入蒸笼（或蒸柜）内，加热约1小时，取汁。

3. 成品要求 味浓厚鲜香，且有火腿特殊香味。

4. 制作要点

1）要选用优质的火腿。

2）加热时间要足够，中途不宜翻动原料。

5. 适用范围 用于扒的菜式或㸆制半制成品，如“红扒大裙翅”、“腿汁扒菜胆”等。

（十二）海鲜豉油

1. 原料

（1）配方一 清水2000g，美极鲜酱油和万字鲜酱油各1支，鸡精和精盐各50g，味精和白糖各100g，胡椒粉20g。

（2）配方二 上等生抽500g、味精150g、白糖75g、胡椒粉

15g、芫茜头 50g、葱尾 100g、鲮鱼骨熬出的汤水 1000g。

（3）配方三 生抽王 2 支、美极鲜酱油 1 支、老抽 50g、味精和鸡精各 50g、精盐 30g、白糖 100g、胡椒粉 10g、鲮鱼骨500g、葱头尾 200g、芫茜头 100g、红尖椒 2 只、香叶 5 片、冬菇（或冬菇蒂）100g、压碎白胡椒粒 15g、清水 2500g。

2. 制作过程

1）猛锅阴油，放入鲮鱼骨煎至浅金黄色，加入清水，放入原料，使用慢火加热，得汤水 750g。

2）略烧热炒锅，加入汤水，加热至微沸时，放入精盐、味精、白糖、鸡精煮溶后，加入其余调味料煮溶，倒入小盆内。

3. 成品要求 味极为鲜美，色酱红。

4. 制作要点

1）熬鱼汤时要使用慢火，加上盖汤，色不宜过白。

2）调制加热时宜用慢火，煮溶即可。

5. 适用范围 用于蒸或油浸各种名贵海河海鲜，如"油浸生鱼"、"清蒸石斑鱼"等。

（十三）XO 酱（又称酱皇）（酱料制作见（二十二））

1. 原料 虾米粒、野山椒粒、火腿蓉各 1000g，海鲜酱、湿瑶柱各 500g，咸鱼粒、红辣椒粉各 200g，蒜蓉、干葱蓉各 1000g，大地鱼末 150g，虾米 100g，味精 150g，鸡精 200g，白糖 500g，食用油 600g。

2. 成品要求 咸辣、味鲜香，酱色呈红色。

3. 适用范围 用于炒、油泡、蒸等菜式，如"XO 酱蒸带子"、"XO 酱豆角咸猪肉"、"XO 酱爆花枝玉带"等。

（十四）百搭酱

1. 原料 指天椒 1500g，干葱蓉、豆瓣酱、火腿蓉、蒜蓉各

1000g、湿瑶柱蓉、红辣椒粉、炸好咸鱼蓉、虾米蓉各500g，虾子、白糖各200g，鸡精、味精各100g。

2. 成品要求 咸辣鲜香。

3. 适用范围 用于蒸、炒的菜式，如"百搭酱蒸丝瓜"、"百搭海中宝"等菜式。

（十五）野味酱

1. 原料 柱侯酱2000g，海鲜酱1000g，磨豉酱250g，蚝油150g，黄糖1000g，绍酒200g，蒜蓉、干葱蓉、陈皮各100g，味精150g、鸡精各50g，食用油400g。

2. 成品要求 有浓酱香味，色酱红。

3. 适用范围 多用于野味类的制作，如"红烧野山兔"等（如今有关法律明文规定不能吃野味，只能以家畜或饲养兽、畜类代替）。

124

（十六）田螺酱

1. 原料 柱侯酱500g，紫金酱、南乳各150g，芝麻酱、沙姜粉各100g，白糖、生抽各75g，五香粉、味精各75g，蒜蓉、尖椒粒、紫苏叶各20g。

2. 成品要求 味香浓，色酱红，有特殊紫苏叶香味。

3. 适用范围 炒制广东小食的和味炒田螺、炒石螺、山坑螺等。

（十七）鱼香酱

1. 原料 柱侯酱2瓶，蒜蓉辣椒酱1瓶，豆瓣酱、花生酱、芝麻酱各150g，镇江醋100g，冰糖150g，绍酒、食用油各100g。

2. 成品要求 酱色红润，具有南乳特殊香味。

3. 适用范围 多用于焖制菜式，如"鱼香茄子煲"等。

（十八）复合沙茶酱

1. 原料

（1）配方一　沙茶酱 2 瓶，牛尾汤 2 罐，牛肉汁、牛油、美极鲜酱油各 100g，油咖喱、白糖各 150g、糖醋汁 300g。

（2）配方二　沙茶酱 2 瓶，花生酱 1 瓶，蒜蓉、白糖、绍酒、味精各 50g，麻油 35g，清水 1000g，食用油 200g。

2. 成品要求　色泽明净，味香。

3. 适用范围　用于炒、油泡等菜式，如"沙茶牛肉"等。

（十九）马拉盏酱

1. 原料　虾酱 1000g，虾膏 3 盒，虾米粒 250g，豆瓣酱 300g，红辣椒米、干葱蓉、洋葱粒各 200g，炸腰果末 250g，食用油 500g。

2. 成品要求　色泽明净，味鲜、浓，突出虾酱风味。

3. 适用范围　多用于炒的菜式，如"马拉盏酱炒通菜"等。

（二十）黑椒酱

配方一：

1. 原料　黑椒粉 150g，豆瓣酱 300g，豆豉泥 250g，柱侯酱 50g，蚝油 50g，干葱蓉、蒜蓉各 100g，精盐 50g，蜜糖 2 小瓶（约 575g），鸡精、味精各 50g，二汤 500g，食用油 300g。

2. 制作过程　猛锅阴油，放入干葱蓉、蒜蓉、豆瓣酱、豆豉泥，边加热边加食用油边炒匀，再加入二汤和其他调味料，使用慢火炒匀，最后加入蜜糖和匀，倒入小盆内。

3. 成品要求　咸鲜微辣，突出黑椒和蜜糖香味。

配方二：

1. 原料　黑椒碎 50g、砂糖 150g、美极鲜味汁 100g、清水

500g、蚝油 150g、炒香芝麻蓉 150g、味粉 150g、炸蒜蓉 150g、柱侯酱 250g、牛肉汁 100g、炸干葱蓉 150g。

2. 制作过程 烧热油锅，下黑椒碎、炒香芝麻蓉、炸蒜蓉、炸干葱蓉、柱侯酱，爆至香味透出。加入清水、砂糖、蚝油、味粉、牛肉汁、美极鲜味汁煮透便成。

3. 制作要点 黑椒要打碎、炒香；美极鲜味汁要最后下。

黑椒酱适用于炒、炸、煎的菜式，如"黑椒牛仔骨"、"黑椒串烧牛柳"、"黑椒香芹炒猪颈肉"等。

（二十一）豉汁

1. 原料 剁碎豆豉蓉 500g，豆瓣酱和柱侯酱各 50g，海鲜酱 100g，大地鱼末和虾米蓉各 25g，白糖 50g，食用油 500g。

2. 成品要求 有特殊豆豉香浓味。

3. 适用范围 用于炒、油泡、蒸、焖等菜式，如"豉椒（凉瓜）炒牛肉"、"豉汁塘利球"、"豉汁蒸排骨"、"凉瓜焖牛蛙"等。

（二十二）红烧酱（煲仔酱）

1. 原料 柱侯酱 4000g，芝麻酱和花生酱各 500g，海鲜酱 1250g，蚝油 200g，南乳和腐乳各 300g，五香粉 50g，沙姜粉 50g，干葱蓉和蒜蓉各 300g，绍酒 600g，味精 300g，白糖 200g，食用油 750g。

2. 制作过程

1）将柱侯酱、芝麻酱、花生酱、海鲜酱、蚝油、南乳、腐乳、五香粉、沙姜粉放入小盆内拌匀、抓碎待用。

2）猛锅阴油，放入蒜蓉、干葱蓉，边加热边加油边半炒半炸至浅金黄色，随即放入拌匀的酱料，使用中慢火边加热边加食用油边翻炒至有干香味，加入绍酒、白糖、味精再翻炒至香，倒入小盆内，晾凉后用食用油"封面"，放入冰柜保存。

3. 成品要求　色泽明净，味香浓。

4. 制作要点

1）酱料要预先抓碎。

2）加热时要使用中慢火，要将酱料翻炒均匀，边翻炒边加入食用油。

3）味精、绍酒此类的原料要后放入。

5. 适用范围　用途较广，多用于焖制的煲仔菜式，如"萝卜牛腩煲"、"红烧鳝煲"等。

二、调味品的装盛保管与合理放置

1. 调味品的盛装保管　调味品的盛装保管，看上去简单，其实不然，如果盛装保管不妥，调味品就会变质；如放置紊乱，使用时就会弄错，影响菜肴质量，造成浪费，严重时还会造成食物中毒事故。因此，必要做好调味品的盛装和保管工作。

（1）调味品盛装器皿的选择　调味品的品种很多，多数调味品易挥发，并能与其他物质产生理化作用而变质。盛装调味品的器皿，应根据调味品的不同物理、化学性质而选用。例如，普通金属器皿不宜贮存含有盐和醋酸的调味品，因为盐与醋对金属有腐蚀作用，不但会损坏容器，还会使调味品变质，甚至引起食物中毒。透明的器皿不宜盛贮油脂调味品，因为油脂调味品会吸收光线而变质。陶瓷、玻璃器皿不宜倒入高温热油，否则易爆破，造成伤人事故。调味品盛装器皿最好选择不锈钢器皿，如选用其他器皿应考虑上述因素。

（2）调味品保管

1）存放调味品的环境要求：

①环境温度不能过高或过低：过高，糖会融化，醋易挥发、变浑浊，酒类会变酸；温度过低，则会使葱、蒜冻坏。

②环境不宜太干燥或太湿：过湿，糖、盐易溶解或结块，酱、酱油易生霉；如太干燥，姜、葱易干枯变质。

③某些调味品的贮存应避光和密封，例如，油脂类调味品接触日光易氧化变质，姜接触日光易发芽，酒类、醋暴露在空气中易挥发掉香味。

2）购存调味品的注意事项：

①掌握少进勤进、先进先用的原则。调味品一般均不宜久存，贮存过久易变质。虽然有些调味品如黄酒等越陈越香，但开酒坛后也不易保存太久。

②需加工的调味品一次不宜加工太多（特别是在夏天），如湿淀粉、葱、姜末、一些汁酱等，否则易变质，造成浪费。

③不同性质的调味品应分类贮存，如同样的植物油用过的和未用过的不能掺和，气味不同的香料不能贮存在同一盛器内。

④勤整理勤检查。酱油等调味品，每天使用后要过滤，以除掉残渣。如油中有水分要加热去其水分，防止变质。湿淀粉应勤换水，其他调味品用毕应放在通风干燥处，有的盛器要加盖，以防虫、鼠、灰尘的侵入。特别是夏天要勤整理、勤检查，如发现某些调味品已变质，就不能再使用。

2. 烹调时调味品的合理放置　日常使用的调味品器皿，通常放在炒炉附近的灶面上或炉旁，或者放在后面打荷台上，以便取用，这些器皿的放置应有一定的规定。

（1）先用的放得近，后用的放得远　大多数烹调方法往往是先用油、绍酒，后用盐、味精、糖等，所以前者应放得近一些，后者放得远些。

（2）常用的放得近，不常用的放得远　烹调中经常使用的调味品，如食用油、盐、味精、绍酒、湿淀粉等，应放得近一些，其他调味品或不是每款菜肴必用的，应放得远一些。

（3）液体的放得近，固体的放得远　一般情况下，把湿淀粉、绍酒、老（生）抽等液体调味品放在第一排，盐、味精、糖等固体调味品放在第二排。如取用固体调味品稍有不慎，滴落在第一排液体调味品中还影响不大，如相反，把液体调味品滴落在固体调味品中，就会影响调味品的质量和菜肴口味。

（4）有色的放得远，无色的放得近，同色的间隔放置 有些调味品，如老（生）抽与蚝油，糖、味精与盐，它们的颜色、形态相似，应分开放置，以免用错。

具体放置方法可根据各人的实际情况和使用习惯作灵活处理。

第五节 芡和汁的应用

一、芡和汁

人们通常难以区分芡和汁，什么是芡？什么是汁？其实两者是有区别的。

汁，是指在烹调中，适当加进一些水、汤等液体调味品，厨师把它叫做汁或调汁。此外，原料加热后溢出的汁液，也叫做汁。

芡，是指在菜肴加热后期，即快成熟时，在液体调味品中再加入一些淀粉混合后调入锅中，或直接加入一些湿淀粉而成。厨师把它叫做芡，即通常所说的勾芡（或广东厨师称为埋芡、推芡）。因为芡中含有一定的液体，所以也可叫做芡汁。

绝大部分菜肴都要加汁和芡汁，只有这样，才能使原料和调料有机结合，达到和味、入味的效果。芡汁使用好了，菜肴鲜香味美，使用不好，则大为逊色。厨师历来对于汁和芡都非常重视，把它看成调味的一个关键。

在实际工作中，芡汁的使用也极为广泛，占有相当重要的地位。而调味汁的作用、方法又和芡汁大致相同，故此，重点说明芡汁的内容。

129

二、芡汁的作用

芡汁是由淀粉、水和调味品均匀混合而成的。调味品的作用不言而喻，而糊化的淀粉具有较强的吸水性和黏性，且透明度亦大大增加，因其吸水性增强，使得原料更脆、更嫩、更滑、更饱满；因其黏性增大，使原料、调味料及汤汁能均匀、紧密地粘附一起，既便于入味，又可使汤汁变得更浓稠；又因其透明性较强，可使菜肴色泽更鲜明、美观。具体作用有以下几点：

1. 保证入味和脆、嫩、滑 例如旺火速成的炒、泡等烹调方法，最基本的要求是成菜后菜不带汤水，味美质脆嫩。但在烹调中，除了原料本身要溢出水分外，还要加液体调味品调味，出现汤汁是不可避免的；同时，短时间的加热，也不可能把水分全部蒸发掉或让其全部渗进原料中去。这样，就出现了菜汁不融合、菜肴不易入味的现象，既影响美观，也大大影响了原料的脆嫩度。如果采取长时间的加热收汤，又会严重影响原料脆嫩质感。如果使用芡汁，则正好解决了这个问题。因为勾芡后，汤汁会很快变浓、变黏，只要略加颠翻，便可以包裹在原料上，既不影响原料脆嫩，又使菜肴有了味，达到旺火速成的烹调要求。特别是讲究外脆内嫩的菜肴必须要勾芡，因为这一类菜品，事先不能加入调味汤汁（否则原料表面变软），只能先把芡汁下锅加热变浓后，再投入制熟的原料，使芡汁裹在表面立即上碟，才能保证外脆内嫩的特点。

2. 保证汤菜融合，润滑柔嫩 例如烩、焖等烹调方法加热时间较长，这类菜汤汁较多，原料本身鲜味和调味品滋味也溶解在汤中，但汤汁不易变浓，往往是汤汁、菜分家，达不到融为一体的要求。勾芡后，可加强汤汁的浓度和黏性，使汤菜交融结合，既润滑、柔软，汤味鲜美又浓郁。

3. 保证突出主料 例如汤菜中的烩羹，有大量汤水，而主料往往下沉，只见汤，不见料，实是美中不足。勾芡后，汤水变得稍稠，部分主料被托浮起来，显得主料突出，汤汁也变为润滑可口，得到两全其美的效果。

4. 保证美观鲜艳的色泽　淀粉糊化后，产生了透亮的光泽，衬托出原料色泽，使菜肴变得十分美观。加上汤汁较浓，原料能在较长时间内不致干瘪，保持润滑。

总之，勾芡汁对菜肴的色、香、味都有重大影响，所以它成为烹调中常用一种的烹调工艺方法。

但要注意，并不是所有的菜都必须勾芡，例如口味清爽的菜品，勾了芡，会失去清爽可口的特点；质地脆嫩，调味品极易渗入的原料也不要勾芡，否则会影响脆嫩特点；有些菜肴的原料胶性大，经过较长时间加热，汤汁自然变得浓稠（如"瓦罉水鱼"的自来汁），也不需要勾芡；还有一些菜品，按照要求，已经加入了酱、蜜等黏性强的调味品的（如"口福鸡"），也不必勾芡；还有凉菜类，习惯上亦规定不勾芡。

131

三、芡汁的种类

芡汁的种类，从不同的方面来区别，可以有以下几种：

1. 按是否加入调味品来分　可分为"碗芡"和"锅上芡"。

（1）碗芡　加入调味品的叫做"碗芡"，一般在芡碗里兑好调味品和湿淀粉，加热过程中适当的时候，放入原料中颠翻，即收成芡汁。"碗芡"适用于猛火速成的炒、泡油等烹调方法（原料大多为细小的），这类烹调方法的特点是：火猛、时间短、动作速度快，因此，如调味品逐一下锅，既影响成菜速度，又使味型不易调准、调匀。此外，调味品在短时间加热过程中，也不易入味，故需使用"碗芡"的方法勾芡。

（2）锅上芡　芡中不加调味品，即在加热中适当的时候，加入用淀粉和清水调和的芡粉在原料中收成芡汁，一般叫"锅上芡"。"锅上芡"适用于加热时间较长的烹调方法，如焖、扒等，这类烹调方法的特点是加热时间长，可以按一定次序先后加入调味品，使芡能很好入味，但汤汁不浓，勾些水粉芡，使之变稠即可；这种芡汁也可用于猛火速成而原料体积较大较厚的炒、泡的菜肴。在操作时，一是要求厨师下料要熟练，动作要快；二是要注意掌握锅中的汤汁，把握适当时机准确勾芡，否则会影响质量。

2. 按芡汁的稀稠、多寡来分 可分为"包心芡"、"泻脚芡"、"汤羹芡"。

（1）包心芡 是最稠的芡汁，使用这种芡汁，要求做到碟中不余汁，即所谓有芡而不见芡流。所有的芡汁应粘裹在原料上，多适用于炒、泡油类烹调菜式。

（2）泻脚芡 即要求芡汁一部分裹挂在原料上，另一部分则流泻在碟中，流泻在碟中的芡汁的多少，要视具体菜肴分别而定。这种芡汁多适用于焖、扒类烹调方法使用。

（3）汤羹芡 其目的是使烩菜中的汤汁收成薄糊状，使主料、调味品和汤水融合在一起，达到汤菜交融，柔软匀滑的效果。

3. 按芡汁的色泽来分 菜肴中芡色的调配和运用跟菜肴的调味是紧密联系在一起的，不能截然分开。按粤菜使用的习惯，素有"六大芡色"之分，即所谓红芡、黄芡、白芡、青（绿）芡、清芡、黑芡。它们的调配方法如下：

（1）红芡 红芡有大红芡、红芡、浅红芡、嫣红芡、紫红芡之分。

1）大红芡 多用茄汁、果汁等调成，适用于"茄汁鱼块"、"果汁猪扒"等品种。

2）红芡 多用红汤或原汁成芡，适用于扒鸭、圆蹄等品种。

3）浅红芡 用七成火腿汁、三成淡汤，加入蚝油、胡椒粉、白糖、老抽、麻油、味精、淀粉调制而成。适用于"腿汁扒菜胆"等品种。

4）嫣红芡 用三成糖醋、五成芡汤和匀，加入淀粉调制而成。适用于"子萝炒肾片"等品种。

5）紫红芡 用五成糖醋、五成芡汤和匀，加入调淀粉调制而成。适用于"姜芽炒鸭片"等品种。

（2）黄芡 黄芡有金黄芡和浅黄芡之分。

1）金黄芡 用50g芡汤加1.5g老抽和匀调入淀粉而成。适用于"油泡双脆"等品种。

2）浅黄芡 用三成淡汤、七成芡汤，加入咖喱粉和匀便成。适用于"咖喱焖鸡"等品种。

（3）黑芡 用五成淡汤、五成芡汤，加入豉汁、白糖、老抽和匀，调入淀粉调制而成。适用于"凉瓜炒牛肉"等品种。

（4）清芡 把上汤、味精、精盐、淀粉和匀便成。适用于"清蒸大鲩鱼"等品种。

（5）青芡 将菠菜搅烂挤汁，加入调味料、淀粉和匀调制而成。适用于"菠汁鱼块"等品种。

（6）白芡 白芡有白汁芡、蟹汁芡、奶汁芡之分。

1）白汁芡 把蟹肉捣（或拍或剁）碎，加上汤、味精、精盐、淀粉推芡后，下鸡蛋清拌匀便成。适用于"白汁虾脯"等品种。

2）蟹汁芡 制法同上，但蟹肉不用压碎。适用于"蟹汁鲈鱼"等品种。

3）奶汁芡 将上汤、味精、精盐、鲜奶、淀粉推匀即成。适用于"奶油鸡"、"奶油菜胆"等品种。

芡色的使用是千变万化的，必须根据具体品种来合理使用，才能使菜肴色彩和谐悦目，引人食欲。

四、勾芡的几个关键

勾芡尽管不能增加菜肴的味道，但对菜肴的调味起着重大的作用。在勾芡过程中，必须注意以下几个关键：

1. 掌握原料成熟时间，不能过早或过迟 这是因为芡汁不能在锅中加热停留太久，否则容易焦煳变味，故勾芡不能过早。在炒、泡类的烹调方法中，操作应极为迅速，如原料刚刚成熟时不勾芡，过后才加芡，使原料不能及时出锅装盘，造成原料过熟，就会失去脆嫩质感，所以勾芡也不能过迟，才能保证菜肴质量。

2. 注意锅内的汤汁恰如其量，不宜过多或过少 必须根据菜肴要求，在汤汁量恰到好处时勾芡，才能达到规定的效果。对于焖、扒类等菜肴，尤其要注意。如发现汤汁太多，就要适当收干一些，以防止芡量过大；如发现汤汁过少，补救的办法是加进一些汤汁后再勾芡（此法实在不可多取，因中途加水会影响鲜味及质感），加汤汁时应从锅边缓缓淋入为好，否则极易造成鲜味减退，咸淡不匀，色泽不均的现象。

3. 勾水粉芡（即锅上芡）**时，必须先确定菜肴的口味** 必须在调准菜肴口味以后，再进行勾芡。因为湿淀粉是没有味道的，若勾芡后再加调味品，事先不定好口味，事后就难以补救了。

4. 掌握火候技巧，勾芡通常使用中火 因为淀粉与水混合加热至 $60 \sim 80℃$ 时，淀粉颗粒吸水发生膨胀溶解现象，最后，由于过度膨胀，淀粉颗粒晶体结构破裂，破碎的颗粒与水结合形成稳定的糊浆，这种变化叫淀粉的糊化。烹调中的勾芡正是利用了淀粉的这一变化原理，使得糊化淀粉在菜肴表面形成一层膜，这样既保护了营养素，又能改善菜肴的感官性状，保持菜肴的鲜嫩，提高菜肴的滋味。

若在高温下（$200℃$左右）持续加热，淀粉中的蔗糖分子会失水缩合，发生焦糖化反应，形成可溶于水的黑褐色物质。如勾芡时间过长，蔗糖及其他糖类与含有蛋白质的氨基化合物一起加热，也可发生羰氨反应（美拉德反应），产生黄褐色或深褐色的黑色色素，从而影响整个菜肴的颜色。

5. 防止菜肴用油量过大 菜肴用油量过大，勾芡时，芡汁不易挂粘于原料上，甚至会出现严重泻芡现象，所以要控制好用油量，且勾芡后的尾油也应恰如其分。

复习思考题

1. 什么是烹调？烹和调的作用是什么？

2. 试述烹与调的关系。

3. 什么叫火候？研究火候有什么意义？

4. 热传递有哪几种形式？烹调过程中各种介质的传热有什么特点，对烹饪原料有何影响？

5. 加热对烹饪原料会产生哪些作用？

6. 试述如何才能正确地掌握火候。

7. 什么叫味觉？

8. 什么叫复合味？

9. 调味有哪几种方法？掌握调味的原则是什么？

10. 调制复合调味汁液时要注意什么问题？

11. 调制复合酱料时要注意什么问题？

12. 调味品应怎样摆放和保管？

13. "芡汁"在烹调中有什么作用？

14. 行业中通常说的"六大芡色"是指哪些？

15. 勾芡时应注意哪些要点？

135

第七章 烹调前的预制

【学习目标】

1. 掌握烹调前的造型方法。
2. 理解上粉、上浆、拌粉的知识。
3. 了解烹调前的初步热处理知识。

在粤菜烹调中，有些菜肴在正式烹制前，往往要做一些初步的加工，如上粉、上浆、造型等，或者要预制成半成品，如滚、煨、炸、熬、爆、焗等，根据各款菜肴的特点要求采取相适应的烹制前的初步加工或预制，有利于菜肴烹制的顺利进行，使菜肴品种更加丰富多彩。

第一节 烹调前的造型

烹制前的造型，就是将菜肴原料按照成品的要求，加工成相适应的各种形态的技艺。原料造型后再烹制，可美化菜肴形态，增强艺术感染力，亦可丰富菜肴的花色品种，引起人们的食欲。烹制前造型是打荷（助锅）的重要工作之一，它主要包括穿、包、卷、挤、贴、酿、拆等技术。

一、穿

穿，是将一些动物类原料的腿翼或肌肉插孔后，用火腿、菜远等原料填充的技术，如穿鸡翼、穿牛蛙腿等。

穿鸡翼时，先将鸡翼中节骨起出，然后将熟火腿、菜远穿入鸡翼孔内便成。

二、包

包，一般是指用豆腐皮、糯米纸、蛋皮、网油、薄饼、锡纸、荷叶等包裹馅料而成形的操作。包的形状大小可按品种或筵席的需要而定。但不论包什么形状、什么馅料，都要包得整齐，以不漏汁、不露馅为好。凡包的原料，大多数是呈"日"字形。例如：

1. 锡纸包骨　将腌制好的排骨放在锡纸上，包叠成长 7cm、宽 3cm 的"日"字形。

2. 包海鲜卷　先将糯米纸的一端略叠起，然后把原料放入叠起的纸上，再包成长 5cm、宽 3cm 的"日"字形，包口要摺向内，并用蛋浆粘好。

三、卷

卷，一般是指原料切片后，当中加入丝状或条状的其他原料，弯转裹成圆形的操作，主要有卷肉卷、鱼卷、蛋卷等，例如：

1. 生鱼卷　将切成"双飞"的鱼片用精盐拌至起胶，然后将鱼皮向上放平摊开，把火腿条等原料放在鱼片一端，轻手卷合，烹制时再粘上薄干淀粉，用手略捏实便成。

2. 肥牛卷　将肥牛片平摊开，撒上薄干淀粉，把原料放在肉面，轻手卷合，用手略捏实便成。

四、挤

挤，是将制作好的虾胶、肉馅、鱼胶等，用手挤成丸子状或"腰子"形的操作。不论挤成何种形状，都应大小均匀、表面圆滑，例如：

1. 挤虾丸 用左手抓着原料，食指向里弯曲，拇指顺势扣着食指，呈圆口状，手心的原料经其余三根手指的挤压，从食指、拇指间的虎口中挤出，右手用汤匙把丸子逐个取出（挤鱼丸、肉丸的方法一样）。

2. 挤鱼青丸 制作方法与虾丸的方法大致相同，但虎口的食指、拇指应同时伸直成三角形，鱼青从虎口挤出，便成"腰子"形。

五、贴

贴，一般是用腌制好的肥肉片或面包片夹着另一件其他肉料的方法，行业通常称之为"贴"，例如：

1. 锅贴明虾 将肥肉切成长5cm、宽3cm、厚0.15cm的长方形，用精盐、汾酒腌制；每只明虾去头、壳，留尾，切成"双飞"形，形状略大于肥肉，用精盐拌匀。将肥肉片、明虾分别用锅贴浆拌匀，肥肉摊放在撒有干淀粉的盘上（传统做法还撒上火腿蓉、榄仁末，再贴上明虾）。

2. 锅贴鱼块 将面包切成长5cm、宽3cm的长方形；把鱼肉切成鱼块形状，黏上锅贴浆后，与面包片粘在一起。

六、酿

酿，通常是把鱼胶、虾胶等馅料放入挖空的原料中，成为馅心，或者铺抹在其他原料之上的操作，都统称为酿。酿的形状有：圆形，如酿北菇、鲜菇等；长方形，如酿鱼肚、竹笙等；琵琶形，如酿鸭掌等；半月形，如酿笋夹等；环形，如酿凉瓜等；扇形，如酿虾扇等。凡酿制各物料，需先吸干水分，在其贴近肉馅的部分抹上一层薄干淀粉，才酿入馅料，使物料经烹调后，不至于馅料脱离，例如：

1. 酿北菇　将煨好的北菇用洁净的白毛巾吸干水分，在北菇的底部抹上干淀粉后放在盘上，把虾胶挤成丸子，分别放在北菇上，再用手指蘸上蛋清，把虾丸略压扁，抹至光滑，中间稍凸起如山形，面上加芫茜叶一片，周围粘上火腿蓉。

2. 酿凉瓜　将已焯至青绿的凉瓜环洗净，用洁净的白毛巾吸干水分，在瓜的内圈抹上干淀粉，把虾胶挤成丸子，填入瓜环内，注意馅料微突出于瓜环表面，以便于煎色。

七、拆

拆，是指将加热至软的动物性原料拆去骨骼的操作方法。在拆时要注意保持好原料完整性，装盘时要美观大方。例如拆红鸭的方法为：将爆好的红鸭放在盘上（胸部向下），在鸭背部从刀口处由尾至颈掰开，取出脊骨、四柱骨、胸骨、锁喉骨、颈骨（颈皮与鸭头相连）。除锁喉骨外，其余骨从背部放入鸭腔内，然后将鸭转放到另一大碗内（胸部向下），倒入适量的鸭汁。

139

第二节　上粉、上浆、拌粉

上粉、上浆多用于煎、炸类品种正式烹制前的准备。上粉，包括有湿干粉（又称为酥炸粉）、干粉、半煎炸粉、吉列粉；上浆，包括有蛋清稀浆、锅贴浆、脆浆。这些在行业中又称之为"四粉"、"三浆"。上粉、上浆后再进行煎或炸，可使菜品酥脆肉嫩、色泽金黄。不同的粉、浆具体又有不同的特点和要求。

一、上粉

（一）湿干粉

1. 原料　改净切好的肉料500g、精盐和味精各2.5g、湿淀粉50g、净鸡蛋50g、干淀粉125g。湿淀粉以清水250g加入干淀粉 500g 中浸湿。

2. 制法 将原料洗净，滤去水分，调入调味料拌匀，然后分别放入湿淀粉、鸡蛋和匀，最后拍（拌）上干淀粉便可。

3. 特点 炸后原料胀大、酥香，色泽金黄。

4. 适用范围 主要适用于酥炸法的菜式，如"香菠生炒骨"、"糖醋咕噜肉"、"五柳松子鱼"等。

（二）干粉

1. 原料 改净切好原料的鲜鱼 500g、精盐 4g、姜汁酒 15g、干淀粉 150g。

2. 制法 将原料洗净，滤去水分，调入精盐、姜汁酒拌匀，然后再拍上干淀粉便成。

3. 特点 炸后鱼色呈金黄色，外皮酥脆。

4. 适用范围 主要适用于红焖法的菜式，如"红焖鱼"等。

（三）半煎炸粉

1. 原料 改净切好或腌制好的肉料 500g、净鸡蛋 75g、干淀粉 100g。

2. 制法 先用鸡蛋与干淀粉调匀成糊状，倒入肉料中拌匀（传统做法是：先用鸡蛋和干淀粉 50g 调匀成糊状，倒入肉料中拌匀，最后拍上干淀粉）。

3. 特点 炸后肉料表面胀发松嫩、酥香，色泽金黄。

4. 适用范围 主要适用于软煎法的菜式，如"果汁煎猪扒"、"柠汁煎鸡脯"等。

（四）吉列粉

1. 原料 改好肉料 500g、精盐 2.5g、净鸡蛋 50g、干淀粉 40g、面包糠 50g。

2. 制法　将原料洗净，滤去水分，先调入精盐拌匀，再加入鸡蛋、干淀粉和匀，最后粘上面包糠。

3. 特点　炸后菜肴甘香，外皮松酥而内嫩滑。

4. 适用范围　适用于吉列炸法的菜式，如"吉列海鲜卷"、"吉列猪扒"等。

二、上浆

（一）蛋清稀浆

1. 原料　鸡蛋清100g、湿淀粉50g。

2. 制法　先用筷子将蛋清打散，去蛋液泡沫，放入湿淀粉和匀。使用时，将蟹盒或虾盒放入浆中拌匀，再放入油中炸。

3. 特点　炸后菜品呈浅金黄色，外皮酥脆内鲜甜，并呈半透明态，外表有幼丝。

4. 适用范围　适用于蛋清稀浆炸法的菜式，如"酥炸虾盒"、"酥炸蟹盒"等。

141

（二）锅贴浆

1. 原料　鸡蛋液100g、干淀粉100g。

2. 制法　将鸡蛋液和干淀粉充分和匀成糊状。使用时，原料分别粘上浆，再粘合在一起，放入热锅中煎、炸。

3. 特点　色泽金黄，外皮酥香脆而内嫩。

4. 适用范围　适用于半煎炸法的菜式，如"锅贴鱼块"等。

（三）脆浆

脆浆主要分为有种脆浆和发粉脆浆（又称急浆）两大类。

1. 有种脆浆

（1）原料　发面种75g、低筋面粉375g、淀粉75g、马蹄粉

60g、精盐 10g、食用油 160g、枧水 10g、清水 600g。

（2）制法　将低筋面粉、发面种、淀粉、马蹄粉、精盐放进盆内，加入清水调拌，再加入食用油和匀，静止发酵约 4 小时。使用前 20 分钟调入枧水拌匀，略静置，待脆浆表面浮有凸起的圆滑幼细的气泡，有枧水香味时即可使用。

（3）特点　炸后外脆、松化，体积胀大，色泽浅金黄，外表圆滑，并有小气孔。

（4）适用范围　适用于脆浆炸法的菜式，如"脆炸牛奶"、"脆炸生蚝"等。

2. 发粉脆浆

（1）原料　低筋面粉 500g、淀粉 100g、食用油 150g、精盐 6g、发酵粉 20g、清水 600g。

（2）制法　将低筋面粉、淀粉、精盐、发酵粉同放进盆内拌匀，加入清水调拌，再加入食用油，静置 25 分钟便可使用。

（3）制作要点

1）要选用低筋面粉调制脆浆。

2）调浆前要检查发酵粉的质量是否可以使用。

3）原料的比例要恰当。

4）不能顺一个方向搅拌，防止脆浆起筋。

5）静置时间要足够，方可使用。

（四）脆皮糖浆

其分为脆皮鸡浆粉和脆皮大肠浆粉。

1. 脆皮鸡浆粉

（1）原料　光鸡 1 只、麦芽糖 30g、大红浙醋 15g、绍酒 10g、干淀粉 15g、清水 25g。

（2）制法　用清水加热将麦芽糖溶解，加入浙醋、绍酒、淀粉和匀即可。

（3）特点　炸后皮色大红、耐脆。

（4）适用范围 适用于脆皮炸法的菜式，如"脆皮炸鸡"、"脆皮乳鸽"等。

2. 脆皮大肠浆粉

（1）原料 熟大肠 500g、麦芽糖 20g、绍酒 10g、白醋 50g。

（2）适用范围 适用于脆皮炸法的菜式，如"脆皮炸大肠"。

三、拌粉

除上述的上粉、上浆之外，较常用的还有拌湿淀粉，一般是在部分肉料拉（泡）油前使用，拌湿淀粉的目的在于保持肉料的质地嫩滑，色泽鲜明。若是名贵的肉料（如鸡丝、雀片等），还需在拌湿淀粉前先拌以鸡蛋清，再拌湿淀粉至匀（俗称：蛋清湿粉），以使肉料放入炒锅时容易分离，拉（泡）油后更为嫩滑鲜明。

第三节 烹调前的初步热处理

143

烹调前的初步热处理，是打荷（助锅）在菜肴正式烹制前对原料的预制工作，它包括焗、飞水、滚、煨、爆、炸、炼、熬、爝等多项具体工作。

一、焗

焗，就是将某些原料（如干果、蔬菜、面条等）放入沸水中（水中加入枧水或不加入枧水），以猛火加热煮透，使某些干果仁脱皮、使某些蔬菜变得软滑成熟，使面条成熟松散等，是菜肴正式烹调前较为重要的方法之一，例如：

（一）焗芥菜胆、凉瓜

1. 原料 原料 500g、清水 2500g、枧水 40g。

2. 制法 烧热炒锅加入清水加热至沸时，调入枧水，放入原料，用猛火加热 2 ~ 3 分钟，至原料色泽青绿，捞起，用清水漂清枧味。

3. 质量要求 原料经过炟制后要更为青绿、软滑。

4. 适用范围 适用于炒、焖、扒、煎等菜式，如"蚝油扒菜胆"、"凉瓜炒牛肉"、"煎酿凉瓜"等。

（二）炟生面

1. 制法 烧热炒锅加入清水加热至沸时，把生面撒开放入炒锅，待水再沸时略煮至熟捞起，用清水冲凉（俗称：过冷河），再用少量食用油将面拌匀便成。

2. 适用范围 适用于煎面、汤面、炒面等菜式，如"榨菜肉丝汤面"、"豉油皇炒面"、"肉丝煎面"等。

（三）炟面饼

1. 制法 将面饼放入清水中略浸泡，再用炒锅将清水烧沸，放入面饼用筷子搅散，捞起，摊开凉凉便可。

2. 适用范围 与生面相同。

（四）炟米粉

1. 制法 将清水烧沸后，把米粉放入炒锅中略浸，捞起用笪箕盛起，并加盖焗约 5 分钟，然后用筷子挑散，加入食用油拌匀，凉透后方可使用。

2. 适用范围 适用于煎、汤面、炒等菜式，如"豉椒牛肉煎米粉"、"星州炒米粉"、"三鲜汤米粉"等。

二、飞水

"飞水"即将原料放入沸水中略加热片刻的一种方法。"飞水"的作用主要是去除某些原料的血污，并保持原料色泽的鲜

144

明，还可去除原料异味，以及使原料定型。需要"飞水"的原料主要为肉料，尤其是内脏性原料，其次为瓜果类原料，例如：

（一）肉料"飞水"

1. 制法 将肉料略拌湿淀粉（内脏原料可免），放入烧沸的水中加热约 1 分钟捞起，用冷水冲洗去血污即可。

2. 适用范围 适用于肉料拉（泡）油前处理。

（二）冬瓜件"飞水"

1. 制法 将清水烧沸后，放入改好的瓜件加热约 2 分钟，捞起，放进冻水中冲凉后捞起即可使用。若冬瓜盅飞水的时间则应长些。

2. 适用范围 适用于炖等菜式，如"八宝炖冬瓜盅"等。

三、滚

滚，是将原料放入沸水中煮透的一种方法。滚的目的在于防止原料变质或对某些原料进行预热处理。滚多用于菜肴正式烹制前的预热，例如：

（一）滚干货原料

1. 制法 将涨发好的干货原料放入沸水中加热片刻，然后倒出，洗净。

2. 适用范围 凡是干货原料涨发后都要进行滚、煨，方可进行下一步制作。

（二）鲜笋

1. 制法 将切改好笋放入清水中加热，待水沸时倒出，用清水冲洗，反复 2 ~ 3 次，至去除鲜笋的酸味为止。

2. 适用范围 凡是用鲜笋配制的菜肴，烹制前都要滚去酸味后才能使用。

（三）滚各类汤水

制法 若用剩的顶汤、上汤、红鸭汤，应分别烧至微沸，再放入已用沸水洗净的盆中，使汤不变质（最好待凉冻后放入冰柜内保存）。

（四）滚鲜菇

1. 制法 将加工好的鲜菇放入沸水中滚至熟，倒出，用清水洗净。

2. 适用范围 凡是用鲜菇配制的菜肴，烹制前都要滚净菇内的"怀胎水"。

四、煨

煨，是在滚完后才进行的，即猛锅阴油，随即放入姜片、葱条爆炒，溅入姜汁酒，加入汤水，调入精盐，待沸后，放入原料滚透的一种方法。主要的目的是去除原料异味和增加香味，并起到一定的防腐作用，适用于干货原料和部分植物原料的初步热处理，例如：

（一）煨鲜菇、冬菇

1. 制法 猛锅阴油，放入姜片、葱条，略爆炒至香，溅入绍酒，加入二汤，调入精盐，滚约2分钟，去除姜片、葱条，再放入原料，滚约3分钟捞起，滤去水分，盛起待用。

2. 适用范围 凡是用鲜菇（冬菇）配制的菜肴，烹制前都要进行煨制。

（二）煨干货原料

1. 制法　将滚过的干货原料滤去水分猛锅阴油，放入姜片、葱条，略爆炒至香，溅入绍酒，加入二汤，调入精盐，滚约 2 分钟，去除姜片、葱条，再放入原料，滚约 3 分钟捞起，滤去水分，盛起待用。

2. 适用范围　凡是用干货原料配制的菜肴，烹制前都要进行煨。

五、爆

爆，是将某些原料放在炒锅中，边加热边不断翻炒，至原料干身，透出香气的一种方法。某些原料，尤其是动物类的原料，经过爆炒，可让多余的水分蒸发，再正式进行烹制，可使肉料的香气透出，增加菜肴成品的香浓及风味，例如：

（一）爆炒狗肉、羊肉

1. 制法　烧热炒锅，放入姜片、葱条、肉料，使用中慢火，不断翻炒至水分蒸发、肉质收缩、香气透出，倒出，去除姜片、葱条，洗净。

2. 适用范围　凡是用这类原料制作的菜式，都要经过爆炒。

（二）爆炒水鱼

1. 制法　将经过"飞水"的肉料滤去水分，再猛锅阴油，放入姜片、葱条，略爆炒，放入肉料，溅入绍酒，使用中火，不断翻炒至水分蒸发、肉质收缩、香气透出，倒出，去除姜片、葱条，洗净。

2. 适用范围　用于炖、焗等菜式，如"杏元凤爪炖水鱼"、

"砂窝焗水鱼"等。

六、炼

炼是指把动物大油（如猪油、鸡油等）、网油或肥肉放入炒锅加温熬油；另外一种是指对用过的油进行提炼，使油中的水分蒸发，防止变质。

（一）炼猪油

制法　将切好的猪大油或肥肉洗净，用筲箕盛起，滤去水分，然后放入沸水中"飞水"，洗净。猛火烧热炒锅，把猪大油或肥肉放入，加入清水（大油 500g 加清水 50g），先用中火后用慢火加热。炼制时要经常翻动大油，以防焦底。水煮干时，油脂开始渗出，待油渣浮起呈金黄色时，应改用慢火。待油脂已基本炼好，应用笊篱捞起油渣，将油脂过滤后倒入油盆内。炼好的油脂凉凉后以雪白色为好。

（二）炼用过的油脂

1. 制法　猛火烧热炒锅，倒入油脂加热。炼时，若泡沫多、有响声，证明水分多；有时泡沫多会滚起溢出，应用笊篱轻轻搅匀油面，避免滚泻。待油脂至无泡沫，即为炼好，再用笊篱过滤，倒回油盆内，滤去锅底污物便可。

2. 适用范围　用过的油或新鲜使用的油都含有水分，要将水分去除。

3. 注意事项　火候不宜过猛，防止油脂滚溢，以免着火，宜用中火提炼；防止油脂溅伤。

七、炸

炸，是将原料用油加温炸透、炸熟或炸至上色，通常炸的食品，在刚放原料入锅时都宜采用较高的油温，才能使食品甘、香、酥（松）、脆。炸的食品多为半制成品，主要包括干货原料的涨发、果仁类原料的炸制、某些植物性原料以及某些需上色的动物性原料的炸制等，例如：

（一）炸果仁类原料

炸果仁类原料，如花生、榄仁、核桃、南杏、腰果等，经过炸后都要达到香、松、脆的效果。

1. 炸花生　传统炸法是先将花生仁用水滚后焗一段时间，然后脱去外衣，再用清水加盐滚过（使其入味）晾干，用约140℃油温将花生仁炸至微金黄色，捞起凉凉便可使用。

2. 炸核桃　要将核桃肉滚、焗至脱衣，然后用竹签刮去外衣（现在多采用碱腌后，用沸水滚去外衣，再用清水滚尽碱味。这样加工，虽然较快，但色泽比刮衣的方法稍差），用清水加盐滚过（使其入味），也是用浸炸方法将其炸至略带黄色，捞起凉凉便可使用（炸制时使用的油温与炸花生仁的油温相同）。

3. 炸榄仁　如榄仁洁白且质量好，用盐水滚过（如质量较次，则要先用清水滚一次，以去其霉、酸味，再用盐水滚），滚的时间不宜太长，然后用浸炸方法炸至略带黄色，捞起凉凉便可以使用。炸榄仁的油温要比炸花生仁低些，炸榄仁的油温宜110～130℃。

4. 炸腰果、南杏与炸花生仁方法相同

（1）适用范围　多用于炒的菜式，如"腰果炒虾仁"等，还有作佐料使用。

（2）制作要点

1）要根据原料的性质选用合适的油温，在炸制时要采用浸炸的方法。

2）要判断好原料的色泽，原料一般呈浅黄色随即捞起，否则色泽会变深。

3）捞起后要摊放在垫有白纸的盘内，不能堆放，否则会使中间的原料色泽加深，并且要放置在通风的地方凉凉。

（二）炸植物性原料

1. 炸腐竹

（1）制法　将食用油加热至约150℃时，把腐竹放入油中浸炸至"透身"，捞起，然后放入清水浸至软身，洗净油脂便成。

（2）适用范围　适用于焖、扒的菜式，如"枝竹焖黄鳝"等。

2. 炸芋片

（1）制法　先将去皮芋头切片，然后放入约160℃油温中浸炸至脆、呈金黄色，捞起滤去油分。

（2）适用范围　用于扣的菜式，如"荔浦扣肉"。

3. 炸雀巢

（1）制法　将去皮芋头切成截面宽约0.4cm的丝状，用盐水浸泡至软身，再用清水洗去咸味，吸干水分。先放吉士粉拌匀至浅黄色，再加入干淀粉和匀至"干身"，造型于涂有食用油的雀巢笊内，用另一个涂有食用油的雀巢笊压着。放入约150℃油温中浸炸至脆、呈金黄色，捞起，拿掉雀巢笊，滤去油分。

（2）适用范围　主要用于炒的菜式，如"雀巢三色虾仁"等。

（3）制作要点

1）浸盐水时间要足够，必须浸至原料"软身"。

2）要漂清盐分，并且要吸干水分。

3）上粉要均匀和"干身"，上粉后要即造型于雀巢笊内，雀巢笊必须要涂有食用油。

4）炸时要选用合适油温，要采用浸炸方法，及判断好色泽。

（三）炸动物性原料

炸动物性原料，主要是使其着色（如炸红鸭、扣肉等）或使其酥脆以便于菜肴的烹制。

1. 炸红鸭

（1）制法　将加工洗净的光鸭晾干水分，用老抽涂匀鸭身。用炒锅将食用油加热至 180～200℃，先炸鸭的胸腹部至呈大红色，再将鸭翻转，炸背部，直至全只鸭都呈大红色，捞起，滤去油分。

（2）适用范围　炸后再经爧可用于扒、炸、烩的菜式，如"四宝扒大鸭"、"荔蓉窝烧鸭"等。

（3）制作要点　上色要均匀，要控制好油温，着色要均匀。

2. 炸圆蹄、扣肉

（1）制法　将刮洗净的圆蹄、五花肉放入沸水中煲至七成熟，捞起，趁热在表皮上涂上老抽，并插针。用炒锅将食用油加热约 180～200 ℃，把皮朝下放入油中炸至大红色，捞起，凉凉后放入清水漂至皮有浮涨为止。

（2）适用范围　多用于扣的菜式，如"荔浦扣肉"等。

（3）制作要点

1）肉料要趁热涂色，且要均匀。

2）要遵循先上色后插针的原则，否则难以上色。

3）炸时着色要均匀，同时要注意操作安全。

4）漂洗时间要足够。

八、熬

熬（熬汤）是指把肉料等放在水中，用慢火长时间煮制，然后加入调味料，最后取其汤（汁）的制作方法。

汤在菜肴制作中，使用是十分普遍的，不论炒菜、焖菜，尤其是汤羹类菜。因为有的菜肴单凭物料本身的滋味，其鲜味是不足的，所以除了根据各种菜式配用不同的调味料外，还得加入鲜汤，以增加汤羹的鲜味，使菜品馥郁芳香。因此，汤在菜肴制作上起着重要作用。

为了能保持菜肴原来的色彩，又达到增味、增香的目的，要求熬出的汤（汁）色泽要明净，有肉质的鲜味和香气。按质量高低而论，熬的汤可分为顶汤、上汤、翅汤、鲍汁、二汤、卤水等。

（一）顶汤

1. 原料　枚肉（瘦猪肉）9000g、光老母鸡4000g、去皮、脚的生斩火腿1500g、味精70g、清水21000g。

2. 制法

1）将光鸡从背上破开洗净，枚肉斩成小块洗净，放入沸水中"飞水"，洗净。

2）将肉料、清水一齐放入汤煲内，先用猛火烧沸，去除表面泡沫，再改用慢火熬，汤滚以呈"菊花心"为宜，不停火熬约四小时，得汤15000g。

3）先去除汤面的浮油和泡沫，将味精放入盛汤的盆内，再将笊篱放在盆面，在笊篱上面加一块洁净的毛巾，把汤过滤，去除肉渣，倒入盆内便成。

3. 汤质要求　汤色清澈、呈象牙色，汤质鲜美。

4. 制作要点

1）肉料"飞水"可去除肉质血水和污物，保证汤色明净。

2）肉料要与清水一齐放入汤煲，否则易造成汤色混浊。

3）先用猛火烧沸后改用慢火长时间加热，让肉料的滋味完全溶解于汤水中，保证汤色明净和汤质鲜美。

4）熬汤中途不可打捞肉料、加水、去除表面浮油，以免影响汤的香浓味。

5）起汤时必须要去除表面的浮油并过滤，以保证汤色明净。

6）若出现汤混浊时，可加入三鸟血（已凝固的）再加热，使汤返清。

5. 适用范围 适用于名贵的菜肴，如燕窝、鱼翅等。

（二）上汤

1. 原料 枚肉 4750g、光老母鸡 2000g、去皮、脚的生斩火腿 750g、味精 70g、精盐 50g、清水 2100g。

2. 制法 与熬顶汤一样。

3. 汤质要求 汤色清澈、呈象牙色，汤质较鲜美。

4. 制作要点 与熬顶汤一样。

5. 适用范围 适用于较名贵的菜肴，如"三丝鱼肚羹"、"碧绿上汤鸡"等。

（三）二汤

153

1. 制法 将熬完上汤后所余下的肉料作原料，再加入沸水 1650g，熬约 1 小时，火候与熬顶汤相同，起汤 1500g，调入精盐 125g 即成。

2. 适用范围 适用于烹制一般的菜式、煸菜或煨原料。

（四）翅汤

1. 原料 光老母鸡 7500g、枚肉 5000g、牛肉 4000g、宰净牛蛙 3000g、生斩火腿（去皮、黄油）3000g、鸡脚 1500g、水律蛇壳 3000g、碎干贝 500g、清水 22500g、姜块 100g（火腿、牛蛙 3 小时后才放入汤中熬制）。

2. 制法 熬制方法与上汤相同，要求不停火熬 6 小时，起汤约 12500g。

3. 适用范围 主要用于制作鱼翅的菜式。

（五）鲍汁

1. 原料　光老母鸡2只，猪脊骨1000g，枚肉1500g，鸡脚1250g，火腿500g，大地鱼和瑶柱各50g，干鱿鱼1只，猪皮和鸡油各25g，清水15000g，橙红色素少许。

2. 制法　先分别将老母鸡、猪脊骨、大地鱼、瑶柱放入油锅中炸过，沥去油分。枚肉和鸡脚放入沸中"飞水"，洗净。然后将原料放入水中，先猛火烧沸，再改用中慢火熬制约4小时，起汤约1500g，经过滤后，加入橙红色素和匀。

3. 适用范围　多用于扒的菜式，如"红烧网鲍"、"鲍汁扒菜胆"等。

（六）卤水汁

卤水汁可分为白卤水、精卤水和一般卤水，用法各不相同。它们的调配方法分别如下：

1. 白卤水

（1）原料　清水5000g，八角、丁香、桂皮、草果、花椒、甘草各30g，砂姜15g，精盐250g。

（2）制法　将上述的原料用白纱布袋装好扎紧袋口，放在清水内用慢火熬制约1小时，再加入精盐即成。

（3）成品要求　色明净，味香醇。

（4）适用范围　用于浸脆皮炸鸡或乳鸽等。

2. 精卤水

（1）原料　八角75g，桂皮、甘草、生姜各100g，草果、丁香、砂姜、陈皮各25g，罗汉果1个，食用油200g，长葱条250g，生抽5000g，绍酒2500g，冰糖2100g，红谷米150g。

（2）制法　将八角、桂皮、甘草、草果、丁香、砂姜、陈皮、罗汉果一起放进白纱布袋，用绳子把袋口扎紧（即药材袋），另将红谷米放进另一袋扎牢。把瓦盆放置火炉上，用中火加热后，加入食用油，放进生姜、长葱条略爆炒至香，放入生抽、绍酒、冰糖、药袋和红谷米一同烧至微沸，再改用慢火加热约30分钟，捞起姜、葱、红谷米，撇去浮油便成。

（3）成品要求　味香浓，突出生抽的色泽。

（4）制作要点　原料的比例要恰当，要正确使用火候，熬制时间要足够。

（5）适用范围　用于"豉油鸡"、"卤水猪舌"等菜式。

（6）保存方法　每天用完卤水应再将其烧沸，凉冻放进冰柜保管，才不至于变质；常用的白卤水、精卤水每周应换料材一次，以保持卤水的质量；卤水汁应根据其原料耗用情况，适当按比例增添一定的原料，以补充卤水的分量，例如精卤水，每加入生抽500g，需要加入精盐7.5g、冰糖21g、绍酒250g，以确保精卤水的质量。

155

九、火靠

火靠，是指菜肴主料滋味不足，经适当处理后，与其他动植物原料混合，施以恰当的汤汁、调味料和火候，使其各味相互融合渗透，收浓汤汁，吸取滋味的制作方法。

火靠可分为白火靠和红火靠两种：保持原料原有色泽的火靠法，称为白火靠；火靠制的原料需要上色或调色的，称为红火靠。

火靠制后的主料，不但增加了滋味，而且色泽鲜明美观，口味香浓、软滑。制作过程中，首先要根据原料的不同性质和要求，采用不同的方法处理；对有异味的原料，应先滚、煨后火靠制，如海参、鱼翅等；要上色的原料，应先炸色后火靠制，如红鸭、圆蹄、肘子等；要求色明净的原料，应先"飞水"后火靠制，如瓜件、瓜盅等。然后，合理地运用火候，浓缩汤汁，才能制出香浓、软滑的效果。

（一）焆冬瓜脯（件）

1. 原料　改好瓜脯（件）5000g，精盐100g，味精75g，牛蛙骨和鸡壳各1250g，大地鱼50g，姜片和葱条各50g，绍酒25g，二汤3500g，食用油5000g。

2. 制法

1）先将大地鱼用火烤至金黄色（去净黑色烤焦部分），用纱布包扎紧，将牛蛙骨、鸡壳骨放入沸水中"飞水"，洗净。

2）猛火烧锅，加入食用油，加热至160～180℃时，将瓜脯放入油中略炸，捞起，放入沸水中略"飞水"，再放入冷水中漂冻，用竹笪排夹好，放入炖盆内。将大地鱼、牛蛙骨、鸡壳骨放在面上。

3）猛锅阴油，放入姜片、葱条爆香，溅入绍酒，加入二汤，调入精盐、味精滚约3分钟，把汤水倒入炖盆内，然后焆约40分钟至软取出。

3. 质量要求　色泽洁白明亮，形态完整，味鲜、软滑。

4. 制作要点

1）炸的时间不宜太长，要用冷水漂洗清油脂。

2）要用竹笪排夹时整齐，保持瓜脯的完整。

3）若用明火加热时，火候宜用中慢火，焆制时间要足够。

5. 适用范围　适用于扒的菜肴式，如"瑶柱扒瓜脯"等。

（二）焆裙翅

1. 原料　发好裙翅1副，光老母鸡1000g，鸡脚15对，猪手1000g，枚肉1000g，鸡油125g，姜片和葱条各25g，姜汁酒20g，二汤2500g，上汤5000g，猪油75g。

2. 制法

1）将发好的裙翅用竹笪夹好，用猪油起锅，放入姜片、葱条爆香，溅入姜汁酒，加入二汤，放入裙翅，用中火煨透。然后拆下竹笪，用洁净白毛巾吸干水分，将裙翅由中间破开，用竹笪排夹好（头围分排在底，二围在旁边，尾勾在面）。

2）把老母鸡、鸡脚、猪手、枚肉分别放入沸水中"飞水"，洗净。用竹笪垫在炖盆底，先将老母鸡、鸡脚、猪手放入盆内，再放裙翅，枚肉、鸡油放在裙翅表面，加入上汤（以浸过翅面为度），用盘子压着。

3）将炖盆放在炉上用慢火燆约 2 小时，至裙翅"软身"。

3. 质量要求　色泽鲜明、呈黄色，软滑且有胶质。

4. 适用范围　适用于扒等的菜式，如"红烧大裙翅"。

5. 制作要点

1）原料燆制前必须进行煨，以去除原料的异味。

2）煨后要吸干水分，装翅要按次序装好。

3）燆制时宜用慢火，若火候过猛，会造成肉质的胶性流失。

4）燆制时间要足够，鉴别好裙翅的软身程度（用筷子夹住翅针中间，两端垂下成圆圈，说明裙翅软身）。

（三）火燆鲍鱼

1. 原料　发好鲍鱼 500g（4～6 头），光老母鸡 1 只，排骨和枚肉各 500g，火腿 400g，上汤 500g，姜片和葱条各 100g，鸡精 25g，冰糖 200g，鸡油 250g。

2. 制法　先将老母鸡、排骨放入油锅中炸过，枚肉放入沸水中"飞水"。用鸡油起锅，放入姜片、葱条爆炒至香后，加入上汤、鲍鱼、老母鸡、排骨、枚肉和调料，先猛火烧沸后，改用慢火燆制约 8 小时，鲍鱼至八成软身时，加入火腿继续燆制至软身。

3. 制作要点

1）燆制前要先剪去鲍鱼嘴蒂部分，并擦干净。

2）最好使用瓦制器皿进行爉鲍鱼，保温性能好，并且用竹笪垫底防焦。

3）爉制鲍鱼用料要足够，通常配四倍的肉料进行爉制。

4）爉时先用猛火烧沸后改用慢火，水量要适当，水过多香浓味会降低，水太少显然也不好，如要中途加水，应加沸水。

5）爉制鲍鱼前期，不宜下含盐分的原料，否则会令鲍鱼肉质收缩，难达到软身的效果。火腿应在鲍鱼爉至八成软身后方可加入，既可增加浓度，又不至于弄巧成拙。

6）爉至后期，应时常转动鲍鱼，因汤水稠浓，胶质加重，容易变焦。

（四）爉红鸭

1. 原料　已炸色光鸭 1 只，陈皮 5g，八角 1g，精盐 2g，绍酒 20g，姜件 10g，葱条 25g，老抽 10g，二汤（或清水）、食用油各 1500g。

2. 制法

1）把鸭放入垫有竹笪的砂窝内，加入陈皮、八角。猛锅阴油，放入姜件、葱条，爆炒至香后溅入绍酒，加入二汤，调入精盐、老抽，倒入砂锅（以浸过面为宜），加上盖。

2）将砂锅放在火位上，先用猛火烧沸，再改用慢火爉约 1 小时半至鸭"软身"，捞起便成。

3. 质量要求　色泽均匀、呈大红色，肉质软滑，味香浓。

4. 制作要点

1）砂锅要预先放入竹笪，以防肉料粘底。

2）老抽要在汤水沸后才加入，使色泽鲜明。

3）先用猛火烧沸汤水后改用慢火加热，使原料味香浓。

4）爉制时间要足够，以能轻易拆去鸭骨为准。

5. 适用范围　适用于扒、炸、烩等菜式，如"四宝扒大鸭"、"荔蓉窝烧鸭"等。

（五）火靠鹅脚翼

1. 原料 净鹅脚翼 500g，陈皮 2.5g，精盐 5g，蚝油和味精各 10g，老抽 10g，食用油 1500g。

2. 制法 将鹅脚翼涂上老抽，猛锅阴油，放入鹅脚翼爆炒至上色后（也可使用油炸色），转放入砂锅内，加入二汤、蚝油、陈皮、精盐、味精，先用猛火烧沸，调入老抽，再改用慢火煲至"软身"，捞起斩去脚趾、翼尖便成。

3. 质量要求 色鲜呈红色，味鲜，肉质嫩滑。

4. 制作要点 与红鸭基本相同。

复习思考题

1. 烹调前原料的造型有什么意义？

2. 烹调前原料的造型主要包括哪几项技巧？

3. 什么叫"三浆"、"四粉"？各有什么特点？它们各自是怎样调配的？

4. 肉料加热前拌湿淀粉有什么作用？

5. "飞水"的定义是什么，有何作用？

6. 熬应注意哪些制作关键？

7. 火靠有几种？请举例说明。

第八章 烹调法的运用

【学习目标】

1. 掌握各种烹调法。
2. 了解各种烹调法制作菜肴的技巧。

第一节　烹调法——蒸

一、蒸的含义

蒸是指将经过调味处理的食品原料造型于盘中，放进蒸柜或蒸笼中，使用蒸汽进行加热，使其成熟的烹调方法。

在粤菜烹调法中，蒸是一种很常用的烹调法，无论是大酒楼还是大排档等都会有大量蒸制的菜肴品种供应。在加工蒸品菜肴时，一般需先对原材料拌味、调味，再平摊在器皿中，这样做可以使菜肴入味透而且均匀。蒸汽中所具有的气味，对菜肴的滋味也会产生一定的影响，所以要注意产生蒸汽的水质要清洁。

二、蒸法的特点及质量要求

蒸制的菜肴柔软鲜嫩，保持原汁原味，而且能够保持原料的形态不受影响。由于是用水蒸气进行加热，在对菜肴原料加热的过程中，原料处在蒸汽的包围中，自始至终都处在润泽的环境里。但是加热时间如果过长，由于蛋白质的变性和水解等原因，过分受热会使原料细胞膨胀破裂，原料的水分会溢出，因此，加热时间长（过火）会使原料的滋味流失，肉质感粗糙，降低菜品的质量。在蒸制的菜肴中，无需加入汤水，原料从生到熟的过程中，自体的水分释出而形成一定量的汁液，但不很多，保证了菜品的原汁原味。蒸汽加热，不会对原料起推动作用，所以在蒸制菜品的过程中，菜品的造型是固定不变、不会走样的。

大部分蒸品菜肴要求以仅熟为标准，出品的菜肴口感嫩滑，肉质鲜美，菜品色彩鲜艳，表面光泽明亮，成品菜肴的汁液以微芡汁为主（需以外来汁调味除外）。

三、蒸的火候及应用

1. 猛火　用于蒸河（海）鲜类及其制品的菜肴，如"清蒸肉蟹"、"清蒸多宝鱼"、"蒜蓉蒸扇贝"等；也用于蒸带有外层包裹的菜肴，如"荷香蒸乳鸽"。

水产品原料中，大多数都属高蛋白质原料，而且它们的结构组织较少，肉质相对松软，它们的细胞含水量较大，用猛火加热蒸制，能使蛋白质迅速凝固，较好地锁住细胞中的水分，保证肉质和菜品质量最佳。

2. 中火　用于以家禽、家畜和野味类为原料的食品的蒸制烹调，例如"蒸滑鸡"、"蒸排骨"、"蒸肉饼"等。

禽、畜、野味类原料的结构组织较结实，而且脂肪较多，热传导慢，用猛火蒸，容易出现外熟内生或外老内熟的现象，而且菜肴原料收缩大，外形不好看，甚至会有油脂从肉中渗出，产生"泻油"的现象。但慢火加热的蒸，菜肴原料成熟的时间过长，影响到菜肴的出品质量，导致食差，使菜肴的口感"霉软"，色泽暗淡。这类食品在调味时需拌以干淀粉，使之成熟后能保持更多的肉汁，口感更嫩滑，色泽更鲜明。

3. 慢火　多用作蒸水蛋类菜肴，如"瑶柱蒸水蛋"、"蟹粉蒸蛋"等。

蒸水蛋要求的质量是成品表面平滑，色泽鲜艳，口感嫩滑。蒸水蛋是由蛋液和汤水按1:1.5~1:1.8的比例勾兑而成。鸡蛋中蛋白质的凝固温度在80℃左右，高温很容易形成海绵状的表面，只有把温度控制在80℃左右，才能保证蛋白质凝结平滑，且整盘菜肴的熟度一致，才能制成符合质量要求的菜肴。

四、蒸法的操作步骤

一般情况下，要根据原料的性质、种类和形状，以及菜品的制作要求来确定蒸的操作步骤。而对于不同情况，相同操作步骤的操作方法也会有所不同。一般来说，蒸法分为碎件蒸法、整件（条或只）蒸法和蛋蒸法三种，下面分别介绍这三种蒸法的操作步骤。

（一）碎件蒸法

1. 菜肴原料调味　有拌味和腌味两种形式，其中拌味是指足味的调味，所用的调味品依菜肴的风味而定，有清鲜味，如"清蒸滑鸡"；有豉汁味，如"豉汁蒸盘龙鳝"；有榄香味，如"榄角酱蒸鲮鱼腩"等。蒸的品种的风味变化较多，厨师在日常的工作中应多作尝试和实践。

2. 拌入淀粉和生油　拌淀粉和生油的用途主要是在原料受热后，表面的淀粉糊化，从而起到保证菜肴的嫩滑度和光泽的作用，但这种做法对禽畜原料的碎件较为合适，水产类原料提倡少加淀粉甚至不加淀粉，原因是淀粉可能会引出水产原料的腥味。

3. 装盘造型加工　蒸的菜肴是用生料，加热的时候需要把原料平铺在盘中，才能均匀受热，原料的熟度才能一致。装盘造型方面，根据菜肴的要求不同，可有平蒸法、裹蒸法、扣蒸法、排蒸法等形式。有些特殊风味的材料，如蒜蓉蒸、梅菜蒸、药膳（杞子、红枣、花旗参等）蒸等多为底面造型。

4. 放入蒸柜或蒸笼加热　待蒸汽完全产生后方可将菜肴放入，合理地使用火候，区别对待原料的受火程度。有些混合类蒸的菜肴，如"滑蛋蒸膏蟹"，需先用猛火把砌形的蟹件蒸至七成熟，再放入用热汤水即兑的水蛋中猛火蒸。所以，在蒸加工菜肴时，应灵活、合理地运用火候技巧。

5. 撒上葱花（丝）等后下料头，溅入热（香）油　很多碎件蒸的品种，在其成熟后，一般都放入少许的葱花（丝）在表面，再浇入（香）油来增强菜肴的光泽感和美观感。

（二）整件（条或只）蒸法

1. 菜肴原料腌味　整件蒸法的菜肴，大多数都是需要作熟后的进一步调味，所以，在加热前的腌味或调味，只需要调五六成味。例如蒸鱼，在鱼身上擦上调味料（大多数是精盐、味精和油），蒸禽类菜肴则视菜肴的调味要求（如姜葱味、五香味等）腌味，而且为了更好地入味，往往腌味时间较长（30分钟以上）。

2. 装盘造型　在原料腌味工序完成后，便要把它们放在器皿中，有部分菜肴要求加入一些垫底的材料，如蒸鱼放几条长葱垫底，可以加强蒸汽的对流，使鱼快熟；也有些菜肴会再加些材料在原料的上面，例如"姜葱鸡"，除了在内腔放姜葱外，在外面也放一点的姜和葱，以加强鸡肉的姜葱味。

3. 放入蒸柜或蒸笼中加热　待蒸汽完全产生后，把已腌入味的菜肴原料放入蒸汽中加热，运用合适的火候，河（海）鲜类原料必须用猛火，例如"清蒸大肉蟹"。禽、畜类菜肴原料则应以中火加热，例如"鲜荷叶蒸姜葱鸡"等，这样加热，才能使鸡的肉质保持一定的嫩滑感。

4. 第二次调味　在菜肴蒸熟后，把外包材料和可见的植物原料取走，再装盘或斩件装盘，撒上配料或料头等材料，溅入热的香油或食用油，最后淋入芡汁或调味汁。

（三）蛋蒸法

1. 鸡蛋调味　在鸡蛋中加入调味料，常规的调味料有精盐、味精等，然后用筷子将鸡蛋打烂，并把蛋面的泡沫撇去。

2. 兑入汤水　一般而言，鸡蛋和汤水的比例在 1:1.5 ~ 1:1.8 之间，但在兑入汤水的时候，应该考虑配料的含水量。在熟制的过程中，对于自体水分平衡的原料，如粉丝、虾米、瑶柱等，汤水的比例不变，对于鱼肠、禾虫等水分较多的原料，则汤水的量最好多些。汤水有冷汤水和热汤水两种，要视菜品的要求使用。一般来说，慢火或蛋量大的蒸法，使用冷汤水较合适；猛火或蛋量少的蒸法，可用热汤水，这样可以加快菜品的成熟。

3. 装盘　装盘的方法有三种：A. 直接把全部原料混合后装盘，例如"上汤蒸水蛋"。B. 先把一部分蛋（一般是 2/3）装盘，蒸至九成熟后，再把其余的蛋和配料混合，装入盘中一块蒸熟，例如"海皇蒸水蛋"。C. 先把配料装盘蒸熟，然后把水蛋（热兑即放）装入盘中，再猛火蒸熟。

4. 溅入热油，再淋上调味汁　一般来说，部分菜品需要先撒上葱花，蒸半分钟，然后浇热油，而调味汁也是视需要而定。

五、蒸法的分类

1. 平蒸法　就是把原料调味后，直接平铺于盘中蒸熟的蒸法。

2. 裹蒸法　就是把原料调味后，再用包裹材料（如荷叶、芭蕉叶等）裹起来，放平在器皿中，然后蒸熟的蒸法。

3. 扣蒸法　就是把调好味的原料，按一定的要求排夹造型于盘中，再蒸熟的蒸法。

4. 排蒸法 就是把调好味的原料，整齐地排列在盘中，然后蒸熟的蒸法。

六、蒸法的注意事项

1）在产生的蒸汽量足够后再放入原料蒸（蒸水蛋除外）。

2）合理、灵活地运用各种火候。

3）不可过多的翻盖，尤其是蒸河（海）鲜类原料时。

4）注意掌握好菜肴的熟度，一般以仅熟为好。

5）凡因熟度问题需要回蒸的品种，肉鲜香味都会受一定的影响。

七、常用调料的做法

（一）海鲜豉油

1. 原料 清水 5000g、碎瑶柱 150g、大虾干 100g、大地鱼 100g、蚬肉 300g、老母鸡件 200g、金华火腿粒 50g、瘦肉件 200g、发好的冬菇 50g、芫茜头 50g、姜肉 50g、瓶装蒸鱼豉油 1000g、泰国鱼露 250g、冰糖 100g。

2. 制作方法

1）把老母鸡件、金华火腿粒、瘦肉件、蚬肉等放入滚水中"飞水"，然后洗干净，并将其余原料洗干净。

2）把所有原料及配方用料放入汤煲中，猛火加热至滚，然后用慢火加热熬制 4 小时。

3）待汤水冷却后，把汤水表面的油脂、泡沫等撇去，然后用毛巾过滤汤水，取汤水 4500g 即可。

4）在过滤的汤水中加入蒸鱼豉油、泰国鱼露、冰糖调味，制成海鲜豉油。

3. 调味汁特点 突出咸鲜味，豉味清鲜，有鲜香的海产味。

（二）香油

1. 原料 食用油 5000g、碎瑶柱 50g、大地鱼 50g、火腿片 50g、干葱头 100g、洋葱 100g、姜肉 100g、干陈皮 10g、芫茜头 50g、小磨麻油 50g。

2. 制作方法 把食用油加热至 90℃，然后把碎瑶柱、大地鱼、火腿片、干葱头、洋葱、姜肉、干陈皮、芫茜头等放入油中，用慢火加热，并把温度保持在 90℃ 以下，炸至原料发干，再把它们倒入大盆中，浸泡 6 小时以上，使原料的滋味完全融入油中，把油过滤，再往油中加入小磨麻油即成香油。

（三）豉汁酱

1. 原料 阳江豆豉（剁碎）500g、瑶柱蓉 25g、火腿蓉 25g、大地鱼蓉 10g、陈皮蓉 10g、炸蒜蓉 50g、姜蓉 25g、红辣椒米 25g、鱼露 30g、精盐 30g、鸡精 20g、冰糖 30g、老抽 50g、食用油 200g。

2. 制作方法 把所有用料混合蒸 2 小时，冷却即可。

（四）蒜蓉酱

1. 原料 炸蒜蓉 250g、生蒜蓉 400g、干葱头蓉 100g、瑶柱蓉 15g、火腿蓉 15g、大地鱼蓉 5g、鸡精 25g、精盐 30g、白糖 30g、鱼露 25g、食用油 300g。

2. 制作方法 把瑶柱蓉、火腿蓉、大地鱼蓉等原料放在热锅中（不加油），用慢火加热，炒制到透出香味，再把食用油加入略炒，放入生蒜蓉、干葱头蓉，然后加入精盐、鸡精、白糖、鱼露调味，用慢火煮炒 10 分钟左右，加入炸蒜蓉炒匀，倒出冷却。

菜 品 实 例

蟹膏蒸海蟹钳

原料：

1. 主料　生拆蟹膏 50g、海蟹钳 10 只（约 300g）。

2. 配料　鸡蛋清 400g。

3. 调料　上汤 600g、精盐 3g、味精 2g、鱼露 3g、胡椒粉 2g、食用油 1000g。

制作工艺流程：

拆蟹肉 → 调味 → 装盘 → 蒸制

制作过程：

1. 用刺身刀削去海蟹钳（只取用最后一段）壳，取出完整的一条蟹钳肉（保留钳尖部位）。

2. 在鸡蛋清中加入精盐、味精，打烂蛋清，撇去蛋面泡沫备用，蟹膏中放入少量盐拌匀备用。

3. 把鱼露、干贝素、胡椒粉放入已出壳的蟹钳肉中捞匀调味，然后在鲍鱼窝中砌好形状，将钳尖部位露出盘边。

4. 把上汤烧沸，兑入蛋清中和匀（边入上汤，边搅蛋清，不能让蛋清熟）。再小心地倒入砌有蟹钳肉的盘中（以仅浸及蟹钳肉的表面为度）。

5. 把兑好的蛋清放入蒸柜中用中猛火加热 3 分钟，至全部蛋清仅凝结时取出。

6. 在蛋清的中间放已调味的生拆蟹膏，铺开后再放回蒸柜中猛火蒸 1 分钟。

7. 取出，溅入热食用油。

菜品要求：蟹钳清鲜爽嫩，蟹膏软滑，味道香而鲜美，造型美观。

167

制作要点：

1. 汤水与蛋清的比例要讲究，1.5:1 的比例较为适宜，若汤水多，则凝结性差；汤水过少，则蛋清实，口感不滑。

2. 向蛋清中兑汤水时，必须快速地搅拌蛋清，不能使局部蛋清因受热而熟。兑匀后的蛋清液的温度达到 65℃ 为最佳，这样可以猛火加热，蛋清能较快凝结成熟。

3. 蛋清液的量在盘中的厚度在 1.5～2 厘米之间为好，过厚则难熟。加热时不可用猛火，否则会把蛋蒸老。

4. 放入蟹膏后必须用猛火蒸不超过 1 分钟，超熟的蟹膏口感粗糙，滑度缺失。

这款菜制作起来有一定的难度，按照传统烹饪理论，蒸蟹必须用猛火蒸才够清鲜，蒸鸡蛋必须用慢火蒸才够嫩滑。两种受火不同的原料混合制作成一款菜肴，就需要一定的技巧配合。蛋清凝结的温度是 70～80℃，由于热传导慢的缘故，在常温下，2 厘米厚的蛋液，整体成熟凝结时间较长，只有先把蛋液的温度提高至 65℃ 左右，再使用猛火加热，蛋清才能很快凝结成熟，这样，既可以快速蒸熟蟹肉，也能把蛋蒸熟。

滑蛋蒸海胆

原料：

1. 主料　海胆 10 只。

2. 配料　鸡蛋清 200g。

3. 调料　上汤 300g 、精盐 3g、白糖 2g、香油 20g、海鲜豉油 3g。

制作工艺流程： 与蟹膏蒸海蟹钳相同。

制作过程：

1. 把海胆用刺身刀在其四分之一处削开，倒出海胆水，再把海胆肉挖出。

2. 在鸡蛋中加入精盐、白糖等调料后打烂，撇去蛋面泡沫。

3. 把海胆肉、海胆水和上汤放入蛋液中兑匀，然后再倒回海胆的壳体内，将海胆壳盖上。

4. 把海胆放进蒸柜中，使用慢火加热约 15 分钟，至蛋液凝结后取出。

5. 溅入香油和海鲜豉油。

菜品要求： 菜肴具有软滑口感，味道鲜嫩，并带有清鲜的海水味，菜品要求仅熟，凝结，不能有蒸过火的"蜂眼"状。

制作要点：

1. 蛋必须打烂、打透，并撇去蛋面泡沫。

2. 注意上汤和蛋的比例，汤水过多则菜肴不易凝结；汤水过少则口感不嫩滑，有点硬实。

3. 保留海胆水兑蛋液，更能突出海胆的海鲜滋味。

4. 用慢火加热，蒸的时候要加盖。加盖后导热慢，蒸的时间会长一点。

169

瑶柱蒸滑蛋

原料：

1. 主料 鸡蛋 250g。

2. 配料 发好的瑶柱 50g。

3. 料头 葱花 5g。

4. 调料 上汤 350g、精盐 3g、白糖 2g、海鲜豉油 3g、香油 1g。

制作工艺流程：

调味 → 蒸制 → 加入配料 → 蒸制 → 调味

制作过程：

1. 把发好的瑶柱捏成碎丝备用。

2. 在鸡蛋中加入精盐、白糖，然后用筷子打散，撇去蛋面泡沫。

3. 把上汤、发瑶柱水和匀后加热至沸，然后倒入鸡蛋液兑匀（边倒边搅拌，不能将鸡蛋烫熟）。

4. 取 2/3 的鸡蛋液倒进鲍鱼窝中，用平盘盖上或用保鲜膜封上（此举做法是为了不让蒸汽水滴入蛋液中），然后放进蒸柜中，使用中、猛火加热 7 分钟，至蛋液凝结取出。

5. 把另外 1/3 的蛋液和瑶柱丝和匀，倒入已蒸至凝结的蛋面上。再放回蒸柜中，用中、猛火加热，蒸约 5 分钟，至凝结透的时候取出。

6. 撒上葱花，溅入香油，淋上海鲜豉油。

菜品要求：菜品味道清鲜，口感嫩滑，要求蛋凝结平滑，表面能分布均匀的瑶柱丝，不能呈海绵状。

制作要点：

1. 兑鸡蛋的汤水中最好带有一定量的发瑶柱的汤水，这样既可使菜肴的瑶柱味更加鲜美，又可以做到物尽其用。

2. 注意鸡蛋和汤水的比例，1∶1.5 的比例兑和较好，这样蒸熟的蛋即不浮软，也不会过分的结实。

3. 如果使用热汤水兑蛋液的方式加工，在倒入汤水的时候，要边兑边用筷子搅动蛋液，并密切注意温度的提高程度，不可以把蛋液烫熟。

4. 合理运用这种分蒸方法，第一次一般是先蒸 2/3，另 1/3 和瑶柱混合后蒸，而且第一次蒸时应蒸至凝结，但不是完全蒸熟蛋液。

5. 运用火候要恰当。密切关注蛋液的凝结程度，而且要每 1~2 分钟把蒸柜盖打开一次，以防止柜内温度高，把蛋蒸过火，出现海绵状。

带有配料的蒸水蛋类的菜肴，传统的制作方法是先把全部的蛋蒸至八成熟，在蛋刚好凝结的时候，然后把配料放进蛋中，这样也可以让配料浮于蛋的表面，但这种加工方法的熟度不易掌握，要么配料会沉于盘底，要么会完全露于蛋的表面，影响菜肴的卖相。如采用分层的蒸法，操作相对容易，而且表面看来，配料能和蛋混于一体。这种方法一般应用于配料用量少或者名贵的品种，例如，鱼翅、蟹肉、蟹膏、鲜鲍粒等做配料的品种。

鱼肠蒸滑蛋

原料：

1. 主料　鸡蛋 200g。

2. 配料　鲩鱼肠 300g。

3. 料头　姜丝、炸蒜片、陈皮丝、九层塔丝（又称金不换）、芫茜适量。

4. 调料　汤水 200g、精盐 4g、味精 2g、白糖 2g、胡椒粉 0.5g、香油 1g、海鲜豉油 3g、淀粉少量。

制作工艺流程：

处理配料 → 调味 → 原料和匀 → 蒸制 → 调味

制作过程：

1. 把鲩鱼肠用剪刀剪开，洗去肠中的污物，用淀粉拌匀，再漂洗，以便能把鲩鱼肠壁洗干净，然后切段，滤干水分。

2. 在鸡蛋中加入精盐、味精、白糖、胡椒粉等调味料，然后打至烂透，把汤水和蛋液兑好。

3. 放入鲩鱼肠、姜丝、炸蒜片、陈皮丝、九层塔丝等拌匀，再倒进鲍鱼窝中，用保鲜膜把盘口密封好；然后把调和的鱼肠蛋放入蒸柜中，用慢火加热 15~20 分钟至凝结，取出。

4. 溅入香油，淋上海鲜豉油，撒上芫茜。

菜品要求：菜品讲究嫩滑，味道清鲜，腥味少，有特殊的农家菜式风味。

制作要点：

1. 在清洗鱼肠时，要保留鱼肝和一定量的鱼油，这样制作出的菜肴的风味才能突出。

2. 加工过程中，兑汤水量相对其他菜肴较少，一般是 1:1 为宜，这是因为鱼肠的含水量大，在熟制的过程中会产生大量的水，从而稀释蛋液，若用常规比例兑汤水，蛋液会因过稀而不能凝结。

3. 蒸鱼肠蛋之前要用保鲜膜把盘面密封（也可用平盘盖上），防止蒸汽水滴落入蛋中，使其表面产生小洞，表面不平滑。

4. 蒸这道菜肴一定要使用慢火加热蒸，使整体的熟度一致，避免因鱼肠的过渡收缩而影响凝结的效果。

鲩鱼肠、鱼肝的腥味较大，不利于口感，但合理使用配料和调料，不但可以避免不良口味的产生，而且会把这些不足转化成为人所喜爱的滋味。所以，在调料中加入较多的辟腥功能的胡椒粉，同时配料中使用较多的姜丝和少量的陈皮丝、九层塔丝、炸蒜片等香辛料，制成后的菜肴，不但没有腥味，而且使人有一种浓厚的"农家风味"的感觉。在饮食原料的使用上，起到了"粗料精制"的效果。

172

蒸焗禾虫

原料：

1. 主料　鸡蛋150g。

2. 配料　禾虫400g、泡软粉丝50g、水发木耳丝25g。

3. 料头　炸蒜片、姜丝、靓陈皮丝、柠檬叶丝适量。

4. 调料　精盐4g、味精2g、白糖2g、胡椒碎0.5g、食用油1000g、香油2g、海鲜豉油3g。

制作工艺流程：与鱼肠蒸滑蛋相同。

制作过程：

1. 把禾虫用清水洗干净，滤干水分，然后放入10g的食用油，过15分钟左右，禾虫就会爆浆而死，再用剪刀把禾虫剪断。

2. 把泡软粉丝切成6厘米长，清洗干净备用。

3. 在鸡蛋中加入精盐、味精、白糖，打至烂透，再把它倒入禾虫之中，然后放入胡椒碎、粉丝、木耳丝、姜丝、炸蒜片、靓陈皮丝、柠檬叶丝拌匀，倒入盘中，用保鲜膜把盘口密封好。

4. 放入蒸柜中，用中火加热 20 分钟至熟取出。

5. 溅入香油，淋上海鲜豉油。

菜品要求：此菜肴香醇软滑，讲究一定的甘香味，禾虫味道鲜美，口感滑中带爽，农家风味突出。

制作要点：

1. 禾虫吸食食用油后会自然爆浆而死，其浆和蛋、油混合，能增加菜肴香醇的口感，若直接把禾虫剪死，则风味大为逊色。

2. 调味中使用了较多的胡椒碎，目的是能较好地配合禾虫发挥出更好的滋味。

3. 鸡蛋的用量不超过禾虫的 1/2，多则不能突出禾虫的风味。

4. 禾虫中含有大量的水分，所以鸡蛋中不用兑水，也能制成软滑的口感。

5. 以用中火加热为好，但在加热过程中，必须经常地把蒸柜的盖打开放蒸汽降温。

制作有粤式农家风味的"砵仔焗禾虫"，在完成上述第 5 步后，需冷却，然后放在炭炉中，用慢火加热约 20 分钟，把菜肴中的水分排走，使砵底和砵边起焦黄色，并产生香浓的气味，再撒上较多的胡椒粉即成。

菊香碎蒸石斑块

原料：

1. 主料　石斑鱼块 500g。

2. 配料　白菊花瓣、鲜牛奶、鸡蛋清各 10g，浸发好的冬瓜干 200g。

3. 料头　葱丝 5g。

4. 调料　鱼露 3g、精盐 3g、白糖 2g、姜汁 5g、干淀粉 5g、食用油 1000g、香油 2g。

制作工艺流程：

切配原料 → 调味 → 装盘 → 蒸制 → 调味

制作过程：

1. 把浸发好的冬瓜干挤干水分，切成 8 厘米长，整齐地排砌在盘中。

2. 用毛巾把石斑鱼块吸干水分，加入鱼露、精盐、白糖、姜汁拌匀腌味 5 分钟。

3. 放入鲜牛奶、鸡蛋清拌匀，再加入干淀粉、食用油拌匀，然后铺在冬瓜干上面，放入蒸柜中，猛火加热约 8 分钟取出。

4. 撒上白菊花瓣，再放回蒸柜中用猛火蒸半分钟取出。

5. 烧热食用油，加入少许香油，然后溅在鱼块上，撒上葱丝。

菜品要求：这道菜着重突出菜品的清香和石斑鱼的鲜味，鱼肉洁白，有清淡的菊花香和奶香味。

制作要点：

1. 用毛巾吸干石斑鱼块表面的水分，有利于对鲜奶味蛋清的吸附。

2. 蒸鱼时必须使用猛火加热，使鱼肉快速收缩，肉质会更加结实，并且能锁住肉汁，保持鱼的鲜味。

3. 掌握好加热的时间，出品要求蒸至仅熟，过熟肉质粗糙，口感不嫩滑。

4. 放入白菊花瓣后，不宜蒸过长的时间。

这道菜是在传统清蒸碎鱼块的基础上改进而来的，配以冬瓜干垫底，吸收鱼汁的鲜味，汁尽其用。加入鲜奶和蛋清调味，目的是让鱼的肉色更加雪白，配以菊花的清香，更加体现菜肴的清鲜淡香的特点。

燕窝蒸东星斑

原料：

1. 主料　东星斑一条（约重 750g）。

2. 配料　白菜胆 250g、发好的燕窝 100g。

3. 料头　姜花适量。

4. 调料　上汤 300g、精盐 4g、味精 2g、白糖 2g、胡椒粉 0.5g、香油 2g、鸡蛋清 10g、鲜牛奶 20g、干淀粉 5g。

制作工艺流程：

切配原料 → 燕窝处理 → 配料调味 → 装盘 → 蒸制 →

主料调味 → 装盘 → 蒸制 → 淋芡

制作过程：

1. 用刀将东星斑刮鳞、取内脏后，起出两边鱼肉，再把鱼皮铲出，然后顺刀把鱼肉切成长 6 厘米、宽 4 厘米、厚 0.5 厘米规格的鱼块，鱼头、鱼尾改好形状备用。

2. 把发好的燕窝清洗干净后放进碗中，加入 100g 上汤，调以精盐、味精、白糖，放入蒸柜中用中火加热蒸 15 分钟，使燕窝入味，取出，滤去汤水（汤水与原上汤混合备用）。

3. 把鱼头、鱼尾用少量精盐、味精、白糖拌匀后分放在盘中，放进蒸柜中用猛火加热蒸 8 分钟至仅熟取出，把鱼汁倒去。

4. 在鱼块中加入精盐、味精、白糖、胡椒粉、鲜牛奶、鸡蛋清拌匀，再拌入干淀粉和少量的香油，放入适量姜花，再在另一盘中整齐摆放造型，然后把燕窝放在鱼块上，放进蒸柜中猛火加热蒸 4 分钟至仅熟取出，倒去汁水。

5. 将已蒸熟的鱼头、鱼尾分别摆放在鱼块盘的两端。

6. 在热锅中加入清水，调入精盐、味精、食用油，放入白菜胆，猛火加热滚熟，倒出滤水，然后排砌在鱼块的两旁。

7. 把上汤放入炒锅中，调入精盐、味精、白糖，慢火加热至微沸，用湿淀粉兑水勾芡，加入香油拌匀，淋在燕窝鱼块、鱼头和鱼尾上。

菜品要求：这道菜讲究清鲜嫩滑，要求蒸至仅熟，则口感嫩、味道鲜美、肉质结实、肉色雪白，有高档菜肴的贵气。

175

制作要点：

1. 要采用分蒸的方法进行烹调，因为鱼块薄，加热后很快会熟，而头尾较厚，较耐热，加热时间长，只有分蒸，才能使整道菜的熟度一致。

2. 必须使用猛火加热，这样可使成熟的鱼肉保持鲜嫩结实，而且要掌握好熟度，过熟的鱼肉口感粗糙。

3. 燕窝在蒸鱼块之前，应该先行用汤汁入味。

4. 在勾芡的过程中，要用慢火加热，勾出的清芡才质感透明，若汤水大滚，则芡汁会变得混浊。

笼仔荷香蒸乳鸽

原料：

1. 主料　乳鸽 1 只（约 300g）。

2. 料头　葱花、姜片、煨好的冬菇件适量、鲜荷叶 2 块。

3. 调料　精盐 5g、鸡精 2g、白糖 3g、花雕酒 8g、干淀粉 10g、香油 1g、胡椒粉 0.5g。

制作工艺流程：

切配原料 → 调味 → 装盘 → 蒸制

制作过程：

1. 把乳鸽清理干净后斩成碎件（每件重约 15g），鲜荷叶剪成直径为 30 厘米的圆形。

2. 把鲜荷叶放进滚水中猛火滚至软，取出后用清水漂洗干净。

3. 在小蒸笼中铺上一块鲜荷叶，然后在乳鸽件中加入精盐、鸡精、白糖、花雕酒、胡椒粉拌匀，再放入干淀粉和香油拌匀，再把姜片和煨好的冬菇件放入拌匀。

4. 把原料平铺在有鲜荷叶垫着的小蒸笼中，盖上另一块鲜荷叶；放进蒸柜中，猛火加热蒸 12 分钟至熟，取出；拿出盖在上面的鲜荷叶，撒上葱花，将烧热的香油浇淋在葱花上，再把荷叶盖上。

菜品要求：菜品讲究着重清鲜的滋味，口感嫩滑，肉质鲜美，色泽鲜明光亮，有清香的荷香味。

制作要点：

1. 鲜荷叶要先行用滚水滚熟，以除去它的涩味，最好加入少量的枧水滚，则荷叶的青绿色可保持较长的时间。

2. 由于盖有另一块鲜荷叶，会影响热传导，所以必须用猛火加热蒸，才能保证乳鸽蒸熟后的光泽度，而且不会泻油，同时，鲜荷叶也能继续保持青绿色。

3. 如果没有盖着的鲜荷叶，则只能用中火加热，才能保证乳鸽肉质的嫩滑，熟度一致，而且蒸的时间只需要 8 分钟。

蒜蓉荷香蒸开边虾

原料：

1. 主料　九节虾 500g。

2. 料头　干荷叶 1 块、葱花适量。

3. 调料　蒜蓉酱 3g、精盐 5g、白糖 2g、香油 2g。

制作工艺流程：与笼仔荷香蒸乳鸽相同。

制作过程：

1. 把干荷叶放入滚水中滚 2 分钟至软，再放入清水中洗干净，裁成直径 30 厘米的圆形。

2. 剪去九节虾的水拔、虾须、虾头刺，在背部下刀把虾身剖成两边，挑出虾肠，清洗干净，滤干水分。

3. 在小蒸笼里铺上荷叶，然后把开边的虾整齐地排列在荷叶上，撒上精盐、白糖，再把蒜蓉酱铺在虾肉上面；放进蒸柜中，用猛火加热 2 分钟至仅熟，取出。把葱花撒在虾的上面，再把香油烧热浇淋在葱花上。

菜品要求：荷香味浓烈清香，虾肉爽脆，肉结实，味道鲜，口感嫩，突出香浓的蒜香味。

制作要点：

1. 干荷叶必须滚软，才能去掉其中的不良异味，容易挥发出清香的荷香味。

2. 蒸虾，尤其是开边来蒸，虾熟得很快，所以要注意掌握好蒸的时间，色泽变成红色，则基本上熟了。

3. 必须在蒸汽猛烈的时候放入虾，而且必须用猛火加热，虾的肉质才够爽脆，才能保持其鲜味。

以上两款菜肴均以荷叶作为辅助材料来蒸，使菜品具有荷香的气味。有时为了突出某些清鲜味或香的气味，以植物性材料覆盖或垫底，如生菜叶、芭蕉叶、竹叶等，但在应用的时候，应视乎这些原料的特性加以处理，生菜叶可以直接蒸，但芭蕉叶、竹叶则需要滚熟至软，去掉异味后，方可以用于烹调。在这两款菜品中，配以小蒸笼，更能体现出菜品的精致感。

葱油蒸清远鸡

原料：

1. 主料　光清远鸡1只（约重1000g）。

2. 配料　郊菜400g。

3. 料头　干葱头片50g、鲜沙姜米10g、姜蓉15g、葱丝35g。

4. 调料　精盐4g、鸡精2g、白糖2g、绍酒8g、湿淀粉10g、香油2g、胡椒粉0.5g、上汤300g、芡汤200g、食用油500g。

制作工艺流程：

原料腌制→ 蒸制→ 斩件装盘→ 炒制郊菜、装盘→

勾芡→ 淋芡

制作过程：

1. 将光鸡清理干净，吊干水分。

2. 把姜蓉、葱丝、鸡精、精盐、白糖、绍酒混合拌匀，取一

半放入光鸡内膛擦透，另一半放在光鸡表面，用盘盛好，腌味 15
分钟。放入蒸柜蒸 12 分钟至仅熟（用筷子插大腿部位，插孔没
有血水渗出，则熟），取出，去掉姜、葱等原料，把鸡汁另盛好
备用，鸡晾凉。

3. 将晾凉的熟光鸡斩件，造型在盘中，砌回鸡形。

4. 烧热炒锅，加入清水、精盐、鸡精、食用油，放入郊菜，
猛火煸炒至仅熟，倒出滤去水分，再重新烧锅，放油少许，放郊
菜，用芡汤兑匀湿淀粉5g勾芡，包尾油炒匀倒起，把炒熟的郊菜
拌于鸡的旁边。

5. 烧热炒锅，放入香油，把鲜沙姜米、干葱头片爆香放在鸡
的上面；再往锅中倒入上汤、蒸鸡汁，加入精盐、鸡精、白糖等
调味，用芡汤兑湿淀粉勾芡，加入胡椒粉、香油混合后，淋在鸡
面上。

菜品要求：菜品色泽鲜明，葱头香味馥郁，鸡肉味道鲜香嫩
滑，青菜相衬，香飘四溢。

制作要点：

1. 光鸡清理的时候，必须把鸡肺挖净，而且把鸡脖子里的脂
肪瘤去清。

2. 使用姜蓉、葱丝、盐等调料腌味时，鸡内、外各用一半，
入味效果较好。

3. 掌握好蒸的火候，应用中火加热，使整只鸡的熟度基本上
保持一致，不会因火猛而出现"外熟内生，内熟外老"的现象，
火慢则肉不鲜美，肉质不够结实。

4. 晾凉斩件，可防止因皮收缩变形，也使鸡肉的肉质有一定
的爽脆口感。

5. 此菜要突出干葱头的香味，所以在以香油爆炒时，锅要够
热，用慢火炒，逼出葱头的香味，还需要放入较多的香油，才显
"葱油香型"的风味。

6. 芡汁的芡头不宜稠。

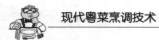

这道菜是由粤菜的"隔水蒸鸡"演变而来的，在最后的调味程序中，配以干葱头和鲜沙姜米以油炒之，从而制作出有特殊风味的菜肴。这道菜最后的调味，可以用原鸡汁、上汤和调味料调成芡汁，也可以直接用海鲜豉油作调味。

笼仔骨香蒸糯米

原料：

1. 主料　排骨 500g。

2. 配料　糯米 300g、芭蕉叶 1 大块。

3. 料头　陈皮末、蒜蓉、葱花适量。

4. 调料　生抽 3g、南乳 3g、腐乳 3、花生酱 2g、嫩肉粉 1g、食粉 1g、鸡精 2g、白糖 2g、花雕酒 10g。

制作工艺流程：

切配原料 → 调味 → 装盘 → 蒸制

制作过程：

1. 肥排骨斩成 6 厘米长的段，加入食粉、嫩肉粉拌匀腌 30 分钟，然后放进清水中漂洗至没有碱味为止，滤干水分。

2. 在排骨中加入调料拌匀，腌 30 分钟入味。

3. 糯米洗干净后用清水浸泡 2 小时以上，使糯米吸透水膨胀，滤水备用。

4. 把芭蕉叶裁剪成小蒸笼大小的直径，用热水滚 2 分钟，在清水中洗干净，铺在笼仔里垫底。

5. 把腌入味的排骨放入糯米中，将其表面粘满糯米后，用力捏实，然后放在笼仔中排放整齐，放进蒸柜中，用中火加热蒸 30 分钟，直到糯米成绵软的饭粒，撒上葱花后，再蒸 1 分钟便可。

菜品要求：菜品清香，色泽金黄，糯米饭粒粘附在排骨的表面，更使排骨软滑，糯米饭味道鲜香，兼吸收排骨的滋味，有一定的互补作用。

制作要点：

1. 糯米需要足够的时间浸泡清水，以保证其在蒸的过程中，自身有足够水分使糯米糊化成饭团，并有软滑的口感。

2. 排骨用调料拌味腌制的时间要达到 30 分钟或以上，排骨的入味才透彻。

3. 排骨在粘上糯米的环节，注意用力把糯米捏实，让两种材料能合在一起。

4. 加热蒸制的时间要够长，使糯米充分受热变成糯米饭。

鱼汁金菇白玉笙（金针菇竹笙卷）

原料：

1. 主料　浸发好的竹笙 12 条。

2. 配料　金针菇 300g、生菜胆 400g、煨好的冬菇丝、瑶柱丝、火腿丝适量，姜片 2 片、长葱 2 条。

3. 调料　上汤 300g、鲍鱼汁 50g、精盐 4g、味精 2g、白糖 2g、胡椒粉 0.5g、麻油 1g、香油 1g、绍酒 10g、芡汤 200g、食用油 1000g、湿淀粉少量。

制作工艺流程：

原料造型 → 蒸制 → 炒制生菜、装盘 → 勾芡 → 淋芡

制作过程：

1. 把浸发好的竹笙改成 8 厘米长的圆筒形（切尾留头），清洗干净；将金针菇切成 12 厘米长，洗净，备用。

2. 猛锅阴油，放入姜片、长葱，溅入绍酒，加入清水、精盐、味精，放入改好的竹笙，煨入味，倒出滤水。

3. 把金针菇插入竹笙筒内，再放入瑶柱丝、火腿丝、冬菇丝（菇花露出，其余全在筒内），摆放在盘中成两排。

4. 放入蒸柜内用猛火加热蒸 5 分钟至金针菇仅熟取出，倒掉汁水。

5. 烧热炒锅，放入清水，调入精盐、味精、食用油，放入生

菜胆，猛火加热至熟，倒出滤水，再烧热锅放油，放生菜胆，以芡汤兑湿淀粉勾芡，加尾油炒匀后滤去汤汁，摆放在蒸熟的金针菇旁边造型。

6. 烧热炒锅，调入上汤、鲍鱼汁、精盐、白糖等调味，加热至微沸时，用湿淀粉兑水勾芡，加入麻油、香油、胡椒粉和匀后，淋在竹笙之上。

菜品要求：菜品爽脆软滑，清鲜味突出，造型美观。鲍鱼汁、芡汁宽阔，芡色呈浅黄色。

制作要点：

1. 选择质地好、肉厚的竹笙，酿入原料时不容易烂。

2. 金针菇的花部要外露，这样造型更加美观。

3. 掌握好蒸时的熟度，若金针菇超熟会带有韧性的口感，而且出水大。

4. 芡汁不可以稠浓，方可以突出菜品的爽脆、软滑感。

竹笙有着布包的外形，既可以酿长笛形，也可以酿成布包形；可以配一般的素菜材料，也可配高档的肉类原料等，口感以爽脆嫩滑为主。

蒸的烹调法，是粤菜烹调中最实用的烹调法之一，用这种烹调法制作的菜肴品种多不胜数，在日常的厨务中，厨师们务必掌握好相关的技巧练习，例如火候、熟度、芡汁等，而且要对原料的性质和特点有充分的了解和熟悉，并能对它们进行灵活多变的配搭，进行相应的品种创新，才能使企业经营富有活力。

第二节　烹调法——扣

扣是指由两种（或两种）以上经切改处理后的动、植物生料或半成品，调味腌制，用手排夹砌型在扣碗内（有些还需加入汤水），放入蒸笼（蒸柜）用蒸汽加温至成熟，然后覆扣在盘内，再以原汁勾芡或淋汤的一种烹调方法。

扣的菜肴，用料较为广泛，可制作出多种软滑、浓郁、芬香等不同口味的菜式，其菜式造型细致整齐，且菜肴色泽悦目，形态美观。

　　扣的菜式制作工艺流程是：

切配原料 → 热处理 → 调味 → 造型 → 加热 → 装盘 → 淋芡或淋汤

　　扣的菜式制作要点：首先，原料刀工处理要整齐划一；第二，腌制调味时不应太足，只需调至七成即可；第三，排夹要整齐，要突出排夹的原料；第四，原料放入扣碗后，应压紧，否则熟后容易收缩而变形；第五，扣覆原料造型时，应先把扣碗旋转，使原料离碗后才拿起，否则会影响造型。

　　根据烹制过程中原料是否调色或着色，扣又可分为白扣和红扣两种。凡是在制作中，原料需要着色或调色的，均属于红扣；如制作过程中，原料本身不需着色或调色的，均属于白扣。

183

菜　品　实　例

蒜子扣瑶柱

原料：

1. 主料　发好的瑶柱 200g。

2. 配料　蒜子和火腩件各 100g、芥菜胆 150g。

3. 调料　精盐 5g、味精和白糖各 4g，蚝油、老抽各 10g，鸡精 2g，上汤 250g，绍酒 20g，芡汤 10g，湿淀粉 20g，麻油 1g，胡椒粉 0.1g，食用油 750g，姜片、葱条各 10g。

制作工艺流程：

炸蒜子 → 造型 → 加热 → 调味 → 装盘 → 炒制菜胆、装盘 → 淋芡

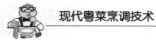
制作过程：

1. 烧热炒锅，加入沸水、蒜子，略"飞水"，倒入漏勺。再烧热炒锅，加入食用油加热至约 120℃ 时，放入蒜子浸炸至金黄色，倒入笊篱，滤去油分。

2. 将瑶柱摆放入扣碗内，再放入火腩件、炸蒜子、姜片、葱条。猛锅阴油，溅入绍酒，加入上汤，调入精盐、味精、白糖、鸡精、蚝油、老抽，倒入扣碗后，放入蒸笼（或蒸柜）内，用中火加热至"软身"，取出，倒出原汁（待用），覆盖在盘上。

3. 猛锅阴油，加入汤水、精盐、芥菜胆，略煸炒，倒入漏勺内，重新起锅，放入菜胆，溅入绍酒，用芡汤、湿淀粉勾芡炒匀，加入尾油和匀，倒出漏勺，滤去芡汁，围拌在盘边。

4. 猛锅阴油，溅入绍酒，加入原汁和二汤，随即用湿淀粉、麻油、胡椒粉勾芡，再放入尾油和匀，淋于瑶柱面上。

菜品要求：造型美观，芡汁鲜明，蒜香浓郁，口味醇和可口。

制作要点：

1. 选料大小要均匀。

2. 放入扣碗摆放时要整齐，放入炸蒜子后应用手略压实。

3. 扣好后覆盖碟上时，要将扣碗旋转后方可拿起。

4. 勾芡时火候宜用中慢火，汤水不宜大沸，推芡要顺一方向，且要均匀，尾油要足够，芡汁的量要求把原料覆盖还要泻出。

北菇扣鹅掌

原料：

1. 主料　鹅掌 500g。

2. 配料　煨好的北菇 100g、菜远 150g。

3. 调料　精盐 5g，味精和白糖各 4g，蚝油 15g，老抽 40g，鸡精 2g，上汤 250g，绍酒 20g，芡汤 10g，湿淀粉 20g，麻油 1g，胡椒粉 0.1g，姜片和葱条各 10g，陈皮 2g，食用油 1000g。

制作工艺流程：

炸色 → 漂洗 → 造型 → 调味 → 加热 → 装盘 →

炒制菜远 → 淋芡

制作过程：

1. 用刀斩去鹅掌脚趾尖，再在脚柱直刻一刀，敲断关节骨，取出柱骨。

2. 烧热炒锅，加入沸水，将鹅掌"飞水"，倒入漏勺，趁热涂上老抽。猛火烧热炒锅，加入食用油，加热约 160℃ 时，放入鹅掌，炸至大红色，倒入笊篱，滤去油分，随即放入水中漂清。

3. 猛锅阴油，放入姜片、葱条，溅入绍酒，加入上汤，放入鹅掌，调入精盐、味精、白糖、鸡精、蚝油、老抽，略加热，连汁倒入小盆内。取 1 只北菇，先放入扣碗中间，再把鹅掌排好在扣碗内，加入汤汁、陈皮。

4. 将原料放入蒸笼（或蒸柜）内，用中火加热至原料"软身"，取出，去掉姜片、葱条、陈皮，倒出原汁（待用），覆盖在盘上。

5. 猛锅阴油，放入菜远，调入精盐，加入汤水，略煸炒，倒入漏勺内。重新起锅，放入菜远，用芡汤、湿淀粉勾芡炒匀，加入尾油和匀，倒出漏勺，滤去芡汁，围拌在盘边。

6. 猛锅阴油，溅入绍酒，加入原汁、二汤，用湿淀粉、麻油、胡椒粉勾芡，加入尾油和匀，淋于鹅掌面上。

菜品要求：芡汁色鲜、香浓，肉质鲜香爽滑而不腻。

制作要点：

1. 炸鹅掌要掌握好油温和色泽并且注意操作安全。

2. 炸色后鹅掌用水漂洗时间要足。

3. 原料在扣碗排放整齐、紧密。

4. 扣好后覆盖在碟上时，要旋转后方可拿起。

5. 勾芡时火候宜用中慢火，汤水不宜太滚，推芡要顺一方向且要均匀，尾油足够，芡汁的量除要求把菜品表面覆盖外，还要泻出。

香 芋 扣 肉

原料：

1. 主料　带皮五花肉 400g。

2. 配料　去皮芋头 450g、生菜胆 150g。

3. 料头　蒜蓉 1g。

4. 调料　精盐 3g，味精 5g，白糖、南乳、绍酒各 15g，芝麻酱、花生酱各 3g，老抽 25g，花椒、八角末各 1g，麻油 1g，胡椒粉 0.1g，芡汤 10g，湿淀粉 20g，二汤 400g，食用油 1000g。

制作工艺流程：

煲五花肉、炸色 → 切件 → 炸芋头 → 调味 → 加热 → 装盘 → 淋芡

制作过程：

1. 用小刀刮去五花肉皮上的细毛，洗净，放入汤煲内煲至七成熟，取出，趁热在猪皮涂上老抽，随即用铁针在皮上插密孔。猛火烧热炒锅，加入食用油，加热约 180℃ 时，用笊篱托着五花肉，放入油锅中炸至皮色大红，捞起，滤去油分，凉凉后，放入清水浸漂至皮浮涨。

2. 用刀将芋头切成长 6cm、宽 3.5cm、厚 1cm 的长方形，五花肉也切成与芋头一样大小的规格。烧热炒锅，加入食用油，加热 140℃ 时，放入芋头件，浸炸至原料呈金黄色，捞起，滤去油分。

3. 将南乳、味精、白糖、精盐、八角末、蒜蓉、绍酒、花椒、芝麻酱、花生酱、老抽加入五花肉件内拌匀，然后以一件芋头一件肉相夹，五花肉皮向下，排放在扣碗内。

4. 将原料放入蒸笼（或蒸柜）内，加热至原料"软身"，取出，倒出原汁（待用），覆盖在盘上。

5. 猛锅阴油，加入汤水、精盐、生菜胆，略煸炒，倒入漏勺内。重新起锅，放入菜胆，溅入绍酒，用芡汤、湿淀粉勾芡炒匀，加入尾油和匀，倒出漏勺，滤去多余芡汁，围拌在盘边。

6. 猛锅阴油，溅入绍酒，加入原汁、二汤，调入调味料，用湿淀粉、麻油、胡椒粉勾芡，加入尾油和匀，淋在原料表面。

菜品要求：造型美观，色泽鲜明，肉质肥而不腻，香浓软滑，别具风味。

制作要点：

1. 煮五花肉时要掌握好熟度，以用筷子刚好插入猪皮为好。

2. 必须要遵循先涂上老抽后插针的顺序。

3. 炸色时只需考虑色泽，油温略高，时间不宜太长，并且要注意操作安全。

4. 肉料炸后用清水漂洗，可以去除肉质的油腻。

5. 调味时用料要适当。肉料排放在扣碗时要皮朝下，排放整齐，排好后略压实。

6. 扣制加热时间要掌握好，通常加热时间要 90 分钟。

7. 覆盖在盘上，要旋转后方可拿起扣碗。

8. 勾芡时宜用中慢火，汤水不宜太滚，推芡要顺同一方向且均匀，尾油要足够，芡汁的量除要把菜品表面覆盖外，还要泻出。

187

梅菜扣肉煲

原料：

1. 主料　带皮五花肉 300g。

2. 配料　洗净的梅菜 200g。

3. 调料　精盐 4g，味精 5g，白糖 20g，海鲜酱 20g，花生酱和芝麻酱各 5g，老抽 50g，绍酒 10g，蒜蓉 5g，湿淀粉 10g，麻油

1g，胡椒粉 0.1g，食用油 1000g。

制作工艺流程：

煲五花肉、炸色 → 切件 → 炒梅菜 → 调味 → 加热 → 装盘 → 淋芡

制作过程：

1. 用小刀刮去五花肉皮上的细毛，洗净，放入汤煲内煲至七成熟，取出，趁热在猪皮涂上老抽，随即用铁针在皮上插密孔。猛火烧热炒锅，加入食用油，加热约 180℃ 时，用笊篱托着五花肉，放入油锅中炸至皮色大红，捞起，滤去油分，凉凉后，放入清水浸漂至皮浮涨。

2. 用刀把洗净的梅菜切成粒，再漂洗，滤去水分。略烧热炒锅，放入梅菜，使用慢火，边炒边加入白糖边加入少许食用油，炒至梅菜"干身"，倒出待用。

3. 用刀将花肉切成长 6cm、宽 3.5cm、厚 1cm 的长方形。

4. 将精盐、味精、白糖、海鲜酱、芝麻酱、花生酱、蒜蓉、绍酒、老抽放入花肉件内拌匀，排放在扣碗内，五花肉皮向下，将梅菜放在表面。

5. 将原料放入蒸笼（或蒸柜）内，加热至原料"软身"，取出，倒出原汁（待用），覆盖在砂窝内。

6. 猛锅阴油，溅入绍酒，加入原汁，调入调味料，用湿淀粉、麻油、胡椒粉勾芡，加入尾油和匀，淋在原料表面。

菜品要求：芡汁色鲜、香浓，肉质肥而不腻，梅菜香浓别有风味。

制作要点：

1. 煮五花肉时要掌握好熟度，以用筷子刚好可插入猪皮为好。

2. 必须要遵循先涂上老抽后插针的顺序。

3. 炸色时只需考虑色泽，油温略高，时间不宜太长，并且要

注意操作安全。

4. 肉料炸后用清水漂洗，可以去除肉质的油腻。

5. 要选用质量好的梅菜，洗净原料的杂质和幼沙，在热锅中要炒至"干身"，并且要加入白糖，以去其咸味。

6. 肉料排放于扣碗时要整齐，放入梅菜后应略压实。

7. 扣制加热时间要掌握好，一般加热需要 90～120 分钟。

8. 覆盖在砂窝后，要旋转后方可拿起扣碗。

9. 勾芡时宜用中慢火，汤水不宜大滚，推芡要顺同一方向，且要均匀，尾油要足够。

冬瓜扣大虾

原料：

1. 主料　大虾干 12 只（重约 250g）。

2. 配料　冬瓜 2500g、煨好的冬菇 1 只。

3. 调料　精盐 5g、味精 4g、鸡精 2g、上汤 400g、绍酒 20g、麻油 1g、胡椒粉 0.1g、食用油 1000g、姜片和葱条各 10g。

制作工艺流程：

切配原料 → 瓜件热处理 → 装盘 → 调味 → 加热 → 装盘 → 淋芡

制作过程：

1. 将冬瓜去皮去瓤，改成"蝴蝶"形，长约 4.5cm、宽 2.5cm、厚 0.8cm（与虾干相等），共 24 件，洗净虾干，用刀将其开边。

2. 烧热炒锅，加入食用油，加热至约 180℃时，放入冬瓜件拉油（泡油），倒入笊篱，滤去油分，然后放入沸水中泡去油腻，再用清水漂清。

3. 将冬菇放在扣碗底中央，再把冬瓜件与虾干相夹，围绕冬菇排在扣碗内。

4. 猛锅阴油，放入姜片、葱条，溅入绍酒，调入上汤及调味料，然后将汤水倒入扣碗内。

5. 将原料放入蒸笼（或蒸柜）内加热约 1 小时，取出，倒出原汁（待用），覆盖在盘上。

6. 烧热炒锅，加入原汤汁，调入调味料、麻油、胡椒粉，用湿淀粉勾芡，加入尾油和匀，淋在原料表面。

菜品要求：造型美观，色泽鲜明，原料甘甜，清鲜不腻。

制作要点：

1. 要选用干爽、味香、大小均匀的虾干。

2. 冬瓜改件时形态、大小要均匀，要与虾干的大小相称。

3. 冬瓜件拉油（或泡油）时间要短，要洗净冬瓜件表面的油腻。

4. 原料排夹要整齐、美观。

5. 覆盖在盘上，要旋转后方可拿起扣碗。

生扣鸳鸯鸡

原料：

1. 主料　光鸡 1 只（约 600g）。

2. 配料　发好的北菇、熟火腿各 50g，菜远 100g。

3. 调料　精盐和味精各 6g，上汤 75g，芡汤和湿淀粉各 10g，干淀粉 20g，姜汁酒 15g，绍酒 10g，麻油 1g，食用油 500g。

制作工艺流程：

切配原料 → 调味 → 造型 → 扣制 → 装盘 → 炒制菜远围拌 → 淋芡

制作过程：

1. 将光鸡起肉片为长 5cm、宽 2cm、厚 0.4cm 的"日字"形，北菇、熟火腿也切成类似形状（火腿片厚度为 0.1cm），鸡骨斩成 2cm 的方形，洗净原料。

2. 将姜汁酒、精盐、味精、干淀粉放入鸡肉内拌匀，再加入食用油和匀。先将一件北菇放入扣碗底，然后将鸡件、火腿片、北菇件呈"麒麟"形排放在扣碗内。鸡骨放入盘上，放入精盐、味精、干淀粉拌匀，再加入食用油和匀。

3. 分别将原料放入蒸柜（或蒸笼）内加热至熟，取出，将鸡骨汁倒掉，再将其填入扣碗内，将汁液倒入小碗内候用，最后覆转于盘中。

4. 将菜远放入汤水中煸至仅熟，再用芡汤、湿淀粉勾芡炒匀，加入尾油和匀，倒出，围拌在盘边。

5. 猛锅阴油，溅入绍酒，加入上汤、原汁，调入精盐、味精、用湿淀粉、麻油勾芡，再加入尾油和匀，淋在原料表面。

菜品要求：造型美观，色彩鲜明，清香美味，肉质鲜嫩。

制作要点：

1. 切配原料时，要整齐划一。

2. 原料放入扣碗内时，要整齐排放好。

191

3. 掌握好原料加热时间，区分鸡肉和鸡骨的受热时间。

4. 覆盖在盘上，要旋转后方可拿起扣碗。

5. 勾芡时火候宜用慢火，并掌握好芡的稀稠度。

第三节　烹调法——煲

汤儿乎是广东人用餐必点的一道菜，所谓"无汤不上席，无汤不成宴"，汤是广东人饮食的时尚。粤人对汤水的情有独钟，对老火靓汤真谛的领略，可以说是蜚声神州内外。不管是滋补营养的炖汤，还是香浓醇美的老火汤，抑或是清淡的生滚汤水和醇滑味鲜的烩羹汤，广东人每日饮食总离不开汤水，人们在品尝老火煲或炖汤之际，不仅享受其鲜美的味道，而且更加注重从汤水中消化吸收各种清润滋补的精华。

"汤水味为先，味鲜料为本"，老火靓汤要味道鲜美，取材用料是关键。广东人煲汤所采用的原料可以说都是日常生活中随处可见的，山珍、野味、水产、干货、植物、蔬菜等均可作为煲汤的上好材料。俗话说"肉吃鲜杀，鱼吃跳"，广东烹调的靓汤讲究的是食材的新鲜，新鲜的食材在酶的作用下，使蛋白质、脂肪等分解成鲜味之源的氨基酸和脂肪酸等人体易于吸收的物质，这些物质融入汤水中，不仅味道鲜美，营养也很丰富，这就是老火靓汤之"靓"的秘诀所在。

靓汤源于火功，鲜味慢火煨出。一锅好汤，不仅在于选料精细，更在于制汤时对火候的把握和对时间的掌握，食界坊间就有"煲三炖四快快滚"一说。汤水的烹调，先以武火加热，再以文火慢煲细炖熬出真味之源泉，所谓"旺火烧沸、小火慢煨"，就是制汤的八字箴言。

广东饮食对汤水的钟情，很大程度上在于汤水的药膳功能。在粤菜的饮食风格体系中，十分讲究季节性的汤水，春季饮汤宜平补，多饮健脾养肝、清热解毒的汤品；夏季饮汤宜清补，多饮养心安神、消暑祛湿的汤品；秋季饮汤宜滋补，多饮养阴润肺、调理脾胃的汤品；冬季饮汤宜温补，多饮温阳固肾、养阴益肝的汤品，这就是保健食膳的真谛。

药膳是以药物和食物为原料，经过烹饪加工制成的一种具有食疗作用的膳食。它寓医于食，又将食物赋予药用，药借食力，食助药威，既具有营养价值，又可防病治病，保健强身，延年益寿。广东菜的煲汤和炖汤，正是基于汤水的药用原理进行开发和发展而来的。

煲汤是指使用有盖的器皿（多是瓦煲）为烹调工具，放入清水和原料（即汤料、主料和配料），加盖用慢火长时间加热，在食材熟烂后，配以调味品调味，制成汤菜的一种烹调方法。

煲汤原材中的各种原料，通过长时间的慢火加温，它们的滋味已经充分地混合成复合的美味，汇集于汤水中，原料的质感也变得酥烂，容易食用。但在大多数的情况下，除了汤水外，煲汤的食材在上菜时候，也得供顾客食用，而这种食材不可以煲得太烂，所以在煲汤的加工过程中，要根据原料的受火程度，掌握好煲汤的时间。

煲汤的汤锅也得讲究，通常以瓦煲为最佳。这是因为瓦煲是经高温烧制而成的，其具有透气性好、吸附性强、传热均匀、散热缓慢的特点。此外，瓦煲能持久均衡地传递热能，平衡温度，更有利于水分与食物的相互渗透。而且，瓦煲良好的透气性，使得加热媒介质所产生的气味能透过汤煲渗入到汤水中，如果能用上有特殊香味的木柴作燃料，则汤水吸收的香味就更多。所以，使用瓦煲为工具煲汤，汤味更醇厚，原料的质感也更酥烂。

煲汤是以汤为主的烹调方法，特点是使原料和配料的原味和所有成分充分溶解于汤水之中，从而使汤水味美香浓，味道醇厚、滋润。煲汤的要求是汤水的质感浓而不稠、滑而不淡，少油星，无肥腻的口感。

193

一、煲汤的步骤

1. 肉料处理 有"飞水"、炒爆、煎、滚煨等方法 煲汤使用的肉料种类繁多，飞禽、走兽、海鲜皆可入料；各种肉料的本味也各不相同，腥味、膻味、涩味等皆有之，质感的软硬度也不一样；加上成品汤水的要求不同，有的要求清鲜味的，有的要求色泽白，有的要求醇香味厚，所以在正式煲汤前，肉类一般都得做初步的熟处理加工，以达到排异增香的作用。例如，鱼煎香后煲出的汤水，不仅没有腥味，而且汤色雪白如牛奶；鸭子略煎再煲汤，则膻味大为减少；鱼肚、海参煲汤用以姜、葱、酒滚煨，其腥味就能辟除等。

2. 配料处理 有滚煨、"飞水"等方法 一般来说，常以新鲜的蔬菜作为煲汤的配料。这些配料在清洗干净并作适当的刀工处理后就可以直接煲汤，但有部分配料或一些配料的某些部分会有杂味或所谓"寒湿"性，对于这些配料都应先进行"飞水"、滚煨等处理，例如鲜菇菌类原料，因它们有"怀胎水"的菇腥味，而且有"寒湿"性，所以要进行"飞水"处理，以去除腥味，减少寒性；又如未熟透的木瓜性寒，最好是在没有油的热锅中慢火炒熟再煲汤，不仅能去除其寒性，而且还使汤水色泽洁白。

用干货类的蔬菜作煲汤配料时，需先把干货浸透，让其吸水回软，然后进行"飞水"处理，再煲汤为好，例如白菜干、霸王花等用作煲汤配料时，往往应先浸几个小时，洗干净，略作"飞水"，再煲汤。

3. 在汤煲中加入适量的汤水或清水　一般来说，煲汤用的汤水与汤料的比例在 5:1 以上，汤水与汤料的比例低，成品的汤质会过浓稠，口感不够清爽，有腻口的感觉，而且煲汤料要在汤水烧沸后再放入，这样可以避免原料在加热的过程中出现粘煲底的现象。

4. 放入肉料、配料、汤料等煲汤原料　在所有原料的准备工作做好后，就可以进行煲汤的烹调加工。先将汤水煲滚，然后投入煲汤的原料。原料的投放应先后有序，质感韧和硬的耐火原料先煲，例如"老鸡煲花胶汤"中，老鸡煲 4 小时以上才会酥烂，花胶则只需 2 小时左右，由于它们的受火不同，所以要先煲老鸡，后煲花胶，避免花胶溶烂；而淀粉质大、胶质重、容易煲烂的原料不应放底部，例如煲粉葛汤时，粉葛要后放；煲猪手汤时，因猪皮有胶质，不宜放煲底；煲鱼汤时，鱼必须放在所有原料的上面等。

5. 煲汤　下料后，先用猛火加热，把汤水加热滚起，撇去汤面的泡沫，再改用慢火加热熬制。这个过程正是"小火慢煨"的烹制过程，更好地使煲汤原料的滋味融入汤水中，促使各种滋味相互间进行复杂的组合，从而产生出复合的美味。这一步骤是煲汤的灵魂工程，如果用火不当，时间掌握不好，则汤水的滋味会大为逊色。

6. 调味　这是成品汤水制成的最后一道工序。在对汤水调味之前，由于煲汤水时有脂肪产生，汤面难免有浮油，所以，在调味之前，要把浮于汤水表面的油脂和泡沫撇去。对汤水的调味，一般是在上菜之前做，有时也把调味的盐以小碟形式跟汤一块上桌，让客人根据各自的喜好调味喝汤。

二、汤料的选择

在煲汤的原料中，除了肉料和配料之外，还有一些用量较少的材料，这些就是汤料。在煲汤过程中，粤菜的师傅认为，在汤中加入相关的汤料，会对汤水的滋味产生积极的影响和作用，这些汤料能提高煲汤菜肴的质量和档次，增添煲汤内容的神秘感，而且对汤味和汤色起到一定的调和作用，也可辟除原料本身在煲汤过程中释放的异味。

在煲汤的汤料中，用得较为多的有：

（1）肉类　大方粒瘦肉、脊骨、大方粒火腿、江瑶柱、比目鱼、大地鱼、蛤蚧、蚝豉、淡菜仔等。

（2）植物类　陈皮、老姜片、蜜枣、罗汉果、红枣、枸杞子等。

以上所列的汤料，在应用的时候，要根据菜肴的档次灵活采用，也要结合煲汤的主、配料情况合理选用相应的汤料，这样才能煲出一锅老火靓汤。

三、煲汤要掌握的注意事项

1）所有煲汤的原料在煲汤前需认真处理，确保没有异味，方可以进行煲汤的烹调，这是汤水质量得以保证的前提。

2）煲汤材料和汤水的比例要掌握好，一般来说，汤水与材料的比例要在5∶1以上，则成品汤水的汤质感就不会过分的浓稠和糊口。

3）要掌握煲汤的各种用料的性质，因原料的老嫩、软韧等

195

性质及受火程度有所不同，所以某些原料的投放也有先后之分。

4）注意火候的合理运用，慢火加热煲汤的汤水才有清、醇、鲜的质量。

5）成品汤水在上菜前必须去掉汤水表面的油脂和泡沫，才符合汤水的清鲜纯净的质量要求。

粤菜的煲汤以健康饮食为目标，所以广受客人的青睐。从煲汤的功效来讲，有的汤水着重于滋补，有的则着重于清热祛湿，有的强调健美，有的则滋阴，有的壮腰固肾，有的清润养颜等。无论怎样，为了能更好地掌握有关的内容，这里将粤菜的煲汤分作两大类：清润汤水和滋补汤水。

清润汤水是一种很平和的汤水，它们的药用功效很小，并没有大补大寒的不良因素，这类汤水的用料一般是选用日常生活被认为是很平和的材料，再配以新鲜平和的植物材料来烹调。这类汤水，基本上适合所有人饮用，所以这类汤水又称之谓"老火例汤"。

菜 品 实 例

节瓜蚝豉瘦肉汤

原料：

1. 主料　瘦肉 250g、节瓜 1000g。

2. 配料　干蚝豉 30g、腊鸭肾 1 只、脊骨 150g、火腿 25g、荷包豆 25g、清水 3000g。

3. 料头　大姜片 25g、陈皮 2g、罗汉果半只。

4. 调料　精盐 5g、鸡精 2g。

制作工艺流程：

切配原料 → 原料热处理 → 煲制 → 调味

制作过程：

1. 把瘦肉切成大方块，脊骨斩件，火腿切成 2 厘米方粒，腊鸭肾切 1.3 厘米的厚片；干蚝豉用清水浸软，清洗干净，节瓜刮皮后切成 5 厘米长小段。

2. 把瘦肉块、脊骨件放在滚水中"飞水"，然后用清水冲洗掉血水。

3. 把清水放进瓦煲中，加入所有的原料，猛火加热至滚，再用中火加热 15 分钟，最后转用慢火加热煲汤 1.5 ~ 2 小时。

4. 把汤水表面的油脂和泡沫去掉，再把精盐、鸡精调入汤水中即成。

参考功效：清润去热，令肌肤细腻光滑。蚝豉中锌、钙含量丰富，对增进食欲和补钙有辅助作用。

制作要点：

1. 选用的肉料一般不宜有肥肉，这样汤水的质感较为清鲜，不腻口。

2. 所有的鲜肉类原料都要"飞水"处理，以使汤水的汤质清纯。

3. 煲汤过程中必须以慢火加热为主，火力大，汤水混浊糊口；火力太慢，则汤水清而口感不醇厚。

这款汤水在夏、秋的炎热季节饮用较为适合，其他季节也可饮用，其中的瘦肉最好用猪腿腱肉，这样不但汤水香鲜味好，而且油脂少；若节瓜太嫩，应在肉汤煲 30 分钟后再投入，过早放，节瓜容易煲烂；荷包豆、蜡鸭肾、蚝豉等不但有清热祛湿的食疗作用，而且还能调和汤水的滋味。

青瓜海底椰煲猪肺

原料：

1. 主料　猪肺 2 只、脊骨 150g。

2. 配料　干海底椰 50g、青瓜 500g、川贝 5g、南北杏 15g、蜜枣 30g、清水 3000g。

3. 料头　大姜片 25g、陈皮 2g。

4. 调料　精盐 5g、鸡精 2g。

制作工艺流程：

清洗猪肺 → 切配原料 → 原料热处理 → 煲制 → 调味

制作过程：

1. 在猪肺喉管处接水龙头把猪肺灌涨，压出血水，直到肺灌色变白为止，然后切成大方块；脊骨斩成大件；干海底椰用清水洗干净；老青瓜开边清去瓜瓤，切成 6 厘米长的瓜段；南北杏用滚水浸 15 分钟，把衣脱掉。

2. 把锅烧热，放入猪肺，用中火加热，在水分渗出后，把水倒掉，再用慢火加热，不断翻炒，使猪肺的表面出现焦黄的色泽，倒出，用清水冲洗干净；把脊骨件"飞水"后洗干净。

3. 在瓦煲中加入足够的清水，放入所有的原料。

4. 猛火加热煲滚，用中火加热煲 15 分钟，再转用慢火加热煲 2 小时。

5. 去掉汤面的油脂和泡沫，调入精盐、鸡精即成。

参考功效：清燥润肺，养阴清热，能有效改善燥热伤肺、干咳无痰、气逆而喘、咽喉干燥、心烦口渴的症状。

制作要点：

1. 灌洗猪肺要有耐心，多次灌洗，直到色泽变淡白。

2. 爆炒猪肺的时候要把水分炒干，而且表面炒成略带金黄色，这样煲出的汤水不会淡而无味。

这款汤水最适宜夏、秋季节饮用，猪肺煲汤，有清肺热的功效，加上南北杏、川贝等，有润肺止咳的食疗作用，配合青瓜、海底椰两种清热润肺的材料，使汤水的药膳效果更强。

冬瓜薏米煲本地鸭

原料：

1. 主料　蕃鸭 600g、冬瓜 1000g。

2. 配料　薏米 30g、鲜荷叶 1 块、白果 50g、腊鸭肾 1 只、木棉花 50g、清水 3000g。

3. 料头　大姜片 25g、陈皮 2g、脊骨 150g、蜜枣 30g。

4. 调料　精盐 5g、鸡精 2g。

制作工艺流程：与节瓜蚝豉瘦肉汤相同。

制作过程：

1. 把蕃鸭斩成方块，脊骨斩成大件，腊鸭肾切片，鲜荷叶切细块，冬瓜连皮切成大块件，白果放清水中滚 5 分钟，然后脱去外衣。

2. 热锅放油少许，放入鸭件，用慢火加热煎至表面略显金黄色，取出冲洗掉油脂；把脊骨"飞水"后洗干净。

3. 往瓦煲中加入清水，放入所有煲汤的材料（原料和汤料），用猛火加热至滚，改用中火加热 15 分钟，再以慢火加热 3 小时至鸭肉烂软为止。

4. 去掉汤面的浮油和泡沫，加入精盐、鸡精调味即可。

参考功效：此汤适合解暑热、头胀胸闷、口渴等，有清凉解暑，止渴生津，治泻痢，解炎热的功效。

制作要点：

1. 选用较为瘦、鸭龄较老的蕃鸭为主料。

2. 荷叶的用量不宜过多，否则汤水会有涩味。

3. 把鸭煎过或爆炒后再煲汤，使鸭的骚味减少，也使汤水的香味得到更好的发挥。

这款汤水主要利用荷叶、冬瓜的利尿解暑和清热的作用，与鸭肉同煲，不但使鸭肉的寒性得以抵消，没有燥热的感觉，而且使汤水有清润和解湿毒的作用，所以这款汤水在大暑季节颇受欢迎。

柴鱼节瓜煲猪尾

原料：

1. 主料　猪尾 300g、柴鱼 50g、节瓜 750g。

199

2. 配料　赤小豆 10g、脊骨 150g、蜜枣 30g、清水 3000g。

3. 料头　大姜片 25g、陈皮 2g。

4. 调料　精盐 5g、鸡精 2g。

制作工艺流程：与节瓜蚝豉瘦肉汤相同。

制作过程：

1. 把猪尾斩成 4 厘米长的小段，脊骨斩件，柴鱼用刀背敲松，节瓜刮皮后切成 5 厘米长的小段。

2. 把猪尾段、脊骨件放进滚水中"飞水"，用清水冲洗干净。

3. 在瓦煲中加入清水，再把所有的煲汤用料（原料和汤料）放入瓦煲里。

4. 用猛火加热至滚，改用中火加热 15 分钟，再以慢火加热 2 小时左右。

5. 去掉汤面的浮油和泡沫，加入精盐、鸡精调味即可。

参考功效：这款汤水以清鲜和清淡为主，是夏、秋季节常饮的汤水，主要有消暑清热，利尿祛湿，滋润养颜的食疗作用，而且温而不燥。

制作要点：

1. 柴鱼在煲汤前用刀背敲松肉质，以利其滋味更好地融入汤水中，若直接煲汤，则汤水的鲜香味会大大降低。

2. 因猪尾的皮胶质较多，若煲汤的时间过长，则它的胶质会溶解于汤水中，使汤的口感黏稠，因此不宜长时间加热。

柴鱼是一种鲜味海产干货，日本菜的汤水大多加有柴鱼熬制，目的是起到提鲜的作用，在其他的汤中加入柴鱼，也有同样的效果。

雪梨木瓜煲生鱼

原料：

1. 主料　生鱼 1 条（约重 500g）、生木瓜 500g。

2. 配料　雪梨 400g、淮山 30g、玉竹 15g、脊骨 150g、清水

3000g。

3. 料头　大姜片 25g、陈皮 2g、蜜枣 30g。

4. 调料　精盐 5g、鸡精 2g。

制作工艺流程：与节瓜蚝豉瘦肉汤相同。

制作过程：

1. 宰净生鱼，切成两大段，用少量淡盐水略浸后滤干水分；生木瓜去皮，切成大件，雪梨开四件，削去核部分，淮山、玉竹略浸洗干净。

2. 把脊骨放进滚水中"飞水"，用清水洗净；再向热锅中放油，放入生鱼段，用慢火加热把鱼的表面煎出金黄色，取出用沸水冲去油脂。

3. 再向热锅中放油，放木瓜件，用慢火加热，把木瓜件炒 5分钟，用沸水冲洗净。

4. 在瓦煲中放煲汤所有用料，把生鱼段放在最上面，然后加入清水。

5. 用猛火加热至滚，中火再煲 15 分钟，然后改用慢火加热煲汤 2.5 小时。

6. 去掉汤面的浮油和泡沫，放入精盐、鸡精调味即可。

参考功效：雪梨有生津润肺、清热化痰的功效，木瓜有清热、降压和养颜的作用，所以，此汤可以调血压，增强白细胞活性，降低胆固醇，而且还能促进产妇的排乳。

制作要领：

1. 生鱼段用盐水略浸后再煎色，这样不易粘锅。

2. 生木瓜在锅中略炒，可以辟除它的"寒气"，使汤水较为温和，同时也使汤水的色泽呈白色。

3. 生鱼必须放在最上一层，因为煲汤时原料在滚动中会把生鱼冲烂；也可以用煲汤袋把生鱼装好后再煲，这种方法较为保险。

滋补汤水是具有强壮身体、补气血、平衡阴阳、增强正气、治疗体虚作用的汤水，所用的材料一般都带有一定药用功效，这些滋补品具有增强机体生理功能的作用，能改善细胞的代谢和内分泌的调节功能，并能增强机体的自稳状态，提高抗病免疫力，改善心肺功能和造血系统，促进血液循环等。下面介绍的是滋补类的老火汤水。

菜 品 实 例

虫草圆肉煲老鸡

原料：

1. 主料　老母鸡 1 只（约重 1250g）、冬虫夏草 15g。

2. 配料　桂圆肉 10g、去核红枣 5g、枸杞子 5g、金华火腿 50g、瘦肉 200g、清水 4000g。

3. 料头　老姜片 15g。

4. 调料　精盐 5g、鸡精 2g。

制作工艺流程：与节瓜蚝豉瘦肉汤相同。

制作过程：

1. 先将老母鸡尾部切去，在背部切开，把腿骨用刀背敲断（也可以把鸡斩成大方块）；将金华火腿、瘦肉切成大方粒；洗净原料。

2. 把老母鸡、瘦肉放进滚水中"飞水"，用清水洗干净。

3. 把药材类、汤料类材料先放在瓦汤煲中，然后放上整只的老母鸡，加入清水。

4. 先猛火加热至汤水滚起，改用中火加热 15 分钟，再转用慢火加热 4 小时至老母鸡的肉质绵软。

5. 把汤水表面的油脂和泡沫去掉，再取出老姜片、瘦肉粒、火腿粒等汤料，加入精盐、鸡精调味后饮用。

参考功效：老母鸡有祛风、益气、补精、添髓的功效，冬虫夏草有缓解肺肾阴虚所致的虚劳、盗汗、病后体虚等方面的药效，而且药性较为温和。此汤具有清补心肺、滋肾益精及和助消食的功效，而且是补而不燥的汤水。

制作要点：

1. 煲鸡汤若是用一整只鸡，最好做成汤后保持它的完整性，行业习惯在背部斩开鸡身（便于煲汤出味），但不开胸。

2. 鸡汤制成后，为了显示汤水的名贵，一般食用时都把汤料取出，放在盘中，拿给客人。

3. 老母鸡的肉质结实且韧性大，所以煲汤的时间必须足够，使营养充分融入汤水中。

使用老母鸡做主料，在药理上有些燥热，体虚者慎用，但改用子鸡（即鸡项），则汤水相对较为温和，所以，一般酒楼制作这种汤水，多以鸡项为料；在药材使用上，加入了桂圆肉、红枣、枸杞子等料，使汤水的味道更好地调和。

鲜土茯苓煲龟蛇汤

原料：

1. 主料 水律蛇 300g、草龟 500g。

2. 配料 鲜土茯苓 500g、脊骨 400g、蜜枣 30g、清水 4000g。

3. 料头 老姜片 15g、陈皮 2g。

4. 调料 精盐 5g、鸡精 2g。

制作工艺流程：与节瓜蚝豉瘦肉汤相同。

制作过程：

1. 将草龟放在冷水锅中，慢火加热至沸，使草龟排出尿液并把龟烫死，再把龟甲破开，清除内脏，然后斩成碎件；抓住水律蛇头，用剪刀剪掉头，撕去蛇皮，把内脏取出清理干净，把蛇身斩段；脊骨斩件；鲜土茯苓洗干净后斩成厚件。

2. 把水律蛇段、草龟件、脊骨件放进滚水中"飞水"，冲洗干净血水；再热锅（不加油），放入鲜土茯苓用慢火炒 5 分钟至表面干爽，取出用清水冲洗干净。

3. 把草龟件放进瓦汤煲中，加入清水、老姜片，猛火加热至滚，转用慢火加热煲 2 小时，再把其余的原料和汤料放进汤煲里，加热至沸后用慢火加热煲 4 小时至肉质绵软为止。

4. 把姜片、陈皮、蜜枣、脊骨从汤中取出，把汤中的泡沫等表面浮物去掉，然后加入精盐、鸡精调味即可饮用。

参考功效：龟肉有益阴补血，祛湿毒的功效；水律蛇有清热解毒和祛风的功效；土茯苓能利尿祛湿，健脾补中和宁心安神。此汤水具有清热除湿，祛风和通利关节的作用，对治疗皮肤湿疹、湿毒有一定的功效，而且补而不燥。

制作要点：

1. 草龟最好用冷水锅加热，以使其排出尿液，避免汤水含有不良味道，也使龟的功效发挥得更好。

2. 用鲜土茯苓煲汤，一般须先将其爆炒，这样既可以清去植物的腥味，也能排掉它的"寒凉气"。

3. 由于龟甲坚硬，它的滋味难以渗出到汤水中，所以，应先行把龟煲一段时间，再放其他原料同煲，这样才能够保持汤水成品的一致性。

根据土茯苓的药性，在汤水的制作中可以配用不同的肉料，同时按汤水的名贵程度进行合理的肉料的搭配，以土茯苓为原料的汤水可有"土茯苓煲龙骨"、"土茯苓煲清道夫"等经济实惠的品种。

花旗参石斛煲水鱼（甲鱼）

原料：

1. 主料　水鱼 1 只（重 750g）。

2. 配料　石斛 15g、花旗参 20g、桂圆肉 5g、猪腱肉 200g、鸡爪 400g、蜜枣 30g、清水 3500g。

3. 料头　老姜片 15g、陈皮 3g、火腿 30g、葱条 30g、黄酒 25g。

4. 调料　精盐 5g、鸡精 2g。

制作工艺流程：与节瓜蚝豉瘦肉汤相同。

制作过程：

1. 把花旗参切成薄片，与石斛一起清洗干净；鸡爪斩去的趾尖；猪腱肉、火腿切成大方粒。

2. 将宰好水鱼斩成水鱼件，洗干净。

3. 先把鸡爪、猪腱肉"飞水"洗净，再和其他汤料一块放进汤煲中。

4. 把水鱼件"飞水"，然后在锅中放少量油，放入煨料爆香，溅入 25g 黄酒，加入适量的清水，把水鱼件放入锅中，一起滚煨 5 分钟，滤水后去掉姜、葱。

5. 再把水鱼件放入瓦煲中，加入清水，猛火加热烧沸汤水，转用中火加热煲 15 分钟，改用慢火煲汤 2~3 小时，直至肉质绵软。

6. 把汤水表面的油脂和泡沫去掉，并取出汤水中的老姜片、蜜枣、猪腱、火腿。

7. 放入精盐、鸡精调味即可。

参考功效：水鱼滋阴凉血，补虚疗损；石斛则清热生津；花旗参益气生津，养阴清热。此汤水滋阴养血，清热生津，补而不太燥。

制作要点：

1. 宰杀水鱼的时候，要把水鱼表面的薄衣和体内的膏脂清理干净，否则汤水有较重的腥味。

2. 最好把水鱼件先以姜、葱、酒煨几分钟，这样能大大减少汤水中的腥味，而且可以增加汤水的香味。

3. 由于水鱼有一定的腥味，在汤料中陈皮的量可以多些。

4. 注意火候的运用，野生水鱼可煲长些时间，人工饲养的品种则可以短一些时间。

水鱼滋补中入阴，但加入了具有清热的石斛和花旗参，不但

205

起到了减低汤水燥热的作用，而且使汤水的味道有甘凉润喉的效果。应用它们的特性，可以利用它们来调配其他的汤水品种，以此丰富汤水的种类。

灵芝虫草老鸡煲花胶

原料：

1. 主料　发好的花胶 150g、冬虫夏草 10g、老母鸡 1 只、灵芝 50g。

2. 配料　瘦肉 200g、蜜枣 15g、清水 4500g。

3. 料头　老姜片 10g、陈皮 2g、老姜片 5g、长葱条 10g、料酒 25g。

4. 调味　精盐 5g、鸡精 2g、料酒少许。

制作工艺流程：与节瓜蚝豉瘦肉汤相同。

制作过程：

1. 灵芝和冬虫夏草洗干净；老母鸡在背部斩开（胸部相连）；瘦肉切成大方粒；其他原料和汤料洗干净。

2. 把瘦肉和老母鸡放进滚水中"飞水"，用清水冲掉血水；花胶先用滚水略滚，然后在锅中加少许油，把老姜片、葱条爆香，溅入料酒，再放汤水，滚出香味后，放入花胶滚煨 2 分钟。捞出后用滚水冲去油脂。

3. 除花胶外，把其他的原料和汤料放进瓦煲中，加入清水。

4. 猛火加热至沸，改用中火加热 15 分钟，再转用慢火加热 1.5 小时，放入煨好的花胶，再用慢火加热煲汤 1.5 小时左右。

5. 把汤面的油脂和泡沫去掉，再取出老姜片、陈皮、瘦肉、蜜枣等汤料，加入精盐和鸡精调味即成。

参考功效：冬虫夏草平益肾阳，化痰润养化阴，而且适合于任何人群；灵芝可明显降低血胆固醇，并能预防动脉粥样硬化斑块的形成；花胶含有丰富的蛋白质、胶质等，有滋阴、固肾的功效。此汤具有润肺、养阴、益肾阳的作用，对高血脂的人群有一

206

定的帮助。

制作要点：

1. 老母鸡需"飞水"，以去除血水，使汤水的汤质纯净。

2. 花胶带有一定的鱼腥味，所以要在煲汤前做加工处理，保证汤水中不带腥味。

3. 花胶的耐火程度不及其他材料，若加热时间过长，则口感会不爽滑，而且会有溶于汤水的可能。

田七椰子煲竹丝鸡

原料：

1. 主料　竹丝鸡1只（约重750g）、椰肉400g（2只）。

2. 配料　田七50g、瘦肉200g、蜜枣20g、清水3500g。

3. 料头　大姜片25g、陈皮2g。

4. 调味　精盐5g、鸡精2g。

制作工艺流程：与节瓜蚝豉瘦肉汤相同。

制作过程：

1. 把瘦肉切成大方粒；椰肉切成1厘米厚的片；田七切成厚5毫米的片形；竹丝鸡切去鸡尾后在背部斩开（胸部相连）。

2. 把竹丝鸡和瘦肉分别放进滚水中"飞水"，用清水冲洗干净血水。

3. 把所有的原料和汤料放进瓦煲中，加入清水。

4. 用猛火加热至滚，改用中火加热15分钟，再转用慢火加热煲汤3小时。

5. 去掉汤水表面的泡沫的油脂，加入精盐和鸡精调味即成。

参考功效：田七祛瘀止痛，椰肉清热润肺。此汤水具有清热化痰，润肺镇咳和滋润养颜的效用。

制作要点：

1. 椰肉不宜切得过薄，太薄的椰肉在长时间的煲汤后，使汤水的质感过分稠浓。

207

2. 田七的用量适中，少则汤水味不够，多则汤水的甘苦味重，影响口感。

3. 此汤宜加入较多的蜜枣搭配，以缓解汤水中的苦味。

4. 煲汤的过程，以慢火加热为主，切勿大滚，否则汤水会变得稠浓。

第四节　烹调法——炖

人们在日常的饮食生活中，为了能较好地吸收食物中的营养，达到滋补强身的效果，特别是精力消耗严重的人，更需要快速地补充养料。而在众多菜肴中，运用炖制作出的菜肴是最有营养的。炖品，是一种将原料放入炖盅内，加入汤水，调味，加盖，利用炖盅外的高热（蒸气）长时间加温，使原料胀润软烂，汤液香浓味醇厚的一种烹调方法。

炖品的制作主要工艺流程：

原料热处理 → 调汤水、调味 → 炖制 → 汤水过滤 → 加盖、封砂纸 → 加热

炖品的主要特点是：首先，能保持原料的原汁原味。炖品加盖密封加热，兼把主料、配料、汤水和调味料同放一处加温，使主料吸取各种原料的精华，融合为一体，最大限度地保持甚至是大大增加其滋味。其次，汤液融集了各种原料的精华，所以味道更鲜浓而醇香，更富于营养。

炖品在操作上要注意的问题有：

1. 炖品正式加热前原料要经热处理，使其去除腥膻异味，保证汤味香浓。对于不同的原料应采用不同的处理方法（与煲汤的原料热处理相同）。

2. 炖品在加热过程中不能停火，以免香味流失。

3. 炖制好后应去除汤面的浮油，这样炖汤才有润而不腻的

感觉。

4. 去除浮油后还需要进行过滤，再加上盖，封上砂纸，最后放回蒸柜（或蒸笼）略加热。

在炖的烹调方法中，根据对原料处理方法的不同，可分为分炖和原炖两种。原炖是把经刀工和热处理的原料，连同料头、配料放入同一炖盅内炖好的操作过程。它主要体现在操作快捷，能较好地保持原料的营养和香味，但这样炖制出的炖品汤色不够明净，带有配料的色泽和味道，一般在家庭或小食店使用此方法较多。分炖是将主料、配料经热处理后，主料和料头放入同一炖盅内，配料分别放入不同炖盅内，分别加热至好，再汇集同一炖盅内而成炖品的操作过程，它主要体现在汤色明净，突出主料的色泽和味道，能区别原料不同的受火程度和时间，但是操作比较麻烦，适用于名贵和带有滋补药材的炖品。

菜 品 实 例

淮杞椰炖乳鸽

原料：

1. 主料　乳鸽2只。

2. 配料　淮山50g、杞子50g、海底椰100g、红枣4粒、山泉水2000g。

3. 料头　瘦肉粒150g，火腿粒25g，姜片、葱条各20g。

4. 调料　绍酒10g、精盐5g、麻油1g、胡椒粉0.5g、冰糖25g。

制作工艺流程：

刀工处理 → 放入炖盅 → 注入汤水、调味 → 炖制 →
去除炖料和杂质 → 调味 → 封砂纸、加热

制作过程：

1. 从乳鸽背部下刀取内脏，敲断四柱骨（腿翼骨），洗净。

2. 用牙签将姜片和葱条穿起，然后把各原料用水洗干净后放入炖盅内。

3. 将山泉水注入炖盅内，调入绍酒、麻油、胡椒粉、冰糖。

4. 炖盅加盖入蒸柜中火炖 3 小时后取出，将姜片和葱条去除，再用汤匙将汤面的浮油、杂质撇去，调入精盐后，加上盖，封上砂纸再加热 15 分钟。

汤品特点：汤浓香，口感清甜、味鲜。

参考功效：健脾开胃，滋补肝肾，强壮身体。

制作要点：

1. 原料要清洗干净，以去除杂质和异味。

3. 注入的山泉水要满，保证炖汤的分量。

4. 汤炖好后才调味，炖的时间要够。

青榄杨梅炖螺头

210

原料：

1. 主料　澳洲螺头 400g。

2. 配料　青榄 10 粒、杨梅 15 粒、宗谷柱 4 粒、山泉水 2000g。

3. 料头　瘦肉粒 250g，火腿粒 25g，姜片、葱条各 20g。

4. 调料　绍酒 10g、精盐 5g、麻油 1g、胡椒粉 0.5g、冰糖 25g。

制作工艺流程：

原料热处理 → 放入炖盅 → 注入汤水、调味 → 炖制 →
去除炖料和杂质 → 调味 → 封砂纸、加热

制作过程：

1. 将澳洲螺头放入沸水中"飞水"倒入疏壳，再猛锅阴油，投入姜片和葱条，溅入绍酒，加入汤水，调入精盐，放入澳洲螺头，煨透后倒出。

2. 用牙签将姜片和葱条穿起，把各原料用水洗干净后放入炖盅内。

3. 将山泉水注入炖盅内，调入绍酒、麻油、胡椒粉、冰糖。

4. 炖盅加盖入蒸柜中火炖 4 小时后取出，将姜片和葱条去除，再用汤匙把汤面的浮油、杂质撇清，调入精盐后，加上盖，封上砂纸再加热 15 分钟。

汤品特点：汤浓香，口感清甜带酸、味鲜。

参考功效：清热解毒，生津止渴，润喉化痰。

制作要点：与淮杞椰炖乳鸽相同。

野葛菜蜜枣炖陈肾

原料：

1. 主料　鸭陈肾 5 个、野葛菜 500g。

2. 配料　罗汉果 1/3 个、干贝 8 粒、蜜枣 6 粒、山泉水 2000g。

3. 料头　瘦肉粒 400g，火腿粒 25g，姜片、葱条各 20g。

4. 调料　绍酒 10g、精盐 5g、麻油 1g、胡椒粉 0.5g、冰糖 25g。

制作工艺流程：

刀工处理 → 放入炖盅 → 注入汤水、调味 → 炖制 →

去除炖料和杂质 → 调味 → 封砂纸、加热

制作过程：

1. 用刀将鸭陈肾切厚片，用牙签将姜片和葱条穿起，洗净各原料后放炖盅内。

2. 将山泉水注入炖盅内，调入绍酒、麻油、胡椒粉、冰糖。

3. 炖盅加盖入蒸柜中火炖 3 小时后取出，将姜片和葱条去除，再用汤匙把汤面的浮油、杂质撇清，调入精盐后，加上盖，封上砂纸再加热 15 分钟。

汤品特点：汤清香、味鲜。

参考功效：清热润燥，止咳化痰，祛暑下火。

制作要点：与淮杞椰炖乳鸽相同。

石斛洋参炖肉汁

原料

1. 主料　瘦肉600g。

2. 配料　花旗参片75g、石斛50g、红枣4粒、山泉水2000g。

3. 料头　火腿粒25g，姜片、葱条各20g。

4. 调料　绍酒10g、精盐5g、麻油1g、胡椒粉0.5g、冰糖25g。

制作工艺流程：

刀工处理 → 放入炖盅 → 注入汤水、调味 → 炖制 →
去除炖料和杂质 → 调味 → 封砂纸、加热

制作过程：

1. 将瘦肉剁成蓉；将各原料用水洗净后放入炖盅内。

2. 在炖盅内注入山泉水，加入绍酒、麻油、胡椒粉、冰糖。

3. 炖盅加盖入蒸柜中火炖3小时后取出，将姜片和葱条去除，再用汤匙把汤面的浮油、杂质撇清，调入精盐后，加上盖，封上砂纸再加热15分钟。

汤品特点：汤浓香，口感微甘，味鲜。

参考功效：健脾开胃，生津养阴，补益身体，消除困倦。

制作要点：与淮杞椰炖乳鸽相同。

生地冬瓜炖鲜鲍

原料

1. 主料　连壳鲜鲍500g。

2. 配料 生地 25g、冬瓜 500g、陈皮少许、凌霄花 10g、干贝 8 粒、山泉水 2000g。

3. 料头 瘦肉粒 250g，火腿粒 25g，姜片、葱条各 20g。

4. 调料 绍酒 10g、精盐 5g、麻油 1g、胡椒粉 0.5g、冰糖 25g。

制作工艺流程：

刀工处理 → 放入炖盅 → 注入汤水、调味 → 炖制 → 去除炖料和杂质 → 调味 → 封砂纸、加热

制作过程：

1. 冬瓜留皮剖开去瓤、仁，切成大件状；新鲜鲍鱼连壳洗刷干净；用牙签将姜片和葱条穿起；把各原料用水洗干净后放入炖盅内；凌霄花用煲汤袋包好放入炖盅内。

2. 将山泉水注入炖盅内，调入绍酒、麻油、胡椒粉、冰糖。

3. 炖盅加盖入蒸柜中火炖 4 小时后取出，将煲汤袋、姜片和葱条去除，再用汤匙把汤面的浮油、杂质撇清，调入精盐后，加盖封上砂纸再加热 15 分钟。

汤品特点：汤清香，味鲜甜。

功效：清热解毒，滋补肾阴，疏肝散结，养颜去斑。

制作要点：与淮杞椰炖乳鸽相同。

杏仁雪梨炖响螺

原料：

1. 主料 响螺片干 200g。

2. 配料 南杏仁 50g、北杏仁 50g、陈皮少许、贡梨 2 个、干贝 8 粒、山泉水 2000g。

3. 料头 瘦肉粒 400g，火腿粒 25g，姜片、葱条各 20g。

4. 调料 绍酒 10g、精盐 5g、麻油 1g、胡椒粉 0.5g、冰糖 25g。

制作工艺流程：

刀工处理 → 放入炖盅 → 注入汤水、调味 → 炖制 →
去除炖料和杂质 → 调味 → 封砂纸、加热

制作过程：

1. 用牙签将姜片和葱条穿起；把各原料用水洗干净后放入炖盅内。

2. 将山泉水注入炖盅内，调入绍酒、麻油、胡椒粉、冰糖。

3. 炖盅加盖入蒸柜中火炖 3 小时后取出，将姜片和葱条去除，再用汤匙把汤面的浮油、杂质撇清，调入精盐后，加盖封上砂纸再加热 15 分钟。

汤品特点：汤色纯净，味道鲜甜微甘。

功效：清热润燥，养阴生津，润肺除痰。

制作要点：与淮杞椰炖乳鸽相同。

虫草花海参炖鹧鸪

原料

1. 主料　宰净的鹧鸪 2 只。

2. 配料　虫草花 25g、湿发婆参 300g、红枣 4 粒、山泉水 2000g。

3. 料头　瘦肉粒 250g，火腿粒 25g，姜片、葱条各 20g。

4. 调料　绍酒 10g、精盐 5g、麻油 1g、胡椒粉 0.5g、冰糖 25g。

制作工艺流程：

原料热处理 → 放入炖盅 → 注入汤水、调味 → 炖制 →
去除炖料和杂质 → 调味 → 封砂纸、加热

制作过程：

1. 海参滚透煨好；用牙签将姜片和葱条穿起；洗净各原料后

放入炖盅内。

2. 将山泉水注入炖盅内，调入绍酒、麻油、胡椒粉、冰糖。

3. 炖盅加盖入蒸柜中火炖 3 小时后取出，将姜片和葱条去除、再用汤匙把汤面的浮油、杂质撇清，调入精盐后，加盖封上砂纸再加热 15 分钟。

汤品特点：汤色金黄，味道甘甜。

功效：补肾益精，滋阴潜阳，通肠润燥，止血消炎。

制作要点：与淮杞椰炖乳鸽相同。

芪党当归炖羊肉

原料：

1. 主料　羊肉 500g。

2. 配料　北芪 25g、党参 25g、当归头 25g、红枣 4 粒、陈皮少许、干贝 8 粒、山泉水 2000g。

3. 料头　瘦肉粒 150g，火腿粒 25g，姜片、葱条各 20g。

4. 调料　绍酒 10g、精盐 5g、麻油 1g、胡椒粉 0.5g、冰糖 25g。

制作工艺流程：

原料热处理 → 放入炖盅 → 注入汤水、调味 → 炖制 → 去除炖料和杂质 → 调味 → 封砂纸、加热

制作过程：

1. 将羊肉洗净，放入沸水中略"飞水"后倒出，用清水洗净。烧热炒锅，投入姜片和葱条，放入羊肉，使用慢火煸炒，倒出羊肉用清水洗净。

2. 用牙签将姜片和葱条穿起，洗净各原料后放入炖盅内。

3. 将山泉水注入炖盅内，调入绍酒、麻油、胡椒粉、冰糖。

4. 炖盅加盖入蒸柜中火炖 4 小时后取出，将姜片和葱条去除、再用汤匙把汤面的浮油、杂质撇清，调入精盐后，加盖封上

215

砂纸再加热15分钟。

汤品特点：味香浓、醇厚、微甘。

功效：补脾益气，固表升阳，大补气血。

制作要点：与淮杞椰炖乳鸽相同。

胡椒老鸡炖翅裙

原料：

1. 主料　湿翅裙250g、老鸡半只。

2. 配料　胡椒30粒、红枣6粒、干贝8粒、山泉水2000g。

3. 料头　瘦肉粒200g，火腿粒25g，姜片、葱条各20g。

4. 调料　绍酒10g、精盐5g、麻油1g、胡椒粉0.5g、冰糖15g。

制作工艺流程：

原料热处理 → 放入炖盅 → 注入汤水、调味 → 炖制 → 去除炖料和杂质 → 调味 → 封砂纸、加热

制作过程：

1. 将翅裙放入沸水中"飞水"后倒入漏勺，再猛锅阴油，投入姜片和葱条，溅入绍酒，加入汤水，调入精盐，放入翅裙，煨透后倒出。

2. 用牙签将姜片和葱条穿起，洗净各原料后放入炖盅内。

3. 将山泉水注入炖盅内，调入绍酒、麻油、胡椒粉、冰糖。

4. 炖盅加盖入蒸柜中火炖4小时后取出，将姜片和葱条去除，再用汤匙把汤面的浮油、杂质撇清，调入精盐后，加盖封上砂纸再加热15分钟。

汤品特点：汤浓香、味鲜。

功效：脾胃寒虚、消化不良、胀满打噎、经常泄泻的人适宜饮用此汤。

制作要点：与淮杞椰炖乳鸽相同。

佛　跳　墙

原料：

1. 主料　湿发鲍翅 200g、湿发鲍鱼 6 只、鹿筋 100g、水鸭 1 只、湿发花胶 200g、湿发辽参 6 条、鸡腰 12 粒、高丽参 50g、山瑞裙 150g。

2. 配料　宗谷柱 6 粒、去骨鸡脚 12 只、上汤 2500g。

3. 料头　火腿粒 25g，姜片、葱条各 100g。

4. 调料　花雕酒 10g、精盐 5g、麻油 1g、胡椒粉 0.5g、冰糖 25g。

制作工艺流程：

原料热处理 → 放入炖盅 → 注入汤水、调味 → 炖制 → 去除炖料和杂质 → 调味 → 封砂纸、加热

制作过程：

1. 鲍鱼、辽参一开为二各成 12 件；水鸭撕去皮斩成大件；花胶、山瑞裙切成件。

2. 分别将鲍翅、鲍鱼、鹿筋、花胶、辽参、山瑞裙放入沸水中"飞水"后倒入漏勺，再猛锅阴油，投入姜片和葱条，溅入花雕酒，加入上汤，调入精盐，放入飞过水的原料，煨透后倒出；鸡腰放入沸水中"飞水"后倒出。

3. 用牙签将姜片和葱条穿起，洗净原料后放入炖盅内。

4. 将上汤注入炖盅内，调入花雕酒、麻油、胡椒粉、冰糖，将山泉水注入炖盅内。

5. 炖盅加盖入蒸柜中火炖 4 小时后取出，将姜片和葱条去除，再用汤匙把汤面的浮油、杂质撇清，调入精盐后，加盖封上砂纸再加热 15 分钟。

汤品特点： 汤浓香，味浓鲜。

功效： 强壮身体，滋阴补阳，强腰补肾。

217

制作要点：与淮杞椰炖乳鸽相同。

第五节 烹调法——煮、滚

一、煮

煮是指将原料经刀工和热处理好后，放入器皿中，调入汤水，放入小火炉中边加热边食用（有些不需加热）的汤菜制作方法。煮是原料与汤水并重的一种菜肴制作方法之一。

制作工艺流程：

原料热处理→装盘→调汤水→与原料混合→加热

此类型菜肴突出汤鲜、味浓、原料鲜嫩。在制作中要保持原料的原色，及以仅熟为佳；掌握好原料与汤水的比例，一般以汤水浸过原料表面为宜；烧汤水时宜用中火，保持汤色明净。

菜品实例

锅仔潮式白果猪肚

原料：

1. 主料　熟猪肚 200g。

2. 配料　咸菜、发好的腐竹、爝好的白果肉各 50g。

3. 料头　炸蒜子 5g、香芹 30g、红尖椒 10g。

4. 调料　胡椒汤 350g，精盐 5g，味精 2g，白糖和鸡精各 1g，绍酒 10g，麻油 1g，食用油 50g。

制作工艺流程：

切配原料 → 原料热处理 → 烧汤水 → 放入原料、调味 → 装盘

制作过程:

1. 将熟猪肚、咸菜分别用斜刀切成约长 5cm、宽 2cm 的"日字"形件,腐竹、香芹切成长 5cm 的段,红尖椒切成 2cm 长的件。

2. 将咸菜件、炸腐竹、肚件分别进行"飞水"。

3. 猛锅阴油,放入炸蒜子、红辣椒件、香芹,溅入绍酒,加入胡椒汤,放入原料,调入调味料煮滚,倒入锅仔内(也可放在酒精炉上,边加热边食用,视天气情况而定)。

菜品要求:汤色明净、味香浓,原料爽、滑。

制作要点:

1. 原料切配时要整齐划一,保持菜肴美观。

2. 制作时宜用中火,加热时间不宜太长。

3. 由于咸菜带有咸味,在调味时要掌握好调味料的分量。

锅仔滋补水鱼

219

原料:

1. 主料　斩件水鱼 1 只(约 600g)。

2. 配料　淮山 50g、枸杞子 25g、桂圆肉 10g。

3. 料头　陈皮丝 2g、姜片 5g、葱条 2 条。

4. 调料:上汤 350g,精盐 5g,味精和白糖各 2g,鸡精 1g,绍酒和姜汁酒各 10g,麻油和胡椒粉各 1g,食用油 50g。

制作工艺流程:

配料热处理 → 主料热处理 → 放入锅仔内 → 调汤水 → 倒入锅仔 → 加热

制作过程:

1. 将淮山、枸杞子、桂圆肉洗净,放入汤碗内,加入上汤浸过面,放进蒸柜(或蒸笼)内加热约 20 分钟,取出备用。

2. 将水鱼件放入沸水中"飞水",倒入漏勺内,用清水洗净;

然后猛锅阴油，放入姜片、葱条略爆香，加入水鱼件；随即溅入姜汁酒爆炒至香，倒入漏勺，去掉葱条，洗净油脂，放入锅仔内。

3. 猛锅阴油，溅入绍酒，加入上汤、炖好的药材和汤水，放入陈皮丝，调入调味料，倒入锅仔中，加盖放在酒精炉上加热食用。

菜品要求：汤鲜、滋补，肉质鲜、嫩、滑。

制作要点：

1. 水鱼要经"飞水"、煸爆去除异味，以保证汤的鲜味。

2. 药材经炖制后可使其味尽快渗出，融合在汤水中。

二、滚

滚是指将原料放在烧沸的汤水中，调味后加热至仅熟而成汤菜的烹制方法。其制作简单，是原料与汤水并重的一种菜肴制作方法之一。

根据原料的处理方法不同，滚可分为生滚和白滚两类。

（一）生滚

生滚是指生料在汤水中加热调味至熟的方法，具体可分为清滚和煎滚。

1. 清滚　是把主料、配料一同放在沸汤中，调味滚至熟的方法。

制作工艺流程：

原料热处理 → 烧汤水 → 加入原料 → 调入调味料 → 装汤窝

清滚汤水清而味和，肉料味鲜而嫩滑，配料仅熟而色彩鲜明。在制作过程中，原料的初步热处理要恰到好处，以保持原料的色泽，以仅熟为宜；加热时宜用中火，汤水不宜大滚，以避免汤水混浊；待汤水沸后才能放入原料，保持鲜嫩，避免原料加热时间过长。

2. 煎滚　是把鱼先在炒锅上煎至表面金黄色，然后溅入绍酒，加入沸水，调入调味料，滚至汤色奶白，加入配料滚熟而成汤菜的制作方法。

制作工艺流程：

煎鱼 → 溅酒 → 加入沸水滚汤 → 放入配菜 → 调味 → 装汤窝

煎滚汤色奶白，味香浓，多适用于制作鱼类的汤菜。在制作过程中，原料煎制前要加入盐腌制；配料要预先进行热处理至仅熟；煎鱼时采用中慢火，煎至表面金黄色；要加入沸水滚汤，同时加上锅盖，采用猛火加热，使汤水大滚；待汤色呈奶白色后，才放入配料。

菜 品 实 例

221

杞菜猪肝汤

原料：

1. 主料　猪肝 100g。

2. 配料　净枸杞叶 200g。

3. 料头　姜片 3g、煨熟鲜菇片和熟杞子各 5g。

4. 调味　二汤 1000g，精盐 7.5g，味精和鸡精各 1g，绍酒 10g，胡椒粉 0.1g，食用油 50g。

制作工艺流程：

切配原料 → 煸枸杞叶 → 猪肝"飞水" → 烧汤水 → 放入原料 → 调味 → 装汤碗

制作过程：

1. 用刀将猪肝片成薄片，洗净。

2. 猛锅阴油，加入汤水，调入精盐，放入枸杞叶，煸至仅熟，倒入漏勺。

3. 将猪肝片在沸水中"飞水"至仅熟，倒入漏勺，用清水洗净。

4. 猛锅阴油，溅入绍酒，加入二汤，放入原料，调入调味料，待汤水滚起时倒入汤碗。

菜品要求：味鲜可口，原料鲜嫩。

制作要点：

1. 枸杞叶经煸炒后，避免汤品带有青绿色泽，保持汤色明净。

2. 猪肝片"飞水"，可去除血污和异味。

山斑鱼豆腐汤

原料：

1. 主料　宰净的山斑鱼一条。

2. 配料　豆腐 4 小块、生菜胆 200g。

3. 料头　姜片 2g、煨熟的鲜菇片 5g。

4. 调料　精盐 10g、味精 3g、绍酒 10g、鸡精 1g、麻油 1g、胡椒粉 0.1g、食用油 50g。

制作工艺流程：

配料热处理 → 煎鱼 → 滚汤 → 加入配料 → 调味 → 装汤碗

制作过程：

1. 猛锅阴油，加入汤水，调入精盐，放入生菜胆，煸至仅熟，倒入漏勺。

2. 将豆腐放入沸水中"飞水"后，倒入漏勺。

3. 将精盐放入鱼表面涂匀。猛锅阴油，放入山斑鱼，用中慢火将鱼煎至表面金黄色，随即放入料头和溅入绍酒，加入沸水，加上锅盖，滚至汤色奶白，放入配料，调入调味料，倒入汤碗。

菜品要求：汤色奶白，味香浓。

制作要点:

1. 生菜胆要经煸炒后再放入,以避免汤品带有青绿色泽,保证汤色奶白。

2. 煎鱼时使用慢火煎至金黄色,才能使汤品香浓,呈奶白色。

3. 必须要加入沸水滚汤,并且要加上锅盖,保证汤的香味。

4. 配料要待汤滚至奶白色后才放入,保持鲜嫩。

(二)　白滚

白滚法(即生锅),是将生料切好,根据生料性质决定是否腌制,把各式配制好的生料放在盘上造型,与火锅汤底一起送到客人席上,由客人自己将生料放入火锅烫熟后蘸各式调味料而食用。

生锅这种食法,可由客人任意发挥,主要突出原料鲜味。在制作中,原料必须要新鲜,洗涤干净,刀工均匀,腌制精细,原料上席造型美观。

223

第六节　烹调法——烩

烩(烩羹)是将主、配料分别处理后,放入汤水中调味,以中火加热至微沸时,加入湿淀粉和匀而成汤羹类菜的烹调方法。

制作工艺流程:

原料热处理 → 烧汤水 → 放入原料 → 调味 → 推芡 →
加入尾油 → 装汤窝

烩羹的汤品味鲜而纯滑,原料浮面,肉料匀不带骨,并且形状较为细小。在制作过程中,应掌握如下要点:各种主、配料必须根据各自的性质,恰当地进行加热处理;要使用上汤进行烹制,突出汤品的味鲜;原料与汤水的比例要适当,一般以 1:2.5

为宜；加热时宜用中火，汤水不宜大滚，否则汤色会混浊而不清鲜；在汤水微沸时，加入湿淀粉推拌，才能使汤羹纯滑，不起粉团。

烩羹根据是否调色，可分为白烩和红烩两种。

菜品实例

三丝鱼肚羹

原料：

1. 主料　浸发好的鱼肚丝350g。
2. 配料　幼笋丝和枚肉丝75g，湿菇丝25g，韭黄段40g。
3. 煨料　姜片2件、葱条2条。
4. 调料　上汤1500g、二汤750g、精盐10g、味精5g、鸡精2g、绍酒20g、湿淀粉30g、麻油1g、胡椒粉0.1g、食用油500g。

制作工艺流程：

主、配料热处理 → 烧上汤 → 放入原料 → 调味 → 推芡 → 装汤窝

制作过程：

1. 将笋丝放入清水中加热，水沸时倒入漏勺，用清水洗净，反复2~3次。

2. 烧热炒锅，加入沸水、精盐，放入笋丝、菇丝，略加热倒入漏勺。

3. 先用精盐、湿淀粉将肉丝拌匀，猛锅阴油，加入食用油，加热至120℃时，放入肉料，拉油至仅熟，倒入笊篱，滤去油分。

4. 将鱼肚丝放入沸水中"飞水"，倒入漏勺内，用清水洗净；猛锅阴油，放入姜片、葱条，溅入绍酒，加入二汤，调入精盐，放入鱼肚丝，煨至原料入味，倒入漏勺，去掉姜片、葱条。

5. 猛锅阴油，溅入绍酒，加入上汤，放入原料，调入调味

料，在微沸时调入湿淀粉，边调入边推匀，再加入尾油、麻油、胡椒粉和匀，倒入放有韭黄的汤窝。

菜品要求：汤鲜、纯滑，原料鲜嫩且浮面。

制作要点：

1. 原料规格均匀，与汤水的量比例要恰当。

2. 各种原料先进行热处理，以去其杂味，便于入味。

3. 烩羹时使用中火，汤水不宜大滚，推芡时要均匀，稀稠度要适中。

鲜虾烩冬蓉

原料：

1. 主料　腌好的虾仁400g。

2. 配料　去皮和瓤的冬瓜肉500g、鸡蛋清100g、姜片2件、葱条2条。

3. 调料　上汤1250g、精盐5g、味精8g、鸡精2g、绍酒10g、麻油1g、胡椒粉0.1g、食用油500g。

制作工艺流程：

加工瓜蓉 → 原料热处理 → 烧上汤 → 放入原料 → 调味 → 推芡、下蛋清 → 装汤窝

制作过程：

1. 将冬瓜肉磨烂成蓉，盛放在窝内，加入精盐2g、味精5g、姜片、葱条，放入蒸柜（或蒸笼）加热至软滑，取出，去掉姜片、葱条。

2. 猛锅阴油，加入食用油，加热至150℃时，放入虾仁，拉油至仅熟，倒入笊篱，滤去油分。

3. 猛锅阴油，溅入绍酒，加入上汤，放入原料，调入调味料，在微沸时，调入湿淀粉，边调入边推匀，加入麻油、胡椒粉、尾油，最后放入蛋清和匀，倒入汤窝中。

菜品要求：汤更纯滑，味鲜清淡。

制作要点：

1. 烩羹时使用中火，汤水不宜大滚。

2. 推湿淀粉要均匀，稀稠度要适中。

3. 放入蛋清时，要将锅端离火位，一边放入一边拌匀，动作要快。

凤凰粟米羹

原料：

1. 主料　甜玉米 1 罐。

2. 配料　鸡蛋 2 只、韭黄粒 30g。

3. 调料　上汤 1000g、精盐 5g、味精 2g、鸡精 1g、湿淀粉 25g、绍酒 10g、麻油 1g、胡椒粉 0.1g、食用油 500g。

制作工艺流程：

烧上汤 → 放入原料 → 调味 → 推芡、下蛋液 → 装汤窝

制作过程：

猛锅阴油，溅入绍酒，加入上汤，放入甜玉米蓉，调入调味料，在汤水微沸时调入湿淀粉推匀；再加入麻油、胡椒粉，放入蛋液、尾油和匀，倒入放有韭黄粒的汤窝中。

菜品要求：汤鲜而纯滑。

制作要点：与"鲜虾烩冬蓉"菜式相同。

三丝火鸭羹

原料：

1. 主料　烧鸭肉切丝 300g。

2. 配料　肉丝 150g、幼笋丝 50g、湿木耳丝 50g、韭黄段 25g。

3. 调料　上汤 1250g，精盐 7.5g，味精 2g，鸡精 1g，绍酒和老抽各 10g，湿淀粉 30g，麻油 1g，胡椒粉 0.1g，食用油 500g。

制作工艺流程：

主、配料热处理 → 烧上汤 → 放入原料 → 调味 →
调色、推芡 → 装汤窝

制作过程：

1. 烧热炒锅，加入清水，放入笋丝，水沸时倒入漏勺，用清水洗净，反复 2~3 次。

2. 烧热炒锅，加入沸水、精盐，放入笋丝、木耳丝，略加热倒入漏勺。

3. 先用精盐、湿淀粉将肉丝拌匀；再猛锅阴油，加入食用油，加热至 120℃ 时，放入肉料加热；倒入笊篱内，滤去油分。

4. 猛锅阴油，溅入绍酒，加入上汤，放入原料，调入调味料，在微沸时调入老抽和匀；再调入湿淀粉推匀，加入老抽、尾油、麻油、胡椒粉和匀，倒入放有韭黄的汤窝中。

菜品要求：与三丝鱼肚羹菜式相同。

制作要点：与三丝鱼肚羹菜式相同。

227

红烧鸡丝翅

原料：

1. 主料　煨好的散翅 500g。

2. 配料　幼鸡丝 150g、银针 400g、火腿蓉 25g。

3. 调料　上汤 1750g，精盐 5g，味精 4g，鸡精 2g，绍酒 10g，湿淀粉 35g，麻油 1g，老抽和鸡蛋清各 10g，食用油 500g。

制作工艺流程：

配料热处理 → 烧上汤 → 放入原料 → 调味 → 调色、推芡
→ 装汤窝 → 炒制银针

制作过程：

1. 用蛋清和湿淀粉将鸡丝拌匀。

2. 猛锅阴油，加入食用油，加热至 120℃ 时，放入鸡丝拉油

至仅熟，倒入笊篱，滤去油分，随即溅入绍酒，加入上汤，放入散翅，调入调味料，待汤水微沸时，放入鸡丝，调入老抽和匀，再调入湿淀粉推匀，加入麻油、尾油和匀，倒入汤窝，撒上火腿蓉。

3. 猛锅阴油，放入银针，溅入绍酒，调入精盐、味精煸炒至仅熟，分装两小盘。

菜品要求：色泽鲜明，纯滑、可口。

制作要点：

1. 鸡丝拉油时油温不宜太高，掌握好熟度。

2. 烩羹时使用中火，汤水不宜大滚；推湿淀粉要均匀，稀稠度要适中。

3. 炒制银针时要猛火急炒，掌握好熟度。

第七节　烹调法——炒

粤菜的小炒以其香、鲜、爽、滑为特点，是粤菜较有代表性的烹调方法之一，其菜品变化多样，深受食客喜爱。小炒的菜肴都是以锅和油为传热介质；菜式以中、猛火急炒为主，要突出"锅气"香味；选料方面要求严谨，原料成形要小、细、薄，突出鲜、爽、滑；菜肴芡色要求原料含芡饱满、有光泽、不泻芡、不泻油。

根据原料的性质，选择不同火候处理的方法，炒可分为拉（泡）油炒、软炒、熟炒、生炒四种。

一、拉（泡）油炒法

拉（泡）油炒是将生的肉料放入适当油温中拉油后，再配以料头和已熟的配料，在有底油的热锅中使用猛火急速翻炒至仅熟、有锅气香味时，调入芡汁而成菜品的制作方法。

菜品选料严谨，要突出清鲜、爽、嫩、滑；在制作中肉料要进行拉油，这样不仅使肉料快速成熟，而且熟度均匀，同时能保持肉料的本色；在火候上是以猛火急炒为主，突出锅气香味；勾芡时特别讲究，要求原料含芡饱满、有光泽，不泻芡、不泻油。

拉油炒菜式中的主料（肉料）有细薄、不带骨的，也有少量带骨、较大件的。对于这两种情况，可采用不同的调味和勾芡方式，可分为碗芡和锅上芡两种。碗芡主要适用于肉料形状细薄、易入味快熟成菜的菜式，肉料拉油至仅熟时加入芡，这样可以使制作快捷、味均匀、色泽鲜明；而锅上芡主要适用于肉厚或带骨的菜式，肉料拉油至五成熟，让肉料在加热时调味料能渗入内部，避免加热时水分流失太大，保持肉质鲜、嫩、滑。

拉油炒菜式制作工艺流程：

$\boxed{煸菜} \rightarrow \boxed{调碗芡} \rightarrow \boxed{肉料拉油} \rightarrow \boxed{下料头} \rightarrow \boxed{下配料} \rightarrow \boxed{下肉料}$
$\rightarrow \boxed{溅酒} \rightarrow \boxed{勾芡} \rightarrow \boxed{下尾油} \rightarrow \boxed{装盘}$

1. 煸菜　猛锅阴油，放入原料，调入调味料，溅入汤水，加热至仅熟，倒入漏勺的操作过程（或猛锅阴油，加入汤水，调入调味料，放入原料，加热至仅熟，倒入漏勺的操作过程）。根据原料的性质，煸菜可分为干煸和水煸两种，不论何种煸法煸好的配料要爽、嫩，保持原料本色。在操作时油量要足够、火候要猛、时间要短。一般配料是以此方法处理，但也有些原料煸菜方法较为特别的，例如：

（1）芥蓝　猛锅阴油，放入原料，溅入姜汁酒，调入精盐、味精、白糖，溅入汤水，加热至仅熟，倒入漏勺（或猛锅阴油，溅入姜汁酒，加入汤水，调入精盐、白糖，放入配菜，加热至仅熟，倒入漏勺）。

（2）凉瓜、味菜　猛锅阴油，放入原料，调入精盐、味精、白糖，溅入汤水，加热至仅熟，倒入漏勺（或猛锅阴油，加入汤水，调入精盐、味精、白糖，放入配菜，加热至仅熟，倒入漏勺）。

（3）西蓝花、荷兰豆、西芹 猛锅阴油，溅入姜汁酒，加入汤水，调入精盐、味精、鸡精，放入原料，加热至仅熟，倒入漏勺。西蓝花也可采用猛锅阴油，加入食用油，加热至约110℃时，放入原料略拉油，随即溅入姜汁酒，加入汤水，调入精盐、味精、鸡精，放入原料，煸炒入味，倒入漏勺。

（4）红萝卜、鲜笋、莴笋、鲜菇 猛锅阴油，加入汤水，调入精盐、味精，放入原料，加热至仅熟，倒入漏勺。

（5）银针、鲜百合、豆苗 猛锅阴油，放入原料，溅入姜汁酒，调入调味料，煸炒至八成熟，倒入漏勺。

若煸炒豆苗时使用鸡油。

2. 调碗芡 它是利用煸菜或烧锅的空隙时间来调制，并且根据肉料的色泽或菜式搭配的汁酱进行调芡色。拉油炒菜式有六种芡色，分别是白芡、黑芡、浅红芡、金黄芡、紫红芡、嫣红芡，各种芡色的调制和用途都有差异，具体可参见第六章第五节。

3. 肉料拉油 肉料拉油是将肉料放入较低温的油中，使其在短时间内快速达到一定的熟度。操作过程是烧热锅，加入食用油，加热至适当油温时，放入腌制的肉料，加热至一定的熟度，倒入笊篱内，此环节是菜式制作的关键环节之一。不同原料其性质则不同，相同的原料其形态不同，原料分量不同，其耐火程度和油温都有所差异，因此，在肉料拉油时应选用适当的油温和掌握好原料的熟度，才能保持肉质的鲜、爽、嫩、滑，色泽鲜明。以下将原料分为八种类型举例说明：

1）肉片、牛肉片、鸡片、鸭片、牛蛙片等肉类原料，要求肉质嫩滑，用110～130℃油温拉油至原料仅熟。

2）鱼片、鱼球等水产类原料，熟后要求爽滑，其肉质不耐火，因此用100℃油温拉油至五成熟。

3）鸡球的肉质较厚，它用140℃拉油，拉油时锅要端离火位略加热至熟。

4）肾球、珍肝等内脏性原料，要求口感爽滑，先"飞水"，然后用 90～120℃ 油温快速拉油至仅熟。

5）虾仁、虾球、鲜带子、花枝片、花枝球、鲜鱿、土鱿等水产类原料，要求肉质爽口，由于其含水分较多，因此先"飞水"，然后用 150～160℃ 油温快速拉油至仅熟。

6）蛇片、蛇丝、蛇球这类原料，要求肉质鲜嫩，它是用 120～150℃ 油温拉油至仅熟。

7）鳝片肉质含血水较多，因此要先"飞水"，然后用 150℃ 油温拉油至八成熟。

8）虾丸、鱼青丸等半制成品原料，要求肉质爽滑，宜用 120～150℃ 油温拉油至仅熟。鱼青丸要先用沸水浸至仅熟再拉油，而虾丸在拉油时锅要端离火位略加热至仅熟。

4. 下料头 将料头放入热锅中，利用热锅温度将料头爆炒至香。根据料头的分量判断爆炒的时间，若有葱作料头，则要留待最后下。

拉油炒菜式的料头通常为蒜蓉、姜片（花）、红萝卜花，但是根据菜肴原料性质、形状、搭配和调味汁等不同，料头的搭配随之发生改变，如：

1）炒丝料：蒜蓉、姜丝、菇丝、青（红）辣椒丝。

2）炒丁料：蒜蓉、姜米、青（红）辣椒件、短葱榄。

3）凉瓜（豉椒）炒料：蒜蓉、姜米、豉汁。

4）鲜笋（鲜菇）炒料：蒜蓉、姜片、红萝卜花、小葱段。

5）味菜炒料：蒜蓉、青（红）辣椒件、小葱段。

5. 下配料 将煸炒好的配料放入热锅中，若火候过猛或炒锅温度过高时，应将锅端离火位再放入配料，避免原料焦煳。

6. 下肉料 将拉油后的肉料放入热锅中，下肉料前应滤去肉料多余的油分，下料时应放在配料表面，避免原料焦煳。

7. 溅酒 沿着炒锅边溅入少许绍酒，以增加锅气香味，同

231

时利用酒挥发出的蒸汽，避免原料变焦。

8. 勾芡 将调好的碗芡调入原料的中间，边加热边炒匀。调入碗芡前应将芡汤与湿淀粉充分和匀，勾芡时要掌握好火候，并且时间不宜太长。勾芡时要掌握好芡汤与湿淀粉的比例，若芡汤少、湿淀粉多，则味道偏淡，芡的糊性大，甚至结成粉团，芡不够匀滑；若芡汤多、湿淀粉少，则味道偏咸，芡稀，难以粘附在原料表面，造成泻芡、菜肴不够嫩滑和没有光泽。

9. 下尾油 下尾油要适当，多则会造成泻油，少则使菜式光泽度欠佳。下尾油后炒匀即可，不宜翻炒过多。

以上拉油炒制作的九个工艺环节，在操作中必须要紧密连接，一气呵成，同时要掌握好火候，操作准确，这样才能烹制出色、香、味、形俱佳的菜肴。

菜 品 实 例

云耳丝瓜炒鲜鱿

原料：

1. 主料　净鲜鱿 200g。

2. 配料　净丝瓜 300g、发好的云耳 50g、洋葱件 25g。

3. 料头　蒜蓉 1g、姜片（指甲片）和红萝卜花各 3g。

4. 调料　精盐 3g、绍酒 10g、芡汤 35g、湿淀粉 10g、麻油 1g、胡椒粉 0.5g、食用油 1000g。

5. 腌料　净鲜鱿 200g，姜片和葱条各 5g，精盐 2g，姜汁酒 5g。

制作工艺流程：

切配原料、腌制 → 焗菜 → 调碗芡 → 肉料拉油 → 下原料 → 溅酒 → 勾芡 → 下尾油 → 装盘

制作过程：

1. 将丝瓜开边，用刀片去瓜瓤，改成长 4cm、宽 2cm 的"日

字"形（或"榄核形"）。云耳、洋葱切成"日"字件，用直刀和斜刀在鲜鱿内筒肉面上刻"井"字花纹，然后斜改成长5cm、宽3cm的三角形，洗净原料。

2. 将腌料放入肉料内拌匀，腌制约20分钟。

3. 猛锅阴油，加入汤水、精盐，放入丝瓜、云耳，煸炒至仅熟，倒入漏勺内。

4. 用芡汤、湿淀粉、麻油、胡椒粉调成碗芡。

5. 烧热炒锅，加入沸水，放入鲜鱿"飞水"至定型，倒入漏勺内，用清水洗净。猛锅阴油，加入食用油烧至五成沸，放入鲜鱿拉油，倒入笊篱内，滤去油分，随即放入蒜蓉、姜片、红萝卜花、洋葱件、云耳、丝瓜、鲜鱿，溅入绍酒，略炒至香，调入碗芡炒匀，再加入尾油和匀，装盘。

成品要求：菜肴美观，色泽鲜明，芡色匀亮，原料鲜爽，突出锅气香味。

制作要点：

1. 刀工处理时，片瓜瓤不要片得太多，鲜鱿刻花时要均匀。

2. 煸菜时要掌握好时间，不要过熟，油量要足够。

3. 肉料"飞水"，可以使用肉料定型、排除部分的水分，但不可过熟。

4. 芡汤与湿淀粉的比例要适中，埋芡的动作要快且均匀。

5. 火候用中猛火，火过猛时可采适当端离火位。

黑椒香芹炒肚尖

原料：

1. 主料　腌好的肚尖片200g。

2. 配料　净西芹300g。

3. 料头　蒜蓉1g，姜米、红辣椒米、红萝卜花各3g。

4. 调料　精盐3g、绍酒10g、上汤30g、湿淀粉10g、黑椒汁20g、老抽2g、麻油1g、胡椒粉0.5g、二汤250g、食用油1000g。

制作工艺流程：与"云耳丝瓜炒鲜鱿"菜式相同。

制作过程：

1. 将西芹切成长4cm的"日"字形（或"榄核"形），洗净原料。

2. 猛锅阴油，加入汤水、精盐，放入西芹煽炒至仅熟，倒入漏勺。

3. 用上汤、湿淀粉、黑椒汁、老抽、麻油、胡椒粉调成碗芡。

4. 烧热炒锅，加入沸水，放入肉料略"飞水"，倒入笊篱，用清水洗净。猛锅阴油，加入食用油，加热至约120℃时，放入肉料拉油至仅熟，倒入笊篱，滤去油分，随即放入蒜蓉、姜米、椒米、红萝卜花、西芹、肚尖片，溅入酒，略炒至香，调入碗芡炒匀，再加入尾油和匀，装盘。

菜品要求：芡色匀滑，菜品爽口，突出黑椒汁风味。

制作要点：与"云耳丝瓜炒鲜鱿"菜式相同。

黑椒香芹炒猪颈肉

原料：

1. 主料　猪颈肉200g。

2. 配料　净西芹300g。

3. 料头　蒜蓉1g，姜米、红辣椒米、红萝卜花各3g。

4. 调料　精盐3g、绍酒10g、上汤30g、湿淀粉10g、黑椒汁20g、老抽2g、麻油1g、胡椒粉0.5g、二汤250g、食用油1000g。

制作工艺流程：

刀工切配 → 煽菜 → 肉料拉油 → 调碗芡 → 炒制 → 勾芡 →

下尾油 → 装盘

制作过程：

1. 将猪颈肉片成薄片；西芹切成长4厘米的"日"字形

（或"榄核"形）；洗净原料，用少许精盐、味精、湿淀粉拌匀猪颈肉。

2. 猛锅阴油，加入食用油，烧至120℃时，放入西芹迅速拉油，倒入笊篱；然后加入清水、精盐，放入西芹煸炒至入味，倒入漏勺。

3. 用上汤、湿淀粉、黑椒汁、老抽、麻油、胡椒粉调成碗芡。

4. 猛锅阴油，加入食用油，加热至约120℃时，放入肉料拉油至仅熟，倒入笊篱，滤去油分，随即放入蒜蓉、姜米、红辣椒米、红萝卜花、西芹、猪颈肉、溅入绍酒，略炒至香，调入碗芡炒匀，再加入尾油和匀，装盘。

菜品要求：芡色匀滑，菜品爽口，突出黑椒汁风味。

制作要点：

1. 西芹拉油后再煸炒可增加原料的色彩，达到呈半透明状态，口感也会更爽嫩。

2. 肉料拉油时要控制好油温和熟度。

3. 勾芡时火候不宜过猛，避免黑椒汁粘锅。

235

香芒炒虾球

原料：

1. 主料　腌制好的虾球400g。

2. 配料　芒果4只、红萝卜丁50g、芦笋丁50g、芒果丁100g。

3. 料头　蒜蓉和姜米各1g，短葱榄3g。

4. 调料　精盐5g、味精4g、鸡精2g、姜汁酒10g、绍酒10g、芡汤35g、湿淀粉10g、麻油1g、胡椒粉0.5g、二汤250g、食用油1000g。

制作工艺流程：

刀工处理 → 水果处理 → 煸菜 → 调碗芡 → 肉料拉油 → 炒制 → 勾芡 → 下尾油、水果 → 装盘

制作过程：

1. 将芒果从中间片开，去核取肉，用芒果果皮作盏，将果肉切丁，洗净，放入热的淡盐水中浸，待用。

2. 用刀将红萝卜、芦笋切成丁状，洗净原料。

3. 将香芒盏放入微沸的水中略烫，捞起，涂上食用油，摆放在盘上。

4. 猛锅阴油，加入食用油，加热至约100℃时，放入芦笋丁略拉油，倒入笊篱，随即溅入姜汁酒，加入二汤，调入精盐、味精、鸡精，放入芦笋丁、红萝卜丁略加热至入味，倒入漏勺。

5. 用芡汤、湿淀粉、麻油、胡椒粉调成碗芡。

6. 烧热炒锅，加入沸水，放入肉料略"飞水"；然后猛锅阴油，加入食用油，加热至180℃时，放入虾球拉油，倒入笊篱，滤去油分，随即放入蒜蓉、姜米、红萝卜丁、芦笋丁、虾球，溅入绍酒，略炒至香，调入碗芡炒匀，加入尾油、芒果肉丁、短葱榄和匀，将菜品盛入芒果盏中，摆放好。

菜品要求：菜品芒果味浓郁，肉质爽滑，色泽鲜明，造型新颖。

制作要点：

1. 选芒果不要太熟，并且大小一致。

2. 肉料拉油要选择好油温。

3. 勾芡要均匀，并且动作要迅速，掌握好火候。

4. 芒果肉丁不宜过早加入，且加热时间不宜太长。

夏果芦笋炒带子

原料：

1. 主料　腌制好的带子200g。

2. 配料　芦笋200g、夏果100g。

3. 料头　蒜蓉1g、姜花和红萝卜花各3g。

4. 调料　精盐3g、绍酒10g、姜汁酒10g、芡汤35g、湿淀粉

10g、麻油 1g、胡椒粉 0.1g、二汤 250g、食用油 1000g。

制作工艺流程：

切配原料 → 煸炒芦笋 → 调碗芡 → 夏果拉油 → 肉料拉油
→ 下原料 → 溅酒 → 勾芡 → 下尾油、夏果 → 装盘

制作过程：

1. 用刀将芦笋切成长 2cm 的菱形，洗净原料。

2. 猛锅阴油，加入食用油，加热至约 100℃ 时，放入芦笋丁拉油，倒入笊篱，随即溅入姜汁酒，加入汤水、精盐，放入芦笋丁煸至仅熟，倒入漏勺内。

3. 用芡汤、湿淀粉、麻油、胡椒粉调成碗芡。

4. 猛锅阴油，加入食用油，加热至约 100℃ 时，放入夏果稍拉油，倒入笊篱。

5. 烧热炒锅，加入沸水，放入带子略"飞水"，倒入漏勺，用清水洗净。猛锅阴油，加入食用油，加热至约 150℃ 时，放入带子拉油至熟，倒入笊篱，滤去油分，随即放入蒜蓉、姜片、红萝卜花、芦笋丁、带子，溅入绍酒，略炒至香，调入碗芡炒匀，再放入尾油、夏果和匀，装盘。

菜品要求：菜品色泽鲜明，保持原料原色，味鲜、嫩，芡色匀亮。

制作要点：

1. 煸菜时汤水不宜太多，溅入姜汁酒，可增加香味，去除芦笋丁的腥味。

2. 夏果拉嫩油主要是去除表面的杂质并使夏果受热后产生香味。

3. 带子"飞水"可去除肉质部分水分，拉油的油温要掌握好，保证肉质爽嫩。

4. 夏果要勾芡后才能放入，可保持干果的松脆风味。

以往的小炒基本上都运用混炒的形式制作，至 20 世纪 80 年

237

代中期，由于大批香港厨师长进入广州工作，将粤菜进行了改良、包装和创新等。这期间，小炒菜式中出现了"分底面炒"的制作方法，即先制作配菜后制作肉料，最后将肉料铺在配料表面上。这样的做法使造型方面大为改观，在制作方面也能将不同火候的原料区分开，在食味上还可避免口味混淆，可以在同一道菜肴中品尝不同的风味。

碧绿花枝玉带

原料：

1. 主料　腌制好的花枝片、带子各 100g。

2. 配料　净西蓝花 300g。

3. 料头　蒜蓉 1g、姜花和红萝卜花各 3g。

4. 调料　精盐 4g、味精 3g、白糖 2g、鸡精 2g、绍酒 20g、姜汁酒 10g、二汤 500g、芡汤 35g、湿淀粉 10g、麻油 1g、胡椒粉 0.5g、食用油 1000g。

制作工艺流程：

切配原料 → 煸菜 → 调碗芡 → 炒制西蓝花 → 装盘造型 →

肉料拉油 → 炒制肉料 → 装盘

制作过程：

1. 将西蓝花改好，洗净原料。

2. 猛锅阴油，加入食用油，加热至 100℃时，放入西蓝花略拉油，倒入笊篱，滤去油分，随即溅入姜汁酒，加入汤水、精盐、味精、白糖、鸡精，放入西蓝花煸炒至入味，倒入漏勺。

3. 用芡汤、湿淀粉、麻油、胡椒粉调成碗芡。

4. 猛锅阴油，放入西蓝花，溅入绍酒，调入一半碗芡炒匀，再加入尾油和匀，装盘造型。

5. 烧热炒锅，加入沸水，放入花枝片、带子"飞水"，倒入疏壳，用清水洗净；然后猛锅阴油，加入食用油，加热至 150℃

时，放入带子、花枝片拉油，倒入笊篱，滤去油分，随即放入蒜蓉、姜花、红萝卜花、花枝片、带子，溅入绍酒，略炒至香，调入碗芡炒匀，再加入尾油和匀，盛放在西蓝花上面。

菜品要求：层次分明，造型美观，色泽鲜明，味鲜、爽滑。

制作要点：

1. 煸炒西蓝花时加入姜汁酒可去除其腥味。

2. 西蓝花装盘造型前要滤去多余的芡汁。

3. 肉料"飞水"后拉油，可排除部分水分和保持肉料色洁白，拉油时间不宜太长。

4. 肉料炒制时动作要快，要掌握好火候，要突出锅气香味。

云南小瓜炒乳牛

原料：

1. 主料　腌制好的乳牛条 200g。

2. 配料　瓜条、新鲜茶树菇各 150 g，红、黄椒条 50g。

3. 料头　蒜片（或炸蒜片）2g，姜片（或姜花）、干葱片、红萝卜花各 3g。

4. 调料　精盐 5g、味精 3g、白糖 2g、蚝油 2g、绍酒 10g、调好的豉油 10g、食用油 1000g。

制作工艺流程：

切配原料 → 煸菜 → 肉料拉油 → 炒制 → 勾芡 →
溅味、下尾油 → 装盘

制作方法：

1. 先将瓜条、新鲜茶树菇放入约 150℃的油中拉油，然后投入加有精盐、味精的清水中煸至入味，倒入漏勺内，并用干净毛巾吸干水分。

2. 将肉料投入油中拉油，倒入笊篱内，滤清肉料和炒锅的余油，然后将肉料放入热锅中，使用慢火略煎至肉料表面着色，倒起。

3. 重新起锅，投入料头、肉料，溅入绍酒略炒至香，调入精盐、味精、白糖、蚝油略炒，再加入配料炒香，用芡粉勾薄芡，最后溅入豉油和尾油炒匀，装盘。

菜品要求：色泽鲜明，味鲜、爽滑，香味突出。

制作要点：

1. 配料通过拉油再放入清水中煸炒，可去除异味并增加香味，用干净毛巾吸干水分，可防止炒好的菜肴有泻水等现象。

2. 肉料拉油后略煎，可去除部分油脂并能增加其香味。

3. 炒制时运用中慢火，多用锅铲翻炒，尽量让原料接触炒锅，使原料香味透出，炒的时间可稍长些。

4. 采用直接加入调料调味而不用芡汤调味，虽然炒制时间稍长，但可避免芡中的水分过多而造成泻芡。

现时的小炒在传统小炒的基础上更加追求菜肴锅气的香味，并且选料多样、味型多变。在芡色运用方面，现时小炒主要是突出原料的干身，因此要少用芡粉。在技法上，现时小炒更喜欢使用生炒的方法制作，突出原料的原味。在火候方面，现时小炒不追求猛火急炒的做法，而多采用中、慢火在炒锅上运用锅铲均匀翻炒的技法。在调味方面，现时小炒多直接投入调味料，其操作工艺较以前有所改变。

现时小炒技法是社会的发展和人们对物质需求的一种产物，它是在传统小炒的基础上演变的。其特点主要有如下几点：

1. 煸菜处理方法更为多样。传统炒法中只有干煸和汤水煸，而现在除了这两种煸法外，有些原料还可先拉油，再加入汤水煸菜，这样可去除原料本身的异味，同时吸收油脂的香味，如西兰花、茶树菇、西芹、菜椒等。有些还可使原料的色泽更加明亮，如西芹、凉瓜。

2. 肉料拉油处理。肉料通常拉嫩油，然后放入不加油的炒锅中利用中慢火略煎，这样可以增加香味，视肉料的色泽来判断煎的色泽程度。

　　3. 料头的运用更加追求香味和色彩，下锅要求爆香。

　　4. 下肉料先爆香和直接调味。这点与传统小炒区别较大，这样除能增加香味外，还与芡有关系，用芡汤勾芡可能会造成芡汁过多，容易有芡汁泻出，影响菜式的香味。

　　5. 勾芡。现时小炒的芡都较少，主要突出干身，因使用芡汤虽然是制作速度较快，但容易泻芡汁和影响菜式的锅气香味。

　　6. 溅豉油。在勾芡后溅入豉油，主要是使原料（配料）着味，增加香味。

　　注意：要在勾芡后将豉油溅入锅边，若先溅豉油后勾芡，易使菜肴变焦（豉油配方：生抽 50% ＋ 水 50% ＋ 白糖 ＋ 美极鲜酱油，主要是以生抽和水为主）。

　　7. 包尾油时多采用炼好的鸡油，其黏性好可增加菜肴的光泽及香味。

　　8. 火候运用。多采用中慢火，炒制时间略长，真正将原料的香味炒出和透出。

241

　　传统小炒与现时小炒的比较见表 8-1。

表 8-1　传统小炒与现时小炒的比较

区别之处	传 统 小 炒	现 时 小 炒
配料搭配	较多且注重色彩搭配	在原有的基础上，更注重色彩和原料的口感
料头运用	多以蒜蓉、姜片、红萝卜花为主	蒜片（或炸蒜片）、姜片（或姜花）、干葱片（短葱榄）、红萝卜花、彩椒
配料处理	多以汤水和干煸为主	在原有的基础上，主要针对原料的特点进行处理，如有些原料拉油后再煸炒等
肉料拉油	采用直接拉油或"飞水"后拉油	在原来的基础上再进行煎制

（续）

区别之处	传统小炒	现时小炒
火候运用	多采用猛火急炒	使用中至中慢火炒，炒制时间略长
调味技巧	味道较为单一，以清淡为主，着味形式常以芡汤为主	味道多变，引入各种外来的风味，多直接使用调味料调味
勾芡技巧	常以芡汤加湿淀粉勾芡，芡色要求含芡饱满，有光泽，不泻芡、不泻油	常以清水加湿淀粉勾芡，在原有的基础上要求更高，菜肴要做到更加干身，突出小炒的特色

由于岭南地区的地理条件、气候条件都非常适宜水果的生长，因此在小炒菜肴选料时，并不仅局限于蔬菜，使用水果、鲜花作为烹饪原料也是比较常见的。水果类包括干果和新鲜水果，制作时，不同水果的处理方式也有差异，但是都要保持原料的风味。在炒的菜式中，有些是以新鲜的水果或炸好的果仁作配料，如菠萝、芒果、哈密瓜、花生、腰果、榄仁、核桃、杏仁、夏果等，这些原料应该在勾芡后放入，与其他原料和匀即可装盘，这样才能保持炸果仁的甘香、松脆，保持新鲜水果的原色、原味（新鲜水果切件后，要放入加有精盐的热水中略浸，既可消毒，也可使其有一定的温度）。

福果鲈鱼丁

原料：

1. 主料　加州鲈鱼一条（约750g）。

2. 配料　去皮白果肉50g，西芹、红萝卜、马蹄和青（红）椒各25g，炸面片10g，炸花生15g。

3. 料头　蒜蓉、姜甲片各2g，葱榄4g。

4. 调味　精盐5g、味精2g、白糖2g、美极汁3g、绍酒8g、麻油1g、胡椒粉0.5g、淀粉5g、鸡油20g、食用油1000g。

制作工艺流程：

切配原料 → 煸菜 → 肉料拉油 → 炒制 → 勾芡 → 溅味、下尾油 → 装盘

制作过程：

1. 用刀将西芹、红萝卜、马蹄、青（红）椒切成1厘米见方的丁状。

2. 加州鲈鱼宰后起肉留头尾，肉切成1厘米见方的丁粒，加入精盐、味精、麻油、胡椒粉、淀粉拌匀。

3. 将去皮白果放入150℃油中拉油，然后投入加有精盐、味精的沸水中滚至入味，倒出滤去水分。

4. 将西芹丁、红萝卜丁、马蹄丁放入加有精盐、味精的汤水中煸至仅熟，倒入漏勺内。

5. 将鱼头、鱼骨和鱼尾放入油中炸至熟，呈金黄色，造型在盘中。鲈鱼丁放入150℃油中拉油至仅熟，倒入笊篱滤去油分。随即将鲈鱼丁放入炒锅中，溅入美极汁，使用慢火加热，炒至干身，倒起待用。

6. 猛锅阴油，加入蒜蓉、姜甲片、椒丁、西芹丁、红萝卜丁、马蹄丁，溅入绍酒爆香后调入精盐、味精、白糖炒匀，用湿淀粉勾芡炒匀，加入鸡油、鲈鱼丁、葱榄、炸花生、炸面片和匀，摆在造型的盘中。

菜品要求： 色泽美观亮丽，口感清爽，味道鲜美，锅气好。

制作要点：

1. 鲈鱼丁要新鲜，吸干水分后入味腌制。

2. 鲈鱼丁拉油时要掌握好熟度；鲈鱼丁要先溅入美极汁，收汁时要求"干身"。

3. 炸面片、炸花生、鲈鱼丁要在勾芡后才放入，这样可保持各种原料的风味。

以上两款都是使用水果作配料制作的菜肴，但是由于原料的

性质不同，因此其处理方法也随之有所区别。白果是种较为特别的原料，若采用罐头的白果则不需要拉油，直接放入汤水加热即可；而哈密瓜、苹果、菠萝等水果的制作方法与"香芒炒虾球"中芒果的处理方法一样。

琥珀牛仔粒

原料：

1. 主料　牛仔肉 200g。

2. 配料　炸好的核桃仁 150g、芦笋 150g、红（黄）椒 50g。

3. 料头　蒜蓉、姜米、干葱片各 2g。

4. 调料　精盐 5g、味精 2g、白糖 2g、蚝油 3g、绍酒 5g、姜汁酒 5g、调好的豉油 5g、湿淀粉 10g、食粉 3g、麻油 1g、胡椒粉 0.5g、食用油 1000g。

制作工艺流程：

$$\boxed{刀工处理、腌制} \rightarrow \boxed{煏菜} \rightarrow \boxed{肉料拉油} \rightarrow \boxed{炒制} \rightarrow \boxed{勾芡} \rightarrow$$

$$\boxed{下尾油} \rightarrow \boxed{装盘}$$

制作过程：

1. 用刀将牛仔肉、芦笋、红（黄）椒分别切成 1 厘米见方的丁状，切配好料头，洗净原料。然后用食粉、精盐、湿淀粉将牛仔肉丁略腌制。

2. 猛锅阴油，加入食用油并加热至 150℃，放入芦笋丁迅速拉油，倒入笊篱；随即溅入姜汁酒，加入少量的清水，调入精盐、味精，投入芦笋丁煏至入味，倒入漏勺内。

3. 猛锅阴油，加入食用油并加热至 120℃时放入牛仔肉丁拉油至仅熟后取出。投入料头，略爆炒后放入牛仔肉丁，调入味精、白糖、蚝油，溅入绍酒，在火炉上爆炒至香后投入芦笋丁、红（黄）椒丁略炒至香后，用湿淀粉、麻油、胡椒粉勾芡炒匀，溅入调好的豉油、加入尾油和匀装盘，最后撒上炸好的核桃仁。

菜品要求：色泽美观亮丽，口感爽嫩。

制作要点：

1. 刀工要整齐划一，原料搭配要合理，以保证菜肴美观。

2. 煸炒芦笋时溅入姜汁酒可去除原料的异味，要使用猛火，煸炒时间要短。

3. 肉料拉油时油温不宜太高，以免使肉质变韧，并要掌握好熟度。

4. 下调味料爆炒肉料时火候不宜太猛，防止肉料变焦。

5. 勾芡动作要快，才能保证成菜后撒上的核桃仁的酥脆。

二、熟炒法

熟炒是将经处理至熟的、有一定特殊风味和制作特别的肉料作主料，与配料在热炒锅中一同炒制，调入芡汁而成菜肴的制作方法。熟炒菜式的主料多是质地较韧或具一定特殊风味的，如卤水制品、腊味、经腌制后处理熟的肉料等。

由于熟炒菜式的肉料有它固有的特殊性，因此制作出的菜肴软滑、甘香、别具特色。

熟炒和拉油炒的区别在于肉料的生与熟，在制作上基本上与拉油炒相同，只不过熟炒的肉料要先"飞水"后拉油，并且拉油油温相对要偏低，拉油时间要短，以保持肉质的色泽和质感，其次在勾芡时动作要快，以保持菜品色泽鲜明。

菜 品 实 例

松子粟米叉烧粒

原料：

1. 主料　叉烧 200g。

2. 配料　熟粟米粒 100g，红萝卜粒、青豆粒、马蹄粒各 50g，炸好的松子 50g。

245

3. 料头　蒜蓉和姜米各 1g，短葱榄 3g。

4. 调料　精盐 3g、绍酒 10g、芡汤 35g、湿淀粉 10g、麻油 1g、胡椒粉 0.5g、食用油 1000g。

制作工艺流程：

切配原料→煸菜→调碗芡→肉料拉油→下原料→溅酒→勾芡→下尾油→装盘

制作过程：

1. 用刀将叉烧切成 0.8cm 的方粒形，洗净原料。

2. 猛锅阴油，加入汤水、精盐、红萝卜粒、青豆粒、粟米粒、马蹄粒煸炒至仅熟，倒入漏勺。

3. 用芡汤、湿淀粉、麻油、胡椒粉调成碗芡。

4. 猛锅阴油，加入食用油，加热至 100℃ 时，放入叉烧粒略拉油，倒入笊篱，滤去油分，随即放入蒜蓉、姜米、红萝卜粒、青豆粒、粟米粒、马蹄粒、叉烧粒，溅入绍酒，略炒至香，调入碗芡炒匀，再加入尾油、炸好的松子、短葱榄和匀，装盘。

菜品要求：菜品色鲜艳目，香爽脆嫩，鲜美可口。

制作要点：

1. 刀工切配时要注意规格的均匀。

2. 拉油时油温不宜高，时间不宜过长。

3. 勾芡要均匀，松子要勾芡后放入，以保持松脆。

荷芹炒腊味

原料：

1. 主料　蒸熟的腊肉、腊肠各 100g。

2. 配料　净荷兰豆、净西芹各 150g。

3. 料头　蒜蓉 1g，姜片和红萝卜花各 3g。

4. 调料　精盐 3g、绍酒 10g、姜汁酒 10g、老抽 2g、芡汤 35g、湿淀粉 10g、麻油 1g、胡椒粉 0.5g、食用油 1000g。

制作工艺流程：与"松子粟米叉烧粒"菜式相同。

制作过程：

1. 用斜刀分别将腊肉切成厚0.3cm的片状，用斜刀将西芹切成长4cm的"日"字形（或"榄核"形），切配好料头，洗净原料。

2. 猛锅阴油，溅入姜汁酒，加入汤水、精盐，随即放入荷兰豆、西芹，煸炒至仅熟，倒入漏勺内。

3. 用芡汤、湿淀粉、老抽、麻油、胡椒粉调成碗芡。

4. 烧热炒锅，加入沸水，放入肉料"飞水"倒入漏勺，猛锅阴油，加入食用油，加热至约100℃时，放入肉料拉油，倒入笊篱，滤去油分，随即放入蒜蓉、姜片、红萝卜花、荷兰豆、西芹、肉料，溅入绍酒，略炒至香，调入碗芡炒匀，再加入尾油和匀，装盘。

菜品要求：色泽鲜明，蔬菜青绿可口、清鲜，肉料甘香，芡色匀滑有光泽。

制作要点：与"松子粟米叉烧粒"菜式相同。

三色火鸭丝

原料：

1. 主料　火鸭肉200g。

2. 配料　鸡腿菇100g、芥蓝梗150g、红辣椒丝50g。

3. 料头　蒜蓉1g、姜丝3g。

4. 调料　精盐3g、姜汁酒10g、绍酒10g、芡汤35g、湿淀粉10g、麻油1g、胡椒粉0.5g、食用油1000g。

制作工艺流程：与"松子粟米叉烧粒"菜式相同。

制作过程：

1. 将火鸭肉、鸡腿菇、芥蓝梗、红辣椒分别切成约长为7cm、宽和厚为0.6cm的粗丝，切配好料头，洗净原料。

2. 烧热炒锅，加入沸水，放入鸡腿菇略滚熟，倒入漏勺，用

247

清水洗净。

3. 猛锅阴油，溅入姜汁酒，加汤水、精盐，放入芥蓝梗、鸡腿菇煸炒至入味，倒入漏勺。

4. 用芡汤、湿淀粉、麻油、胡椒粉调成碗芡。

5. 猛锅阴油（加入食用油）加热至约100℃时，放入肉料拉油，倒入笊篱，滤去油分，随即放入蒜蓉、姜丝、红辣椒丝、芥蓝梗丝、鸡腿菇丝、火鸭丝，溅入绍酒，略炒至香，调入碗芡炒匀，加入尾油和匀，装盘。

菜品要求： 色彩鲜艳夺目，原料鲜、爽，芡色匀亮。

制作要点：

1. 切配时要注意各种原料规格协调。

2. 煸菜时要掌握好火候和原料的熟度。

3. 肉料拉油时油温不宜太高，时间要短。

4. 炒制时要采用猛火急炒，勾芡动作要快且匀滑。

XO 酱豆角咸猪肉

原料：

1. 主料　带皮五花肉 200g。

2. 配料　青豆角 300g。

3. 料头　蒜蓉 1g、红辣椒件和洋葱件各 5g。

4. 调料　XO 酱 15g、精盐 3g、绍酒 10g、老抽 3g、芡汤 20g、湿淀粉 10g、麻油 1g、胡椒粉 0.5g、食用油 1000g。

5. 腌料　带皮五花肉 200g、精盐 200g。

制作工艺流程：

腌制花肉 → 切配原料 → 煸菜 → 调碗芡 → 肉料拉油 →

下原料 → 溅酒 → 勾芡 → 下尾油 → 装盘

制作过程：

1. 用精盐擦匀五花肉，放入蒸笼（或蒸柜）内蒸至熟，取出。

2. 用刀将五花肉切成约长 5cm、宽 3cm、厚 0.3cm 的片状，将青豆角切成长 5cm 的段，洗净原料。

3. 猛锅阴油，加入汤水、精盐，随即放入青豆角，略煸炒至仅熟，倒入漏勺内。

4. 用芡汤、湿淀粉、麻油、胡椒粉调成碗芡。

5. 烧热炒锅，加入沸水，放入肉片略"飞水"倒入漏勺内，趁热涂上老抽。猛锅阴油，加入食用油，加热至 150℃ 时，放入肉片拉油，倒入笊篱，滤去油分，随即放入蒜蓉、红辣椒件、洋葱件、XO 酱、青豆角、肉片，溅入绍酒，爆炒至香，调入碗芡炒匀，再加入尾油和匀，装盘。

菜品要求：菜品色泽鲜明，口味浓郁，突出酱香味，别具风格。

制作要点：

1. 煸炒青豆角时下调味料要足够，要使用猛火煸炒。

2. 肉片"飞水"后不要用冷水冲洗，要趁热用老抽上色。

3. 肉片拉油时间不宜过长。

4. 原料在锅内要猛火急炒，勾芡要匀滑、时间要短。

249

三、生炒法

生炒法是将生原料同放在热炒锅中调味，炒至原料仅熟后勾芡完成菜品的一种方法。生炒法的菜式更能突出原料的鲜味，在制作上也较为简单，肉料通常不需要拉油，但要进行腌制；要按照原料的受火程度恰当地分先后次序放入原料，掌握不同的火候，防止原料过熟或不熟的现象；在烹制时往往需要加入少许汤水加热，因此要掌握好汤水的分量，要求菜肴刚熟而汤水浓缩恰到好处，随即勾芡，以保持菜肴的风味；由于原料在炒锅中由生炒至熟，因此炒制时间略长。

菜品实例

家乡炒蚕蛹

原料：

1. 主料　洗净的蚕蛹 200g。

2. 配料　菜脯 50g，韭菜 50g，红尖椒和洋葱各 25g，炸花生 50g。

3. 料头　蒜蓉 1g、姜米 3g。

4. 调料　精盐 4g、绍酒 10g、芡汤 35g、湿淀粉 5g、麻油 1g、胡椒粉 0.5g、食用油 1000g。

制作工艺流程：

切配原料 → 炒干肉料 → 调碗芡 → 下原料 → 溅酒 → 勾芡 → 装盘

制作过程：

1. 用刀将菜脯、韭菜、红尖椒、洋葱分别切成约 1cm 的粒状，洗净原料。

2. 烧热炒锅，加入沸水，放入蚕蛹，略"飞水"，倒入漏勺。略烧热炒锅，放入肉料，调入精盐，使用慢火将原料炒至"干身"至熟，倒入漏勺。

3. 用芡汤、湿淀粉、麻油、胡椒粉调成碗芡。

4. 猛锅阴油，随即放入蒜蓉、姜米、韭菜粒、红辣椒粒、洋葱粒，略炒，再放入菜脯粒、蚕蛹，溅入绍酒，爆炒至香，调入碗芡炒匀，再加入尾油和匀，装盘，将炸花生放在菜品表面。

菜品要求：菜品味美、香口，配料爽口，别具风味。

制作要点：

1. 刀工切配时要注意各种原料规格一致。

2. 蚕蛹要使用中慢火炒至"干身"。

3. 原料下锅炒制时，使用中火爆炒至香味溢出后，才可勾芡。

4. 此菜的芡不宜太多。

塘芹桂林炒鹌松

原料：

1. 主料 净鹌鹑6只（约500g）。

2. 配料 马蹄肉200g、西芹100g、湿冬菇15g、熟腊鸭肝50g、鸡蛋黄50g。

3. 料头 蒜蓉1g，姜米和葱花各3g。

4. 调料 精盐3g、蚝油2.5g、老抽2.5g、白糖1g、二汤200g、绍酒10g、芡汤35g、湿淀粉15g、麻油1g、胡椒粉0.5g、生抽1g、干淀粉20g、鸡蛋1只、食用油1000g、生鸡油25g、熟猪油45g。

251

制作工艺流程：

切配原料 → 炸鹌鹑头 → 煸配料 → 调碗芡 → 原料炒制 → 装盘

制作过程：

1. 用刀起出鹌鹑肉，将头斩下（待用）。鸟身加入生鸡油后，用刀剁成0.5cm的方粒，将马蹄肉、湿冬菇、西芹、腊鸭肝切成0.5cm的方粒，切配好料头。

2. 将生抽加入鸟头和匀，再拍上干淀粉，烧热炒锅，加入食用油，加热至约150℃时，放入原料，炸至熟、呈金黄色，装盘。

3. 猛锅阴油，加入二汤、精盐，放入马蹄粒、菇粒、西芹粒，煸炒至仅熟，倒入漏勺内，滤去水分，放入洁净白毛巾内吸干水分，猛锅阴油，放入原料，用中火将原料炒至有香味，盛起待用。

4. 用芡汤、蚝油、白糖、老抽、湿淀粉、麻油、胡椒粉调成

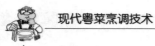

碗芡。

5. 将鸡蛋液加入鹌鹑肉粒内拌匀。

6. 猛锅阴油，随即放入蒜蓉，姜米爆香后，放入鹌鹑肉粒、腊鸭肝粒，加入猪油炒至肉料松散、有香味；再加入马蹄粒、菇粒、西芹粒，溅入绍酒，调入碗芡，边翻锅边炒匀，再加入猪油、葱花和匀，装盘。

菜品要求：菜品甘香、爽滑，突出锅气香味，芡色匀亮，有光泽。

制作要点：

1. 各种原料规格要均匀。

2. 炒制时使用中小火，炒至原料"干身"、松散、有香味。

3. 勾芡时要均匀、时间要短、动作要快。

榄菜肉松炒四季豆

252

原料：

1. 主料　瘦肉、榄菜各 100g。

2. 配料　四季豆 300g。

3. 料头　蒜蓉 1g，姜米和青红辣椒米各 3g。

4. 调料　精盐 5g、味精 2g、绍酒 10g、白豉油 8g、二汤 200g、食用油 500g。

制作工艺流程：

煸菜 → 下原料 → 炒制 → 装盘

制作过程：

1. 猛锅阴油，加入二汤，调入精盐、味精，放入四季豆，煸炒至仅熟，倒入漏勺。

2. 将瘦肉洗净在砧板上剁成幼粒。

3. 猛锅阴油，放入料头、肉碎、榄菜爆香，随即放入四季豆，溅入绍酒，炒匀，再加入白豉油和匀，装盘。

菜品要求：干香、味美。

制作要点：

1. 由于四季豆较难入味，在煸炒时调味料要足够。

2. 肉碎下锅后要用慢火炒香。

四、软炒法

软炒法是用鸡蛋或牛奶为主料，配以一些经处理熟而不带骨的原料（鱼片除外），混合放入经猛锅阴油的热锅中，用中至慢火，在锅中炒至主料仅熟而成菜品的一种烹调方法。炒鸡蛋是将鸡蛋在低温（约80℃）凝结成可食用的菜肴，色泽金黄；而炒牛奶则需要配以蛋清、粟粉，帮助其凝结成菜肴，色泽洁白如霜。

软炒法的菜式可以说是粤菜的一大特色，菜品清香、软滑，味道鲜美，营养丰富，配料以爽、嫩为主，原料以仅熟为佳，突出主料的原色。

制作工艺流程：

253

| 主料调味 | → | 配料热处理 | → | 原料混合 | → | 炒制 | → | 装盘 |

软炒法的原理其实是蛋白质的变性过程。蛋白质从液态转变为凝固状态，则需要加热（温度在80℃左右），因此炒制时的火候以中至慢火为宜。在原料搭配方面，主料与配料比例为3∶2较适宜，并且配料与主料混合前应处理熟和吸干水分。为确保菜肴色泽保持原色，首先配料要新鲜、色泽明净，其次使用的工具和油脂要干净。鸡蛋类的菜式在炒制时吸收食用油量较多，只有油量足够，才能使菜肴色鲜、嫩滑。在炒制过程中，鸡蛋在八成熟后便不再吸收油脂，因此应早些加入食用油，或猛锅阴油后保留多些余油。软炒法的菜式在炒制过程中，特别讲究炒制的手法，炒时应沿着锅边顺一方向炒至近身处叠成"山形"，并且边翻炒边加入食用油，翻炒要均匀，以保证生熟度一致；翻炒频率不宜太快，以保证菜肴的完整性。

菜 品 实 例

滑蛋鲜虾仁

原料：

1. 主料　净鸡蛋液 300g。

2. 配料　腌好的虾仁 200g。

3. 料头　葱花 10g。

4. 调料　精盐 2g、味精 3g、麻油 1g、胡椒粉 0.5g、食用油 1000g。

制作工艺流程：

蛋液调味 → 肉料拉油 → 原料混合 → 炒制 → 装盘

制作过程：

1. 用筷子将蛋液打烂，撇去泡沫，放入精盐、味精、麻油、胡椒粉拌匀，再放入葱花。

2. 烧热炒锅，加入沸水，放入虾仁"飞水"，倒入漏勺。猛锅阴油，加入食用油，加热至约 150℃时，放入虾仁拉油至仅熟，倒入笊篱，滤去油分，放入蛋液和匀，随即将原料放入热锅中，使用中火，用锅铲顺一方向翻炒，边加热边加油边翻炒至凝结，堆成"山形"，装盘。

菜品要求：色泽金黄，菜品堆成"山形"，原料仅熟，鸡蛋嫩滑，虾仁要突出爽。

制作要点：

1. 主料与配料的分量要恰当。

2. 使用的炊具和油脂要洁净。

3. 炒制时要使用中火，炒时应早加油，或猛锅阴油后应保留较多的底油。

4. 炒时应沿着锅边顺一方向铲至近身处叠成"山形"。

京式赛螃蟹

原料：

1. 主料　鲜牛奶 500g。

2. 配料　鸡蛋清 400g、鹰粟粉 25g、带子 100g、火腿蓉 5g。

3. 调料　精盐 5g、味精 3g、湿淀粉 5g、食用油 100g。

制作工艺流程：

切配原料 → 原料热处理 → 主料调味 → 原料混合 → 炒制 → 装盘、撒上火腿蓉

制作过程：

1. 先将鲜牛奶（400g）放入干净的锅中加热后倒回原窝内；将余下牛奶加入鸡蛋清、调味料、鹰粟粉和匀，再加入加热过的牛奶。

2. 烧热炒锅，加入沸水，放入带子"飞水"后倒入漏勺，用清水洗净，猛锅阴油，加入食用油，加热至约 150℃，放入带子拉油至仅熟，倒入笊篱，滤去油分。

3. 将配料和牛奶和匀，猛锅阴油，放入原料，使用中火，边加热边翻炒边加油，炒至凝结，堆成"山形"，倒入笊篱滤去油分后装盘，撒上火腿蓉。

菜品要求：色泽洁白，成"山形"，不泻油，不泻水，如蟹肉般嫩滑。

制作要点：

1. 要选用质量好的鲜牛奶。

2. 牛奶与蛋清、鹰粟粉的比例要适当。

3. 牛奶预热可达到减少水分、增大浓度的作用，炒制时易凝结。

4. 蛋清不能搅拌，否则易出水。

5. 使用炊具和油脂要洁净，在炒制时油脂要足够，这样才能

突出菜肴的嫩滑，但烹制后要滤去菜肴的油分。

6. 炒制时选用中火，手法要求顺一方向炒制，并且翻炒的频率不要过快。

7. 边翻炒边加油，在蛋将要凝结前控制油量。

炒桂花鱼肚

原料：

1. 主料　净鸡蛋 400g。

2. 配料　发好的鱼肚 200g。

3. 调料　精盐 5g、味精 5g、鸡精 2g、绍酒 10g、湿淀粉 5g、食用油 1000g。

4. 煨料　姜片和葱条各 5g，姜汁酒 20g，二汤 750g。

制作工艺流程：

切配原料 → 滚、煨鱼肚 → 蛋液调味 → 原料混合 → 炒制 → 装盘

制作过程：

1. 将鱼肚放在砧板上，用刀切成长 7cm，宽、厚 0.6cm 的丝状。

2. 烧热炒锅，加入水，放入鱼肚丝"飞水"后倒入笊篱，用清水冲洗。猛锅阴油，放入姜片、葱条，溅入姜汁酒，加入二汤，调入精盐，随即放入鱼肚丝煨至入味，倒入漏勺，去除姜片、葱条，吸干水分。

3. 将调味料放入蛋液中拌匀，再加入鱼肚和匀。

4. 猛锅阴油，将锅端离火位，放入原料后，再端回火位，使用中火，用锅铲边翻炒边溅入绍酒，炒至呈"桂花形"时，用湿淀粉勾芡，再加入尾油炒匀，装盘。

菜品要求： 鸡蛋香滑，鱼肚爽滑，突出香味。

制作要点：

1. 鱼肚丝在与蛋液和匀前，要用洁净白毛巾吸干水分。

2. 菜品炒制时要使用洁净的油脂和炊具。

3. 炒制时要使用中慢火。

4. 炒制菜品时，要求边炒边加热边加入适量油脂。

5. 勾芡不宜太稠。

四宝炒牛奶

原料：

1. 主料　鲜牛奶 500g。

2. 配料　鸡蛋清 400g、鹰粟粉 40g，腌好的虾仁、带子、鸭肾、鸡肉各 50g，火腿蓉 5g。

3. 调料　精盐 5g、味精 3g、湿淀粉 5g、食用油 100g。

制作工艺流程：

切配原料 → 原料热处理 → 主料调味 → 原料混合 → 炒制 → 装盘、撒上火腿蓉

257

制作过程：

1. 用刀将鸡肉切成 1cm 的丁状，将鸭肾铲去外衣，在表面刻"井"字花纹，然后一开二（或一开三）成丁状，洗净原料，用少许精盐、湿淀粉将鸡丁略腌。

2. 将牛奶 400g 放入干净的锅中加热后倒回原窝内；将余下牛奶加入蛋清、鹰粟粉和匀，再加入加热过的牛奶和蛋清。

3. 烧热炒锅，加入沸水，分别放入肾丁、虾仁、带子"飞水"，倒入漏勺，用清水洗净。猛锅阴油，加入食用油，加热至约 120℃，放入肾丁、鸡丁、带子、虾仁拉油至仅熟，倒入笊篱，滤去油分。

4. 将配料和牛奶和匀，猛锅阴油，放入原料，使用中火，边加热边翻炒边加油，炒至凝结，加入味精、堆成"山形"，装盘，撒上火腿蓉。

菜品要求：色泽洁白，成"山形"，不泻油，不泻水，牛奶

嫩滑，配料鲜爽。

制作要点：

1. 要选用质量好的鲜牛奶。

2. 牛奶与蛋清、鹰粟粉的比例要适当。

3. 牛奶预热可达到减少水分，增大浓度，炒制时易凝结的作用。

4. 蛋清不能搅拌，否则易出水。

5. 使用的炊具和油脂要洁净。

6. 炒制时选用中火，手法要求顺一方向炒制，并且翻炒的频率不要过快。

7. 边翻炒边加油，在蛋将要凝结前控制油量。

第八节　烹调法——油泡

在粤菜中并不是每道菜肴都是由主料和配料组成的，有配料组成的菜肴，它们的特点是可品尝多种原料的滋味，但有时为了突出菜肴的某一种原料的滋味，使食客能品尝到其中的真谛，有些菜只有主料而没有配料，就出现了油泡这种烹调方法。油泡法是将半制成品或经刀工处理的肉料（即主料），按照一定的油温拉油至一定的熟度，再放入有底油的热锅中急速快炒至有香味，调入芡汁而成菜品的一种烹调方法。

油泡的菜式是由主料和料头组成的，它具有清鲜、爽滑、芳香、色泽鲜明、形态完整美观的特点。

油泡法菜式的制作工艺流程：

调碗芡 → 肉料拉油 → 下料头 → 下肉料 → 溅酒 → 勾芡 → 下尾油 → 装盘

油泡法和拉油炒制作过程有相同之处，但也有不同之处：油泡法的菜式单纯由主料和料头组成，而拉油炒的菜式是由主料、配料、料头三部分组成；油泡法的料头是姜花、红萝卜花、葱榄，而拉油炒法的料头是由蒜蓉、姜片、红萝卜花；油泡法和拉油炒的芡都属于"包心芡"，要求原料含芡饱满、有光泽，不泻油和不泻芡，但是油泡法的芡要比拉油炒的芡要求更高，做到"见芡而不见芡流"。

　　油泡法菜式在制作上讲究刀工、火候和芡的运用。首先，必须要选用新鲜肉料，这样才能保证菜肴的色泽、滋味和形态。在刀工处理上，应该做到整齐一致，要根据原料的特性切改成各种各样的形态，刻出各种各样的花纹，如肾球、鲜鱿、虾球、鲈鱼球、塘利鱼球、花枝球等，尽可能使菜肴美观、大方，让人食欲大增。由于菜式只是由主料和料头组成，缺少配料的衬托，只能在料头方面作"文章"，将葱切成葱榄，将姜、红萝卜改切成特定图案，如蝴蝶、兔子、雄鹰、燕子等栩栩如生，增添菜肴色彩，使之更为悦目，提高菜肴的观赏价值。油泡法菜式的料头通常是姜花、红萝卜花、葱榄，但是随着调味汁的不同，也会随之产生变化，如"蚝油牛肉"的料头是姜片、小葱段；"茄汁虾球"的料头是蒜蓉、洋葱件或小葱段，"咖喱牛肉"的料头是蒜蓉、姜米、椒米、洋葱米；"豉汁塘利球"的料头是蒜蓉、姜米、椒米、豉汁、小葱段；"黑椒牛肉"的料头是蒜蓉、椒米、洋葱米；"XO酱爆花枝片"的料头是蒜蓉、姜片、洋葱件、青（红）椒件等。

　　其次，油泡法菜式在制作中，更为强调火候的应用。肉料拉油时要掌握好油温和原料的熟度（与拉油一样）；由于肉料在炒制时容易变色、变韧等，因此，当遇到火猛或油温高时要适当端离火位，翻炒时要灵活，让原料受热均匀；若火候太小或油温过低，使肉料成熟时间长了，反而会使其色泽变得暗淡、不鲜明。因此，正确使用好火候和油温，是保证菜肴质量必不可少的条件。

　　最后，在芡的运用方面，绝大多数油泡的菜式都是使用碗

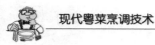

芡，只有个别使用锅上芡。同样的，根据肉料不同的色泽或使用不同的调味料，油泡法芡色也分为白芡、黑芡、浅红芡、金黄芡、大红芡、青芡六种。各种芡色的调配、用途都有差异，如：

（1）白芡　用芡汤、湿淀粉、麻油、胡椒粉调成，用于肉色洁白的菜式，如"油泡虾球"、"油泡虾丸"、"油泡牛蛙"等。

（2）黑芡　用芡汤、湿淀粉、老抽、麻油、胡椒粉调成，用于豉汁或黑椒汁调味的菜式，如"豉汁塘利球"、"黑椒牛肉"等。

（3）浅红芡　用芡汤、湿淀粉、少许老抽、麻油、胡椒粉调成，用于炒制浅色的肉料，如"油泡肾球"、"蚝油牛肉"等。

（4）金黄芡　用芡汤、湿淀粉、少许老抽、麻油、胡椒粉调成，用于炒制金黄色的肉料或调味料是金黄色的菜式，如"油泡麦穗鱿"、"油泡双鱿"、"XO 酱爆花枝片"等。

（5）大红芡　用茄汁、芡汤、湿淀粉、麻油、胡椒粉调成，用于使用茄汁调味的菜式，如"茄汁虾球"、"茄汁牛肉"等。

（6）青芡　用菠菜汁、芡汤、湿淀粉、麻油、胡椒粉调成，用于要使菜肴为青绿色的菜式，如"菠汁炒虾仁"等。

制作油泡菜式，芡色掌握得好不好是烹制的关键。如何真正使菜肴做到"有芡而不见芡流，色鲜而滑，不泻油和不泻芡"，杜绝喷油、泻芡的现象呢？第一、要根据原料的性质选用适当的油温；第二、肉料拉油后要滤清炒锅内的余油；第三、肉料放入炒锅前要滤去油分；第四、加尾油的量要适当；第五、碗芡中的芡汤与湿淀粉的比例要恰当；第六、锅芡中的汤水在锅内"收汁"至恰到好处时才勾芡；第七、要遵循先勾芡后加尾油的操作程序。

菜 品 实 例

油 泡 肾 球

原料：

1. 主料　净鹅（或鸭）肾500g。

2. 料头　姜花、红萝卜花、葱榄各 3g。

3. 调料　绍酒 10g、蚝油 5g、老抽 3g、芡汤 20g、湿淀粉 10g、麻油 1g、胡椒粉 0.5g、食用油 1000g。

4. 腌料　姜片、葱条各 5g、绍酒 10g、精盐 4g。

制作工艺流程：

切配原料、腌制 → 调碗芡 → 肉料拉油 → 下原料 → 溅酒 → 勾芡 → 下尾油 → 装盘

制作过程：

1. 用刀将肾切开，片去"外衣"，用横直刀刻"井"字花纹成球状，洗净原料，放入小盆内，放入腌料拌匀，腌制 20 分钟。

2. 用蚝油、老抽、芡汤、湿淀粉、麻油、胡椒粉调成碗芡。

3. 烧热炒锅，加入沸水，放入肾球"飞水"后倒入漏勺，用清水洗净。猛锅阴油，加入食用油，加热至约 120℃ 时，放入肉料拉油至熟，倒入笊篱，滤去油分，随即放入姜花、红萝卜花、肉料，溅入绍酒，调入碗芡，边加热边炒匀，再放入葱榄、尾油和匀，装盘。

菜品要求：肉质鲜爽，芡色匀亮（呈浅红芡）。

制作要点：

1. 原料刀工时要均匀。

2. 原料"飞水"时水不宜大沸，拉油时油温不宜太高，并且时间要短。

3. 原料拉油后要滤去肉料油分，并倒净炒锅的余油。

4. 芡汤与湿淀粉的比例要恰当，勾芡要均匀，尾油要适量。

油泡金银鱿

原料：

1. 主料　浸发好的土鱿、净鲜鱿各 200g。

2. 料头　姜花、红萝卜花、长葱榄各 3g。

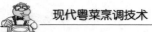

3. 腌料　姜片和葱条各 5g，姜汁酒 10g，精盐 4g。

4. 调料：蚝油 5g、老抽 2g、芡汤 20g、湿淀粉 10g、麻油 1g、胡椒粉 0.5g、食用油 1000g。

制作工艺流程：与"油泡肾球"菜式相同。

制作过程：

1. 用刀分别在土鱿、鲜鱿的鱼肚上刻直纹，调转再用斜刀刻斜纹，然后斜刀切成长 5cm、宽 3cm 的三角形，洗净，放入小盆内，放入腌料拌匀，腌制 20 分钟。

2. 用蚝油、老抽、芡汤、湿淀粉、麻油、胡椒粉调成碗芡。

3. 烧热炒锅，加入沸水，放入肉料"飞水"，倒入漏勺，用清水洗净。猛锅阴油，加入食用油，加热至约 150℃ 时，放入肉料拉油至仅熟，倒入笊篱，滤去油分，随即放入姜片、红萝卜花、肉料，溅入绍酒，调入碗芡，边翻锅边炒匀，再加入尾油、长葱榄和匀，装盘。

菜品要求：肉质鲜爽、突出土鱿香味，芡色匀亮（呈金黄芡）。

制作要点：与"油泡肾球"菜式相同。

XO 酱爆花枝玉带

原料：

1. 主料　花枝片、鲜带子各 200g。

2. 料头　蒜蓉 1g、姜花 3g、青（红）椒件和洋葱件各 15g。

3. 调料　绍酒 10g、XO 酱 15g、上汤 35g、湿淀粉 10g、麻油 1g、胡椒粉 0.5g、食用油 1000g。

制作工艺流程：与"油泡肾球"菜式相同。

制作过程：

1. 刀工加工花枝片、鲜带子，放入小盆内，放入腌料拌匀，腌制 20 分钟。

2. 用上汤、湿淀粉、麻油、胡椒粉调成碗芡。

3. 烧热炒锅，加入沸水，放入肉料"飞水"，倒入漏勺内，用清水洗净。猛锅阴油，加入食用油，加热至约150℃时，放入肉料拉油至仅熟，倒入笊篱内，滤去油分，随即放入蒜蓉、姜花、青（红）椒件、洋葱件略爆炒，再放入XO酱、肉料炒匀，溅入绍酒，调入碗芡，边加热边炒匀，最后加入尾油和匀，装盘。

菜品要求：肉质鲜爽，突出XO酱的香浓味，芡色金红。

制作要点：与"油泡肾球"菜式相同。

豉汁塘利球

原料：

1. 主料　净塘利鱼肉400g。

2. 料头　蒜蓉1g、姜米3g，青（红）椒米、豉汁各15g，小葱段3g。

3. 调料　精盐2g、绍酒10g、老抽3g、芡汤15g、湿淀粉10g、麻油1g、胡椒粉0.5g、食用油1000g。

制作工艺流程：与"油泡肾球"菜式相同。

制作过程：

1. 用刀在鱼肉上刻"井"字花纹，再切成约7cm的长方形，洗净原料。

2. 将精盐放入肉料内拌匀，略腌制。

3. 用芡汤、湿淀粉、老抽、麻油、胡椒粉调成碗芡。

4. 猛锅阴油，加入食用油，加热至约120℃时，放入肉料拉油至仅熟，倒入笊篱内，滤去油分，随即放入蒜蓉、姜米、青（红）椒米、豉汁、肉料，溅入绍酒，调入碗芡炒匀，再加入小葱段、尾油和匀，装盘。

菜品要求：肉质鲜嫩，突出豉汁的香浓味，芡色匀亮（呈黑芡）。

制作要点：与"油泡肾球"菜式相同。

黑 椒 牛 肉

原料：

1. 主料　牛肉片 400g。

2. 料头　蒜蓉 1g、姜米 2g、青（红）椒米和洋葱米各 10g。

3. 调料　绍酒 10g、上汤 20g、黑椒汁 15g、湿淀粉 10g、麻油 1g、胡椒粉 0.5g、食用油 1000g。

制作工艺流程： 与"油泡肾球"菜式相同。

制作过程：

1. 加工肉料，放入小盆内，加入腌料拌匀，腌制 20 分钟。

2. 用上汤、黑椒汁、湿淀粉、麻油、胡椒粉调成碗芡。

3. 猛锅阴油，加入食用油，加热至约四成沸时，放入肉料拉油至仅熟，倒入笊篱内，滤去油分，随即放入蒜蓉、姜米、青（红）椒米、洋葱米、肉料，溅入绍酒，调入碗芡，边加热边炒匀，再加入尾油和匀，装盘。

菜品要求： 肉质嫩滑，突出黑椒汁味香而微辣的风味，芡色匀滑而有光泽。

制作要点： 与"油泡肾球"菜式相同。

油 泡 虾 丸

原料：

1. 主料　虾胶 400g。

2. 料头　姜花、红萝卜花、葱榄各 3g。

3. 调料　绍酒 10g、上汤 35g、湿淀粉 10g、麻油 1g、胡椒粉 0.5g、食用油 1000g。

制作工艺流程： 与"油泡肾球"菜式相同。

制作过程：

1. 将虾胶重新打制起胶后，盛油半碗，用手将虾胶挤成小丸（每重约 15g），放入油碗内。

2. 用上汤、湿淀粉、麻油、胡椒粉调成碗芡。

3. 猛锅阴油，加入食用油，加热至约150℃时，放入肉料拉油至仅熟，倒入笊篱内，滤去油分，随即放入姜花、红萝卜花、肉料，溅入绍酒，调入碗芡炒匀，再加入葱榄、尾油和匀，装盘。

菜品要求： 色泽鲜明，肉质鲜爽，芡色匀亮（呈白芡）。

制作要点： 与"油泡肾球"菜式相同。

香滑桂鱼球

原料：

1. 主料　净桂鱼肉 500g。

2. 料头　姜花、红萝卜花、长葱榄各 3g。

3. 调料　精盐 5g、味精 4g、白糖 2g、上汤 100g、湿淀粉 5g、麻油 1g、胡椒粉 0.5g、食用油 1000g。

制作工艺流程：

切配原料、腌制 → 肉料拉油 → 溅酒 → 调味、下肉料 → 勾芡 → 下尾油 → 装盘

制作过程：

1. 用刀将鱼皮铲去，按长 7cm 切断，然后改成长 7cm、宽 3cm、厚 0.6cm 的"日"字形，切配好料头，洗净原料。

2. 将少许精盐放入鱼肉内拌匀，略腌制。

3. 猛锅阴油，加入食用油，加热至约120℃时，放入肉料拉油至五成熟，倒入笊篱内，滤去油分，随即放入姜花、红萝卜花，溅入绍酒，加入上汤，调入精盐、味精、白糖，放入肉料略加热至仅熟，用湿淀粉、麻油、胡椒粉勾芡炒匀，再加入尾油、长葱榄和匀，装盘。

菜品要求： 肉质洁白、爽滑，芡色匀亮（呈白芡）。

制作要点：

1. 原料刀工要均匀。

265

2. 肉料拉油时要掌握好油温、原料的熟度。

3. 原料拉油后滤去肉料油分，刮净炒锅的余油。

4. 菜品制作时应使用中火，掌握好勾芡时间，动作要轻和快，尾油要适量。

第九节　烹调法——焖

焖是指将经煸爆、拉油或油炸等处理的生料或熟料，加入适量的汤水，巧妙调味，扣紧锅盖，以中火或中慢火进行适当加热，使原料成熟或软滑，经勾芡而成一道热菜的烹调方法。

焖的菜式不论在选料、火候的运用、加热的时间，还是菜品的风味上都与炒、油泡的菜式有较大区别。由于焖的菜式原料（主料）都是带骨、大块的，调味料比较难渗入，因此，在制作上都加入适量的汤水，再调入调味料，利用中火或中慢火较长时间加热，让原料成熟，让调味料渗入，以突出焖菜式味道香浓的特点。

焖制菜肴，形态完整，具有芡汁香浓，肉质软滑，味道浓醇（即香、浓、软滑），并略有"泻脚"芡汁的特点。按照焖制前肉料热处理方式的不同，焖可以分为生焖法、熟焖法、炸焖法、焖煲法四种。

一、生焖法

生焖法是将生的原料通过适当的拉油或爆炒后，加入汤水，调入调味料使用中至中慢火在锅中加热至肉料仅熟或软，勾芡或收汁而成菜品的烹调方法。生焖法是一种较为简单，菜品变化多，日常较多采用的烹调方法。

生焖法按生原料的热处理方法不同，可分为拉油焖和生爆酱焖，两种焖法的原料都是由生的原料在锅中焖至熟或软滑。

（一）　拉油焖

拉油焖是将生的肉料经刀工处理、腌制、拌粉后，以合适的油温拉油至六成熟，然后放入料头在炒锅中爆香，加入汤水，调入调味料，加上锅盖焖至仅熟，再用湿淀粉勾芡而成的烹调方法。

由于拉油焖菜式都是选用成熟较快的肉料，要求焖制至仅熟，而且制作方法简单，菜品成熟较快，因此，拉油焖菜式具有品种变化多、制作简单，肉质嫩滑、味鲜，芡汁香浓，芡色鲜明的特点。

制作工艺流程：

切配原料、腌制 → 肉料拉油 → 下原料 → 溅酒 →
加入汤水、焖制 → 勾芡 → 下尾油 → 装盘

若焖鱼的菜式则要下汤水后，才能放入肉料焖制，以保持原料的完整。

267

焖制菜式可有配料，也有没有配料，有配料的，通常使用煸炒、滚和煨、炸等方法处理，以去除原料的异味和加快成熟的速度。肉料腌制时，通常是使用调味料和湿淀粉腌制（鱼类原料除外），这样可使肉质入味、软滑、色泽鲜明。在肉料拉油时宜采用 100～150℃ 的油温拉油，拉油至五成熟左右，以保证肉料成熟后嫩滑。原料经热处理后，与料头一同放入炒锅中爆炒后，方可加入汤水，调入调味料，这样可以使原料容易入味，达到味鲜的效果，但加入汤水时要一次加足，不能中途再加入，以保芡汁香浓。焖制时宜用中火加热，并且要加上锅盖，可以保存更多香味并保证肉料成熟一致。菜品的勾芡要在汤水"收汁"至恰到好处时进行，并且要掌握好湿淀粉的分量，要求要有芡汁泻出，使菜品更觉软滑，利于舔汁食用。

菜 品 实 例

凉瓜焖排骨

原料：

1. 主料　排骨 200g。

2. 配料　焯好的凉瓜 300g。

3. 料头　蒜蓉 1g，椒米和姜米各 3g，豉汁 5g。

4. 调料　精盐 5g，味精 4g，白糖 5g，蚝油 10g，生抽和老抽各 5g，绍酒 10g，湿淀粉 10g，麻油 1g，胡椒粉 0.5g，干淀粉 5g，食用油 1000g。

制作工艺流程：

切配原料 → 煸炒凉瓜 → 肉料拉油 → 下原料 → 焖制 → 勾芡 → 下尾油 → 装盘

制作过程：

1. 用刀将排骨斩成 2cm 长的方形，再将凉瓜切成长 4cm、宽 2cm 的"日"字形（或"榄核"形），切配好料头，洗净原料。

2. 猛锅阴油，加入汤水、凉瓜、精盐、白糖，煸炒至入味，倒入漏勺。

3. 将生抽、干淀粉放入排骨内拌匀。猛锅阴油，加入食用油，加热至 120℃时，放入排骨拉油至五成熟，倒入笊篱，滤去油分，随即放入蒜蓉、姜米、豉汁、椒米、凉瓜、排骨，溅入绍酒，略爆炒至香，加入汤水，调入精盐、味精、白糖、蚝油、生抽和老抽，加上锅盖，用中火焖至仅熟。用湿淀粉、麻油、胡椒粉勾芡炒匀，再加入尾油和匀，装盘。

菜品要求：菜品香浓，凉瓜青绿，苦中带甘，排骨味鲜、香滑，芡色匀滑，略有芡汁泻出。

制作要点：

1. 煸凉瓜件时，要加糖可去除苦味，油要足够可保持其青绿。

2. 排骨用生抽略腌可达到入味和色鲜的目的，撒入干淀粉可使其成菜后色鲜，肉滑，肉料拉油只加热到五成即可。

3. 原料放入炒锅后必须爆炒香后才下汤水焖制，这样可使菜品汁香浓。

4. 加盖焖可保存菜品的香味并保证肉料熟度一致。

5. 焖制时要使用中火焖制，汤水在"收汁"适当时再勾芡，并且要均匀。

咖 喱 焖 鸡

原料：

1. 主料　净鸡肉 200g。

2. 配料　土豆 350g。

3. 料头　蒜蓉 1g，椒米和姜米各 3g，洋葱米 5g。

4. 调料　精盐 5g、味精 4g、白糖 2g、油咖喱 15g、绍酒 10g、湿淀粉 15g、麻油 1g、胡椒粉 0.5g、食用油 1000g。

制作工艺流程：与"凉瓜焖排骨"菜式相同。

制作过程：

1. 将鸡肉斩成 2cm 的方形，再将土豆改成 2cm 的"榄核"形，洗净原料。

2. 烧热炒锅，加入沸水，放入土豆件，略加热倒入漏勺。猛火烧锅，加入食用油，加热至 120℃时，放入土豆件，浸炸至呈金黄色，倒入笊篱，滤去油分。

3. 将精盐、湿淀粉加入鸡肉内拌均匀，猛锅阴油，加入食用油，加热至 120℃时，放入鸡肉拉油至五成熟，倒入笊篱，滤去油分，随即放入蒜蓉、椒米、姜米、洋葱米、鸡肉，溅入绍酒，略爆炒至香后，加入汤水，调入精盐、味精、白糖，加上锅盖，使用中火焖至鸡肉七成熟后，加入土豆件、油咖喱再略焖至原料成熟，用湿淀粉、胡椒粉、麻油勾芡炒匀，加入尾油和匀，装盘。

菜品要求：菜品辛辣，焦香浓郁，鸡肉嫩滑，土豆软滑，芡汁香浓，突出咖喱风味。

制作过程：

1. 土豆件"飞水"后再炸透，焖时回软。

2. 鸡肉拉油到五成熟即可。

3. 下料头和鸡件爆炒时，火候不宜过猛，时间不宜太长。

4. 焖制时下汤水量可略多，并加上锅盖，使用中火，土豆件要在肉料七成熟后才放入，这样可保持它的形格美观。

5. 勾芡时要均匀，尾油要足够。

鲜栗海豹蛇煲

原料：

1. 主料　净海豹蛇300g。

2. 配料　去衣鲜栗200g。

3. 料头　蒜蓉1g、姜片3g。

4. 调料　精盐、味精各4g，白糖2g，鸡精2g，红烧酱10g，老抽5g，美极鲜酱油3g，绍酒10g，干淀粉5g，湿淀粉10g，麻油1g，胡椒粉0.5g，食用油1000g。

制作工艺流程：与"凉瓜焖排骨"菜式相同。

制作过程：

1. 用刀先在蛇身上轻拍，再斩成6cm长的段，洗净原料。

2. 烧热炒锅，加入沸水、精盐，放入鲜栗，略滚、倒入漏勺内。

3. 将美极鲜酱油加入肉料内拌匀，再拍上薄干淀粉。猛锅阴油，加入食用油，加热至约150℃时，放入肉料，拉油至五成熟，倒入笊篱内，滤去油分，随即投蒜蓉，姜片、红烧酱、蛇肉、鲜栗，溅入绍酒，爆炒至香，加入汤水，调入精盐、味精、白糖、鸡精、美极鲜酱油，加盖使用中慢火焖至蛇肉不韧，用湿淀粉、麻油、胡椒粉勾芡，加入尾油和匀，放入砂锅内。

菜品要求：菜品香味、浓郁，蛇肉、蛇皮爽滑，鲜栗香软。

制作要点：

1. 刀工时用刀轻拍蛇肉，可让其肉质疏松。

2. 焖制时加汤水要一次加足，若此菜以火锅形式上席，则要多加汤水而不需勾芡。

子姜菠萝焖香鸭

原料：

1. 主料　带骨鸭肉 250g。

2. 配料　腌好的子姜块 150g，净菠萝肉 100g。

3. 料头　蒜蓉 1g、椒件 5g、小葱段 3g。

4. 调料　精盐 5g、味精 4g、白糖 60g、白醋 20g、生抽 3g、绍酒 10g、干淀粉 5g、湿淀粉 10g、麻油 1g、胡椒粉 0.5g、食用油 1000g。

271

制作工艺流程：与"凉瓜焖排骨"菜式相同。

制作过程：

1. 用刀将鸭肉斩成方体块，将菠萝切成块状，洗净原料。

2. 烧热炒锅，加入沸水，放入鸭肉略"飞水"，倒入漏勺内，用清水冲洗净，滤干水分；加入生抽拌匀，再拍上薄干淀粉。

3. 猛锅阴油，加入食用油，加热至约 150℃ 时，放入鸭肉，拉油至五成熟，倒入笊篱，滤去油分，随即放入蒜蓉、鸭肉，溅入绍酒，爆炒至香，加入汤水，调入精盐、味精、白糖、白醋、生抽、子姜块，加上锅盖，用中慢火至鸭肉略软，加入菠萝、椒件略焖，用湿淀粉、麻油、胡椒粉勾芡炒匀，加入尾油、小葱段和匀，装盘。

菜品要求：菜品味道浓郁中带微酸甜，有菠萝的清香味，芡色匀滑，略有芡汁泻出。

制作要点:

1. 鸭肉"飞水"和拉油,可去除其异味和增加油脂香味,拉油前涂上生抽和拍上干淀粉可使菜品色鲜、嫩滑。

2. 调味时白糖与白醋的比例约3:1,以"和味"为主。

3. 菠萝加热时间不宜过长,应在烹调结束前放入,否则会变酸涩和挥发香味。

4. 芡汁要求适中,太多香味不浓,太少则菜品不够嫩滑。

香麻田螺鸡煲

原料:

1. 主料　田螺500g、麻鸡半只(约750g)。

2. 配料　青红椒圈3g、泰椒3g、八角2g、丁香1g、小茴香1g、花椒1g。

3. 料头　蒜蓉、姜片、小葱段适量。

4. 调料　精盐3g、味精2g、白糖2g、蚝油2g、麻油1g、绍酒10g、湿淀粉10g、桂林辣酱5g、柱候酱5g、食用油1000g。

制作工艺流程:

切配原料 → 肉料飞水 → 肉料拉油 → 下原料 → 焖制 → 勾芡 → 下尾油 → 装煲仔

制作过程:

1. 将田螺剪蒂后洗干净。

2. 麻鸡斩成3厘米见方的小块,洗净,停干水分,加入精盐、味精、湿淀粉、麻油拌匀,腌制备用。切配好料头。

3. 将田螺放入沸水中略"飞水",倒入漏勺滤去水分。猛锅阴油加入食用油,加热至120℃时放入鸡肉块拉油至五成熟,倒入笊篱滤去油分,随即投入料头和配料爆香,放入田螺、鸡肉块爆炒至香,溅入绍酒、清水,调入白糖、蚝油、麻油,加上锅盖使用中火炆制至熟、收汁,用湿淀粉勾芡,加入尾油和匀,盛入煲仔（广东俗称"瓦煲"）。

菜品要求：大辣、汁多、味浓，别具家乡风味。

制作要点：

1. 田螺多泥，最好用清水养几天。田螺要鲜活，剪蒂后要洗干净。

2. 田螺要煮熟，否则肉难挑出。

3. 鸡肉块拉油只要五成熟即可。

（二）　生爆酱焖

生爆酱焖是将生斩的肉料先"飞水"，以姜片、葱条起锅，使用中慢火在锅上将生料煸爆，再以料头、调味酱将肉料爆炒香后，加入汤水、调入调味料，用中慢火加热至肉质软滑，勾芡或"收汁"而成菜品的烹调方法。此方法制作菜式的原料多是带骨、耐火、异味较重的肉料，故此生料要先用姜、葱爆炒后，再用酱料爆香以去异味和增加香味。由于这类菜式的加热时间较长，因此适用于烹制数量较多的半制成品和有特殊风味的菜肴。

273

制作工艺流程：

肉料煸爆 → 与酱料爆炒 → 溅酒 → 加入汤水 → 调味 →

焖制 → 勾芡 → 装盘

生爆酱焖法的菜式在制作时，首先，肉料要进行"飞水"，再用中慢火在锅上以姜、葱煸爆，这样可以减少原料的水分和去除血污，便于在爆炒时更能将肉料表面炒至"干身"，同时也可以增加香味。其次，在锅上用酱料将肉料爆炒时，火候宜用中慢火，爆炒时间可略长，爆炒至酱料渗入肉料内以及有酱料的干香味，这样可以使菜肴制成后具有肉料和酱料的香浓味；最后，加入汤水的量要足够，中途不能加汤水，否则会影响菜品的香味，在焖制时要加上锅盖，保存菜品的香味和保证肉料的熟度一致，同时火候宜用中至中慢火，中途不能停火，否则也会影响菜肴的

香味。此外，焖制半制成品时，调味不要调足，应留有余地，以及不要勾芡。

菜 品 实 例

竹蔗马蹄羊腩煲

原料：

1. 主料　净羊腩肉750g。

2. 配料　净马蹄肉400g、竹蔗100g。

3. 料头　姜块（拍裂）100g、蒜蓉10g、陈皮末3g、姜片和葱条各20g。

4. 调料　精盐3g、味精5g、白糖10g、鸡精5g、乳香酱50g、姜汁酒20g、老抽10g、湿淀粉10g、麻油2g、胡椒粉1g、二汤1000g、食用油1000g。

制作工艺流程：

切配原料 → 煸爆肉料 → 与酱料爆炒 → 溅酒 → 加入汤水 → 调味 → 焖制 → 勾芡 → 下尾油 → 装盘

制作过程：

1. 将羊腩斩件（每件约20g），竹蔗斩成6cm长的段，再破开，洗净原料。

2. 烧热炒锅，加入沸水，放入羊腩件略"飞水"，倒入漏勺，用清水冲洗。将锅洗净，放入姜片、葱条、肉料，在锅中煸干水分，倒入漏勺内，挑去姜片、葱条，用清水洗净。

3. 猛锅阴油，加入食用油，加热至约100℃时，放入姜块炸至浅金黄色倒入笊篱，随即放入姜块、蒜蓉、乳香酱、羊腩肉，爆炒至味香浓，溅入姜汁酒，再继续爆炒至香，随即加入二汤、精盐、味精、白糖、鸡精、老抽，再放入竹蔗、陈皮、一半的马蹄，加上锅盖，使用中火焖至肉质软滑，把马蹄、竹蔗取出，重新把剩下的新鲜马蹄放入，用湿淀粉、麻油、胡椒粉勾芡，再加入尾油，和匀，盛入砂煲。

菜品要求：菜品软滑香浓，马蹄清甜，补而不燥，别具风味。

制作要点：

1. 羊腩肉"飞水"可排去血水和污物。

2. 加入姜片、葱条煸爆羊肉可以去除异味，增加香味，煸爆时火候不宜过猛。

3. 羊肉下锅与酱料爆炒时必须均匀，要把酱料完全吸附在肉料表面，要有香味透出，在这环节宜用中慢火。

4. 焖制时加入姜块、马蹄肉、竹蔗、陈皮可以去除羊肉的膻味。

5. 焖制时加汤水要一次加足，并且要加盖，可保持香味。

6. 焖制时宜用中火，中途不要停火，调味时只需七成便可。

7. 焖制好后要把竹蔗和马蹄去除，重新加入新鲜马蹄，这样才能突出马蹄的清甜，丰富菜品滋味。

8. 此菜亦可以火锅形式上席。

生　焖　狗　肉

原料：

1. 主料　带骨狗肉 1500g。

2. 配料　姜块（拍裂）200g，蒜蓉 10g，陈皮末 3g，青蒜 100g，姜片和葱条各 20g。

3. 调料　精盐 3g、味精 5g、黄糖 50g、香肉酱 100g、姜汁酒 20g、老抽 20g、湿淀粉 10g、麻油 2g、胡椒粉 1g、二汤 1500g、食用油 1000g。

制作工艺流程：与"竹蔗马蹄羊腩煲"相同。

制作过程：

1. 用刀将狗肉斩件（每件约重 20g），将青蒜拍裂后斜刀切成长4cm的段，洗净原料。

2. 烧热炒锅，加入沸水，放入狗肉件略"飞水"，倒入漏勺，用清水冲洗。将锅洗净，放入姜片、葱条、肉料，在锅中爆干水分，倒入漏勺内，挑去姜片、葱条，用清水洗净。

3. 猛锅阴油，加入食用油，加热至约100℃时，放入姜块炸至浅金黄色倒入笊篱，放入蒜蓉、姜块、青蒜、香肉酱爆炒至香，再把狗肉放入，溅入姜汁酒，再爆炒至香，随即加入二汤，调入精盐、味精、黄糖、老抽、陈皮末，加上锅盖，用中火焖至肉质软滑，用湿淀粉、麻油、胡椒粉勾芡，炒匀，再加入尾油和匀，放入瓦煲。

菜品要求：菜品香浓，肉质软滑，具有独特的风味，是冬季和春季御寒首选菜式之一（俗话说：狗肉滚三滚，神仙都站不稳，因此狗肉也称为香肉）。

制作要点：与"竹蔗马蹄羊腩煲"相同。

二、熟焖法

熟焖法是将已熟并经刀工处理的原料，在锅上加以料头、酱料，用中慢火爆香后，加入汤水或原汁，调入调味料，略作焖制后勾芡而菜品的一种烹调方法。

熟焖法主要适用于一些并不高档，但有特殊风味的原料，如牛腩、猪手、猪脚等，先以沸水煮至软身，然后再配合酱料焖制。有些需要做一菜两味的原料也适用此法，如牛腩、猪手等，取其滋补的汤水后，再用酱料将肉进行焖制。熟焖法的菜式制作较快，肉质软滑，讲究酱料香味。

制作工艺流程：

切配原料 → 原料"飞水" → 焖制 → 勾芡 → 装盘

熟焖法菜式的原料首先要"飞水"或在炒锅中爆炒热；其次，与料头、酱料在炒锅中使用中慢火爆炒至香；最后，加入汤水、调味料，使用中火并加上锅盖进行短时间焖制。

菜 品 实 例

萝卜牛腩煲

原料：

1. 主料　牛腩 200g。

2. 配料　萝卜 300g。

3. 料头　蒜蓉 1g、姜片和小葱段（或芫茜）各 3g。

4. 调料　精盐 2g、味精 4g、白糖 3g、煲仔酱 15g、老抽 3g、绍酒 10g、湿淀粉 10g、麻油 1g、胡椒粉 0.5g、二汤 200g、食用油 1000g。

制作工艺流程：

切配原料 → 原料"飞水" → 焖制 → 勾芡 → 装盘

277

制作过程：

1. 用刀将牛腩切件，再将萝卜切成长 2cm 的"榄核"形，洗净原料。

2. 烧热炒锅，加入沸水，分别放入牛腩、萝卜"飞水"，倒入漏勺，用清水洗净。

3. 猛锅阴油，放入蒜蓉、姜片、煲仔酱、萝卜、牛腩，溅入绍酒，爆炒至香，随即加入二汤、精盐、味精、白糖、老抽，加上锅盖，略焖至香，用湿淀粉、麻油、胡椒粉勾芡，炒匀，再加入尾油、小葱段和匀，放入砂锅。

菜品要求：味汁香浓，肉质软滑，萝卜清甜。

制作要点：

1. 原料"飞水"，可去除原料的异味。

2. 肉料和酱料在锅中要爆炒至香后，方可加入汤水焖制。

3. 加汤水的量不宜太多，焖制时宜用中慢火。

南乳花生猪手煲

原料：

1. 主料　猪手 1 只（重约 200g）。

2. 配料　花生 300g。

3. 料头　蒜蓉 1g、姜片和小葱段（或芫茜）各 3g。

4. 调料　精盐 2g、味精 4g、白糖 3g、乳香酱 15g、绍酒 10g、湿淀粉 10g、麻油 1g、胡椒粉 0.5g、二汤 200g、食用油 1000g。

制作工艺流程：与"萝卜牛腩煲"相同。

制作过程：

1. 用刀将猪手斩件（每件约 15g），洗净原料。

2. 烧热炒锅，加入沸水，分别放入猪手、花生，略"飞水"，倒入漏勺，用清水略冲洗。

3. 猛锅阴油，放入蒜蓉、姜片、花生、猪手、乳香酱，溅入绍酒，爆炒至香后，加入二汤，调入精盐、味精、白糖，加上锅盖，用中慢火焖至原料入味，用湿淀粉、麻油、胡椒粉匀芡，炒匀，再加入尾油、小葱段和匀，放入砂锅。

菜品要求：芡汁香浓、味美，突出南乳酱风味，原料软滑。

制作要点：与"萝卜牛腩煲"相同。

三、炸焖法

炸焖（又称红焖）是将原料腌制、上粉后，直接放入油中炸至表面呈金黄色，配以料头和加入汤水在炒锅中焖至表面回软、汁浓时，以湿淀粉勾芡成菜品的烹调方法。炸焖法主要适合于鱼类和豆腐原料的菜品制作。

此类菜式由于是先炸后焖，因此，既有用油炸过的酥香味，又有焖制的汁香浓、肉质软滑的特点。

制作工艺流程：

切配原料、腌制 → 上粉 → 炸制 → 焖制 → 勾芡 → 装盘

炸焖菜式的原料若是鱼类，要先以精盐腌制后，拍上干淀粉，略等表面"回潮"，再放入油中炸制。在炸时选用较高的油温炸制（约 150～180℃），炸至表面金黄色。由于原料经过炸制，吸收水分能力增大，因此加入汤水量应适当增多，同时炸后原料表面的粉层遇水会有糊性，勾芡时湿淀粉适宜减少。此类菜式都要以老抽调成红色的芡色，故此又称红焖，但老抽不宜过早加入，以免影响菜品色泽的鲜艳。

菜 品 实 例

红 焖 鲈 鱼

原料：

1. 主料　带骨鲈鱼肉 400g。

2. 料头　蒜蓉和姜丝各 2g，肉丝 25g，菇丝 15g，葱丝 25g。

3. 调料　精盐 5g、味精 5g、白糖 2g、鸡精 2g、蚝油 10g、老抽 5g、绍酒 10g、湿淀粉 10g、麻油 1g、胡椒粉 0.5g、二汤 400g、食用油 1000g、干淀粉 150g。

制作工艺流程：

切配原料、腌制 → 上粉 → 炸制 → 焖制 → 勾芡 → 装盘

制作过程：

1. 用刀将鱼肉斩成长 5cm、宽 3cm 的"日"字形，洗净原料。

2. 将精盐放入鱼肉内拌匀，然后拍上淀粉。

3. 猛火烧锅，加入食用油，加热至约 150℃时，放入鱼件，浸炸至原料成熟、呈金黄色，倒入笊篱，滤去油分，随即放入蒜蓉、姜丝、菇丝、肉丝，溅入绍酒，加入二汤，再放入肉料，调

279

入精盐、味精、白糖、鸡精、蚝油、老抽，加上锅盖，使用中火略焖，用湿淀粉、麻油、胡椒粉勾芡，再加入尾油和匀，装盘，撒上葱丝。

菜品要求：菜品香滑，色泽鲜明，芡色匀滑，略有芡汁泻脚。

制作要点：

1. 鱼件规格不宜过大，腌制时只需调五成味。

2. 上粉要均匀，并将多余的干淀粉去掉，并待"回潮"后，才能放入油锅炸制。

3. 炸时要遵循用油的三个阶段。

4. 焖制时要先加入汤水，再放入鱼件，焖制时间不宜太长。

5. 火候宜用中火，勾芡时要掌握好湿淀粉的量，并且要注意勾芡的手法，保持原料完整。

凉瓜焖三黎鱼

原料：

1. 主料　三黎鱼 200g。

2. 配料　净凉瓜 300g。

3. 料头　蒜蓉 1g、姜米和红辣椒米各 3g，豆豉 10g。

4. 调料　精盐和味精各 5g，白糖 8g，鸡精 2g，蚝油 10g，老抽 10g，湿淀粉 10g，麻油 1g，胡椒粉 0.5g，二汤 500g，食用油 1000g，干淀粉 150g。

制作工艺流程：与"红焖鲈鱼"菜式基本相同。

制作过程：

1. 用刀将鱼斩成长 5cm、宽 3cm 的"日"字形，将凉瓜切成长 4cm、宽 2cm 的"日"字形，洗净原料。

2. 将精盐放入鱼肉内拌匀，然后拍上干淀粉。

3. 猛火烧锅，加入食用油，加热至约 150℃ 时，放入鱼件，浸炸至原料成熟、呈金黄色，倒入笊篱，滤去油分。

4. 猛锅阴油，加入二汤，调入精盐、白糖，放入凉瓜件，煸炒至仅熟，倒入漏勺内。

5. 猛锅阴油，放入蒜蓉、姜米、红辣椒米，溅入绍酒，加入二汤，放入凉瓜件和鱼肉，调入精盐、味精、白糖、鸡精、蚝油、老抽，加上锅盖，使用中慢火略焖，随即用湿淀粉、麻油、胡椒粉勾芡，加入尾油和匀，装盘。

菜品要求：三黎鱼香浓、味鲜美，凉瓜软滑、苦中带甘，芡色匀亮。

制作要点：与"红焖鲈鱼"菜式相同。

四、焖煲法

焖煲是指原料将经刀工和热处理后，放在炒锅焖至熟勾芡，再放入小砂锅加热而成菜肴的制作方法，是粤菜煲仔菜类代表之一。

制作工艺流程：

281

$\boxed{原料热处理} \rightarrow \boxed{焖制} \rightarrow \boxed{勾芡} \rightarrow \boxed{盛入小瓦煲} \rightarrow \boxed{加热}$

菜肴突出嫩滑，香浓可口，主要适用于以植物性或豆制品为原料的菜肴。在制作过程中，原料的热处理要得当；以焖为主，煲为辅；加热时要煲持原料完整美观。

菜品实例

鱼香茄子煲

原料：

1. 主料　去皮茄子 500g。

2. 配料　枚肉幼粒 100g、炸好的咸鱼粒 25g。

3. 料头　蒜蓉和姜米各 20g、葱花 25g。

4. 调料　鱼香酱 50g，精盐 5g，味精和白糖各 3g，鸡精 1g，上汤 150g，绍酒 20g，湿淀粉 10g，麻油 1g，胡椒粉 0.1g，食用油 1500g。

制作工艺：

切配原料 → 炸制 → 焖制 → 勾芡 → 装盘 → 煲制

制作过程：

1. 将茄子开边，切成长 7cm、宽 2cm 的条状，洗净原料。

2. 烧热炒锅，加入食用油，加热至 180℃时，放入原料浸炸至透，呈金黄色，倒入笊篱，滤去油分，然后放入沸水中略"飞水"，倒入漏勺。

3. 猛锅阴油，放入料头、枚肉幼粒、咸鱼粒、鱼香酱略爆炒至香，溅入绍酒，加入上汤，放入茄子，调入调味料，略焖，以湿淀粉、麻油、胡椒粉勾芡，加入尾油和匀，盛入小砂锅。

4. 放在煤气炉上加热至沸，加入葱花，加上锅盖，溅入绍酒即可。

菜品要求：味香浓，突出鱼香酱风味，原料软滑。

制作要点：

1. 原料规格要适宜。

2. 炸制时要掌握好油温，保持原料的形态。

3. 焖制时要先加入汤水，再放入原料，焖制时间不宜太长。

4. 火候宜用中火，勾芡时要掌握好湿淀粉的量，并且要注意勾芡的手法，保持原料完整。

5. 放在煤气炉上煲时，煲滚即可。溅入绍酒可增加香味。

咸鱼鸡粒豆腐煲

原料：

1. 主料　豆腐 750g。

2. 配料　鸡粒 100g、咸鱼粒 50g。

3. 料头　蒜蓉 1g、姜米和葱花各 3g。

4. 调料　精盐 3g，味精 5g，白糖和鸡精各 2g，蚝油 10g，湿淀粉 10g，麻油 1g，胡椒粉 05g，绍酒 20g，二汤 200g，食用油

1000g。

制作工艺流程：

切配原料 → 主料"飞水" → 焖制 → 勾芡 → 盛入小瓦煲 →

加热

制作过程：

1. 用刀将豆腐切成约 2cm 的方形，洗净原料。

2. 猛火烧锅，加入食用油，加热至约 120℃时，放入咸鱼粒略炸至香，倒入笊篱内。将豆腐放入沸水中"飞水"，倒入漏勺。

3. 猛锅阴油，放入蒜蓉、姜米、鸡粒、咸鱼粒，略炒至香，溅入绍酒，加入二汤，放入豆腐，调入精盐、味精、白糖、鸡精、蚝油，使用中慢火略焖制，随即用湿淀粉、麻油、胡椒粉勾芡炒匀，再加入尾油和匀，放入小砂锅。

4. 放在煤气炉上加热至沸，加入葱花，加上锅盖，溅入绍酒。

菜品要求：原料嫩滑，芡汁香浓，突出咸鱼香味，芡色匀滑。

制作要点：与"鱼香茄子煲"菜式基本相同。

283

虾干粉丝节瓜煲

原料：

1. 主料　节瓜 1 条（重约 500g）。

2. 配料　虾干 50g，湿粉丝 150g。

3. 料头　姜丝、蒜蓉各 3g。

4. 调料　南乳 1 小件，味精和蚝油各 3g，白糖和鸡精各 2g，湿淀粉 10g，麻油 1g，胡椒粉 0.1g，绍酒 20g，上汤 300g，食用油 50g。

制作工艺：与"咸鱼鸡粒豆腐煲"菜式相同。

制作过程：

1. 将节瓜去皮，切成粗丝，用剪刀将粉丝剪成约长 10cm 的段，洗净原料。

2. 将节瓜丝放入沸水中略"飞水"，倒入漏勺。

3. 猛锅阴油，放入料头、虾干、南乳酱略炒至香，溅入绍酒，加入上汤，放节瓜丝，调入调味料，略焖，放入粉丝，用湿淀粉、麻油、胡椒粉勾芡，再加入尾油和匀，盛入小砂锅。

4. 放在煤气炉上加热至沸，加入葱花，加上锅盖，溅入绍酒即可。

菜品要求：味美、可口，原料爽滑。

制作要点：与"鱼香茄子煲"菜式基本相同。

第十节　烹调法——扒

扒是由两种或两种以上原料，按照性质不同，分别烹调加工，然后分先后、分层次组合而成菜品的一种烹调方法。扒的菜式选料非常广泛，不论动物性还是植物性的原料，都可以用于制作扒的菜式，因此，这类型菜式的制作不仅仅是一种烹调方法能完成，甚至还要预先制作成半制成品。

扒的制作方式主要能增强菜品的层次感和美观度，使其口味有异而丰富多样。根据是否用肉料摆砌在底菜之上，扒又可以分为汁扒和肉扒两种。不论何种扒法的菜式，它都不使用料头。

一、汁扒

汁扒是将底菜按要求烹调、摆砌造型在盘上，以烹调底菜的原汁液或有独特风味的调味汁液，在锅上配以汤水、调味品，以湿淀粉勾芡成较稀薄、量较多的芡汁淋在底菜表面而成菜品的一种烹调方法。汁扒的菜式顾名思义要突出芡汁的风味，因此，在烹制好底菜的同时，也必须重视味汁的调制。

汁扒菜式重点突出调味汁的风味，不能以假冒真。淋上底菜表面的芡汁要宽阔、稀薄、色泽鲜明、匀滑，且量要多，芡汁除要将底菜的表面完全覆盖外，还要有少许泻出。芡汁的色泽是根据原汁或调味汁液的色泽而确定的。

制作工艺流程：

烹制底菜 → 装盘 → 调制芡汁 → 淋芡

汁扒菜式的底菜制作方法较多，如煸炒、滚煨、炸、燸等，不论何种方法，装盘前都要滤去多余的水分，整齐地摆放在盘上。调作芡汁时，宜用中慢火，汤汁不宜大沸。在汤汁微沸时加入湿淀粉勾芡，并且要匀滑。加入尾油的分量要足够。淋芡时要注意手法，由底菜表面淋入，这样才能烹制出一道完美的菜肴。

菜 品 实 例

葡汁四宝蔬

原料：

1. 主料 炟好的芥菜胆、煨好的冬菇、煨好的鲜菇、净粟米笋各 150g。

2. 调料 精盐 3g、味精 4g、葡汁 250g、上汤 100g、二汤 500g、绍酒 10g、芡汤 20g、湿淀粉 15g、食用油 1000g。

制作工艺流程：

煸菜 → 调碗芡 → 炒制 → 装盘 → 调芡汁 → 淋芡

制作过程：

1. 猛锅阴油，加入二汤，调入精盐、放入芥菜胆、粟米笋，煸至入味，倒入漏勺，滤干水分。

2. 用芡汤、湿淀粉调成碗芡。

3. 猛锅阴油，放入菜胆、粟米笋、鲜菇、冬菇，调入碗芡炒匀，再加入包尾油和匀，倒入漏勺，滤去芡汁，装盘造型。

4. 猛锅阴油，溅入绍酒，加入上汤，调入精盐、味精、葡汁，随即以湿淀粉勾芡，再加入尾油和匀，淋上菜品表面。

菜品要求：菜品呈金黄色，辛香味美，鲜嫩、爽滑。

制作要点：

1. 烹制底菜时要掌握好原料熟度和色泽。

2. 原料装盘造型要美观。

3. 调芡汁时要使用中慢火，汤水不宜大滚。

4. 勾芡要顺一方向推匀，尾油要足够，芡汁要求泻出。

鲍汁辽参

原料：

1. 主料　发好的辽参 10 条（选用七头辽参）。

2. 配料　菜胆 150g。

3. 煨料　姜片、葱条各 25g。

4. 调料　鲍汁 200g，上汤 100g，二汤 750g，精盐 4g，味精 3g，老抽 2g，姜汁酒 25g，绍酒和芡汤各 10g，湿淀粉 15g，麻油 1g，食用油 500g。

制作工艺流程：

滚、煨辽参 → 与鲍汁同烹 → 装盘 → 勾芡 → 淋芡 → 烹制菜胆 → 伴边

制作过程：

1. 将辽参放入沸水中反复滚两次，然后猛锅阴油，放入姜片、葱条，溅入姜汁酒，加入二汤，放入辽参，调入精盐、味精，以中火加热煨至去除原料异味，倒出，滤去水分。

2. 猛锅阴油，溅入绍酒，加入上汤、鲍汁、辽参，调入调味料，用中慢火加热至汁液略浓缩，将辽参捞起，滤去汤汁，摆放在盘上。用湿淀粉、麻油、老抽勾芡，再加入尾油和匀，淋在辽参表面。

3. 用汤水将菜胆煸至仅熟后，用芡汤、湿淀粉勾芡炒匀，滤去芡汁，摆在盘上。

菜品要求：芡色匀亮，造型美观，肉质软滑鲜美。

制作要点：

1. 通过滚、煨工序可将辽参的异味去除。

2. 将辽参放入鲍汁中同烹，可使其入味，此时要使用中慢火，防止变焦。

3. 掌握好芡色及芡汁的稀稠度。

红 烧 鲍 鱼

原料：

1. 主料　燖好的鲍鱼 10 只。

2. 配料　净西兰花 150g。

3. 调料　鲍汁 200g、上汤 100g、精盐 5g、味精 3g、二汤 200g、绍酒 20g、湿淀粉 5g、麻油 1g、食用油 500g。

制作工艺流程：与"鲍汁辽参"菜式相同。

制作过程：

1. 猛锅阴油，溅入绍酒，调入上汤、鲍汁，随即放入鲍鱼，用中慢火加热约 10 分钟，至汁液浓缩，捞起鲍鱼，滤去汤汁，摆放在盘上。随即用湿淀粉、麻油勾芡，再加入尾油和匀，淋在鲍鱼面上。

2. 猛锅阴油，加入二汤，调入调味料，放入西兰花，猛火煸至仅熟，倒入漏勺，滤去水分，造型于盘上。

菜品要求：造型美观，芡色匀亮，鲜甜香滑，有滋阴养颜之功效。

制作要点：与"鲍汁辽参"菜式相同。

四宝扒大鸭

原料：

1. 主料　燖好的红鸭 1 只。

2. 配料　净鲜鱿 1 只，鹅肾 1 个，腌好的虾球，煨好的冬菇各 100g，郊菜 150g。

3. 调料　精盐 3g，味精 5g，白糖和鸡精各 2g，鸭汁 150g，老抽 3g，绍酒 20g，芡汤 20g，湿淀粉 20g，蚝油 5g，麻油 1g，胡椒粉 0.5g，食用油 750g。

制作工艺流程：

切配原料 → 拆骨、回热 → 装盘 → 炒制郊菜 → 装盘 → 炒肉料 → 勾芡 → 装盘 → 调芡汁 → 淋芡

制作过程：

1. 在鲜鱿表面刻"井"字花纹，然后斜刀改成三角形；用横直刀在鹅肾上刻"井"字花纹，改成肾球，洗净原料。

2. 将红鸭拆去脊骨、胸骨、锁喉骨、四柱骨以及颈骨等，然后放入鸭肚，鸭肚朝下放入大碗内，用带肉的骨略填满鸭肚，加入鸭汁，放入蒸笼（或蒸柜）内蒸热，取出原汁，覆盖盘中造型。

3. 猛锅阴油，放入郊菜，调入精盐，加入汤水，煸炒至仅熟，倒入漏勺内。再重起锅，放入郊菜，用芡汤、湿淀粉勾芡炒匀，再加入尾油和匀，倒在漏勺内，滤去芡汁，围伴在鸭边。

4. 烧热炒锅，加入沸水，放入肾球和鱿鱼"飞水"，倒入漏勺，用清水洗净。猛锅阴油，加入食用油，加热至 150℃ 时，放入虾球、鲜鱿、肾球拉油至仅熟，倒入笊篱，随即放入虾球、鱿鱼、肾球、冬菇，溅入绍酒，用芡汤、湿淀粉勾芡炒匀，再加入尾油和匀，分层次和先后摆放在鸭面上。

5. 猛锅阴油，溅入绍酒，放入鸭汁、汤水，调入味精、蚝油、白糖、鸡精、老抽、麻油、胡椒粉，以湿淀粉勾芡，再放入尾油推匀，淋在原料表面。

菜品要求：造型美观，层次分明，可品尝到多种肉料滋味，芡色匀亮。

制作要点：

1. 红鸭拆骨时注意保持鸭子外形的完整性，放入器皿时要鸭

肚朝下；放入蒸笼蒸主要是去除拆骨时的异味。

2. 虾球、肾球等肉料的勾芡是使用芡汤和湿淀粉，要求是"包心芡"，造型于鸭面时要有层次感。

3. 鸭汁放入锅前要撇去浮油，并且此时要使用中慢火，推芡时要顺一方向，尾油要足够。

瑶柱扒瓜脯

原料：

1. 主料　蒸发好的瑶柱 200g。

2. 配料　𤇍好的节瓜脯 400g、菜远 100g。

3. 调料　精盐 3g，味精 5g，白糖和鸡精各 2g，绍酒 20g，蚝油 5g，老抽 3g，上汤 200g，芡汤 10g，湿淀粉 15g，麻油 1g，胡椒粉 0.5g，食用油 1000g。

制作工艺流程：

瓜脯造型、蒸热 → 炒制菜远 → 围伴 → 调芡汁 → 淋芡

289

制作过程：

1. 将𤇍好的瓜脯造型于扣碗内，加入原汁，放入蒸笼内蒸熟，倒出原汁，覆盖在盘上。

2. 猛锅阴油，放入菜远，调入精盐，加入汤水，将菜远煸炒至仅熟，倒入漏勺内，重新起锅，放入菜远，用芡汤、湿淀粉勾芡炒匀，再加入尾油和匀，伴在瓜脯旁边。

3. 烧热炒锅，加入沸水，放入搓碎的瑶柱丝"飞水"，倒入密筛。猛锅阴油，溅入绍酒，加入上汤、瑶柱，调入精盐、味精、白糖、鸡精、蚝油、老抽，随即以湿淀粉、麻油、胡椒粉勾芡，加入尾油和匀，淋在瓜脯表面。

菜品要求：造型美观，瓜脯软滑、味鲜，芡色鲜明，呈金黄色。

制作要点：

1. 瓜脯摆放入扣碗时，要摆得整齐严谨。

2. 勾芡时要使用中慢火，汤水不宜太滚，推芡时要顺一方向，

尾油要够，芡汁的量要多，要把原料表面完全覆盖后，还要有泻出。

二、肉扒

肉扒是将底菜按性质烹制好，再将其他的原料按不同的烹调要求进行烹制，然后分层次或分先后拼摆在底菜表面而成菜品的一种烹调方法。不论铺在底菜表面的原料是动物性原料还是植物性原料，或是动、植物性原料混合一起，都统称为肉扒。

此类型菜式可以由多种原料组合而成，无论在刀工处理上，还是在造型上都力求整齐、美观，从而体现出各原料的形态。在加热方式上，有需加热时间长的，也有加热时间短的，一般需加热时间长的应先加热，这样才能使菜肴的熟度达到一致，并且对原料能采用不同烹调方法。原料的多样化，使菜肴具有多种滋味，更受客人的喜爱。

肉扒菜式扒面的芡色是根据肉料的色泽而定，对于有多种色泽的菜肴，则调成中和的色泽。扒面的芡量除要求原料含芡饱满外，还有少量的芡汁流到底菜的表面。若底菜需勾芡，其多采用碗芡，而扒面肉料则采用锅上芡。

制作工艺流程：

$$\boxed{\text{烹制底菜}} \rightarrow \boxed{\text{装盘}} \rightarrow \boxed{\text{烹制扒面原料}} \rightarrow \boxed{\text{装盘}}$$

在制作过程中，底菜装盘造型前要滤去多余芡汁，并且造型要整齐、美观，而扒面原料在加热时，要掌握好熟度和色泽，勾芡时要掌握好芡色和稀稠度，以及造型时要体现出菜肴的层次和美观。

菜 品 实 例

四宝扒菜胆

原料：

1. 主料　鹅肾 1 只，腌好的虾球、腌好的带子、发好的土鱿各 50g。

2. 配料　改好的白菜胆 300g。

3. 调料　精盐 4g、味精 5g、白糖 2g、蚝油 10g、老抽 5g、绍酒 10g、芡汤 20g、湿淀粉 15g、麻油 1g、胡椒粉 0.5g、上汤 200g、二汤 500g、食用油 1000g。

制作工艺流程：

切配原料 → 烹制菜胆 → 装盘 → 烹制主料 → 装盘

制作过程：

1. 用刀片去"外衣"，再在鹅肾肉刻"井"字花纹，改成肾球，用斜刀在土鱿表面刻花，再斜刀切件；用平刀将带子片成厚片，略刻刀花，洗净原料。

2. 猛锅阴油，加入二汤、精盐，放入菜胆，煽至熟，倒入疏壳内，滤去水分，猛锅阴油，放入菜胆，以芡汤、湿淀粉勾芡炒匀，再加入尾油和匀，整齐摆放在盘上。

3. 烧热炒锅，加入沸水，放入肉料"飞水"，倒入漏勺内，用清水洗净。猛锅阴油，加入食用油，加热至 150℃ 时，放入肉料拉油至仅熟，倒入笊篱，滤去油分，随即溅入绍酒，加入上汤，放入原料，调入精盐、味精、白糖、蚝油、老抽，以湿淀粉、麻油、胡椒粉勾芡炒匀，再加入尾油和匀，将原料摆放在菜胆表面。

菜品要求：层次分明，造型美观，色泽鲜明，芡色匀滑，菜品具有多种原料的滋味。

制作要点：

1. 各种原料的刀工都要求精细和原料的大小要协调。

2. 菜胆烹制后，必须要滤清多余的芡汁后，再摆放在盘上，造型要整齐美观。

3. 烹制时扒面肉料汤水量不宜太多，而且要在收汁恰当时勾芡，芡汁除要求扒面原料含芡饱满有光泽外，还要有少量的芡汁余流在底菜的表面。

4. 扒面肉料造型于底菜表面时，要分层次摆放好，突出扒的菜式的风格。

蹄筋北菇扒菜胆

原料：

1. 主料　煨好的蹄筋、煨好的冬菇各 100g。

2. 配料　焯好的芥菜胆 300g。

3. 调料　精盐 4g、味精 5g、白糖 2g、蚝油 10g、老抽 5g、绍酒 10g、芡汤 20g、湿淀粉 15g、麻油 1g、胡椒粉 0.5g、上汤 200g、二汤 500g、食用油 1000g。

制作工艺流程：与"四宝扒菜胆"菜式相同。

制作过程：

1. 猛锅阴油，加入二汤、精盐，放入菜胆，煸炒至仅熟，倒入漏勺，滤去水分。重新起锅，放入菜胆，以芡汤、湿淀粉勾芡炒匀，再加入尾油和匀，倒入漏勺内，滤去芡汁，摆放好在盘上。

2. 猛锅阴油，溅入绍酒，加入上汤，放入蹄筋、冬菇，调入精盐、味精、白糖、蚝油、老抽，随即以湿淀粉、麻油、胡椒粉勾芡炒匀，再加入尾油和匀，摆放在菜胆表面。

菜品要求：色泽鲜明，造型美观，有层次感，菜品爽滑，香浓。

制作要点：与"四宝扒菜胆"菜式相同。

蟹肉扒豆苗

原料：

1. 主料　净蟹肉 200g。

2. 配料　豆苗 400g、蛋清 50g。

3. 调料　精盐 4g，味精 5g，白糖和鸡精各 2g，姜汁酒 10g，绍酒 10g，上汤 150g，芡汤 20g，湿淀粉 20g，麻油 1g，胡椒粉

0.5g，食用油 1000g。

制作工艺流程：与"四宝扒菜胆"菜式相同。

制作过程：

1. 猛锅阴油，放入豆苗，调入精盐，溅入姜汁酒，煸炒至仅熟，倒入漏勺，滤去水分。

2. 猛锅阴油，放入原料，溅入绍酒，用芡汤、湿淀粉勾芡炒匀，再放入包尾油炒匀，倒入漏勺内，滤去芡汁，放入盘内。

3. 烧热炒锅，加入沸水，放入蟹肉"飞水"，倒入密筛内，滤干水分。猛锅阴油，溅入绍酒，加入上汤，调入精盐、味精、白糖、鸡精，再放入蟹肉，用湿淀粉、麻油、胡椒粉勾芡和匀，再调入蛋清拌匀，最后加入尾油和匀，铺在豆苗表面。

菜品要求：色泽鲜明，芡汁奶白色，味鲜，豆苗爽嫩。

制作要点：

1. 煸豆苗要使用"干煸"的方法，要溅入姜汁酒，掌握好火候和原料熟度。

2. 炒制豆苗时使用鸡油，可增加香味，炒熟后应滤清芡汁后才放入器皿内。

3. 扒面的芡汁在勾芡时不宜过稠，应留有放入蛋清的余地，并且使用中慢火。

293

荷 塘 豆 腐

原料：

1. 主料　腌好的带子、腌好的虾仁、青豆仁各 50g，红萝卜、马蹄肉、炸好的榄仁各 25g。

2. 配料　净鸡蛋精 100g。

3. 调料　上汤 250g，精盐和味精各 5g，绍酒 10g，白糖 2g，鸡精 4g，湿淀粉 10g，麻油 1g，胡椒粉 0.5g，食用油 1000g。

制作工艺流程：

切配原料 → 蒸蛋清 → 烹制主料 → 装盘

制作过程：

1. 用刀将马蹄肉切 1cm 的丁方形，红萝卜切成"榄核"形，洗净原料。

2. 用筷子将鸡蛋清搅匀，加入精盐、味精、鸡精，加入上汤和匀，倒入鲍鱼窝内，随即放入蒸笼内，用慢火蒸至仅熟（约 4 分钟），取出。

3. 猛火烧热炒锅，加入汤水、精盐，放入红萝卜丁、马蹄丁、青豆仁，煸炒至仅熟，倒入漏勺内。

4. 烧热炒锅，加入沸水 500g，将肉料放入沸水中"飞水"，倒入笊篱内，用清水洗净，滤去水分。猛锅阴油，加入食用油，加热至 150℃，将肉料放入热油中泡油，倒入笊篱内，滤去油分；随即溅入绍酒，加入上汤，放入红萝卜丁、马蹄丁、青豆仁、带子肉、虾仁，调入精盐、味精、白糖、鸡精，用湿淀粉、麻油、胡椒粉勾芡，再加入尾油 10g 和匀，铺放在蒸好的蛋面上，撒上榄仁。

菜品要求：色泽鲜明，蛋液嫩滑，原料爽嫩。

制作要点：

1. 原料切配时要注意各种原料规格一致。

2. 蛋清与汤水的比例要适当。

3. 蒸蛋清时要使用慢火，并掌握好原料的熟度。

4. 勾芡时要均匀，边翻锅边炒匀。

第十一节　烹调法——炸

炸是将经处理的原料放进大量的、一定温度的热油中进行加温至熟的一种烹调方法。炸与拉油虽然都是用油作为传热媒介，使原料成熟，但是在用油量、油温、原料的成熟程度、炸前原料的处理方法等方面都有区别。

在粤菜制作中，炸的烹调方法用途非常广泛。由于炸的菜式有它独特的风味，且色彩鲜艳（色泽均为金黄色或大红色），口味多变，故广为食客所赞赏，因此炸的制作方法在粤菜烹调中占有重要地位。

在炸的菜式中，由于原料的性质不同、在炸前的上粉和上浆亦不同，炸大致可分为酥炸法、吉列炸法、蛋清稀浆炸法、脆浆炸法、脆皮炸法、生炸法、纸包炸法、腌制炸法、馅料炸法。

当原料放入油中进行加热时，先要根据原料形态、质地老嫩、加热前的处理、原料的数量等，选用恰当的油量和控制好油温，这样才能制作出甘香、酥脆、色鲜、肉质嫩滑的菜肴。

首先要掌握油温的划分和判别方法，油温的分类见表8-2。

表8-2　油温的分类

名称	俗　　称	温　　度	一般油面情况	原料下油锅的反应
低油温	三至四成	80～120℃	无烟、无响声，表面较平静	原料周围有少量气泡
中油温	五至六成	130～170℃	微有青烟，油面从四周向中间翻动	原料周围出现大量气泡，无爆声
高油温	七至八成	180～240℃	冒大量青烟，油面较平静，在翻搅时有响声	原料周围出现大量气泡并带有轻微油爆声

其次要控制好油温，合理使用火候，主要体现在炸制的三个阶段：

第一阶段，当原料放入油锅时，火要猛、油温相对要高，以便原料表面迅速干燥、收缩，凝成一层外膜使制品变酥变脆，同时又可防止内部水分外溢，防止肉汁过量流失，从而保持原料的嫩滑。由于火猛，还可使原料刚放入油锅时油温降低后迅速回升，保持适宜的油温，便于原料定型，因此这阶段称为定型阶段。

第二阶段，当原料在油锅内的温度相对稳定后，应适当减弱火力，保持一定的温度，使热量传递到原料的内部而使其成熟。若原料定型后还保持猛火，油温继续上升，原料的表面容易焦化、变黑，同时，高温下油中的水吸热汽化，使得油的传热性能更差，原料内部会不熟。这个过程称为浸炸，此阶段称为成熟阶段。

第三阶段，当原料基本成熟时，捞出原料，然后迅速通过猛火提高油温，再倒入原料回锅，使原料表面重新脱水收缩而变得更为干燥，随即捞起而变得干爽酥脆。这阶段称为起料阶段。

一、酥炸法

酥炸法是将经刀工和腌制处理的生料或熟料，在其表面拌以鸡蛋、淀粉，然后放进五至六成热的油中炸至熟，表面呈金黄色，再拌芡或淋芡而成菜品的一种烹调方法。酥炸法是烹调法"炸"中较为简单的一种制法，菜式原料可以是普通的，也可以是名贵的，品种变化较多。

酥炸法的菜式外酥香而内嫩，色泽金黄，口味以酸甜为主。

制作工艺流程：

腌制原料 → 上粉 → 炸制 → 拌芡或淋芡

酥炸法菜式的原料在腌制时，只需调至五成味即可。上粉时要遵循操作程序，并且上粉要均匀，上粉后要将多余的粉滤去，待"回潮"后放入适当油中炸制。放入油锅时，要从不同的角度放入，放入原料后不宜过早搅拌，以免原料表面的粉层脱落。原料定型后浸炸至熟，再提高油温炸至原料表面干脆。最后调芡汁时火候宜用中慢火，时间要短、动作要快，以保持调味汁的色泽和味道。若是需勾芡的菜式，则应先成芡后再放入原料拌匀，以保证原料外酥脆。

菜 品 实 例

香菠生炒骨

原料：

1. 主料　净肉排骨 300g。

2. 配料　菠萝肉 100g。

3. 料头　蒜蓉 1g、青（红）椒件 15g、小葱段 3g。

4. 调料　精盐 2g，糖醋 250g，鸡蛋、干淀粉、湿淀粉各 10g，食用油 1000g。

5. 腌料　净排骨 300g、鸡蛋 30g、湿淀粉 30g、干淀粉 100g。

制作工艺流程：

切配原料、腌制　→　上粉　→　炸制　→　勾芡　→　下原料　→　装盘

制作过程：

1. 将排骨斩成 2cm 方形，将菠萝肉切件，洗净原料。在热水中加入精盐拌匀，再放入菠萝件，浸泡待用。

2. 将精盐放入肉料内拌匀，略腌制，然后用湿淀粉拌匀，再放入鸡蛋和匀，最后拍上干淀粉。

3. 猛火烧热炒锅，加入食用油，加热至约 150℃时，放入排骨，浸炸至熟，呈金黄色，倒入笊篱，滤去油分。

4. 猛锅阴油，放入蒜蓉、椒件，略炒至香，调入糖醋，以糖醋兑湿淀粉勾芡，放入炸好排骨，再加入尾油、菠萝件、小葱段和匀，装盘。

菜品要求：色泽鲜明，呈红色，口味酸甜可口，排骨外香酸，肉鲜嫩。

制作要点：

1. 选料宜用肉排，斩件时不宜过长。

2. 上粉时应按照次序操作，上粉后要将多余的粉滤净。

3. 必需待排骨表面的干淀粉"回潮"后，再放入油锅中炸。

4. 炸时要遵循炸制过程中的三个阶段。

5. 勾芡前应把铁锅洗干净，火候宜用中慢火。

6. 勾芡的动作要快，时间要短，并且要以糖醋兑湿淀粉勾芡。

7. 要先勾芡，后落炸好的排骨和菠萝，尾油要足够。

五柳松子鱼

原料：

1. 主料　宰净的鲩鱼1条（约750g）。

2. 料头　蒜蓉1g、椒丝3g、五柳丝10g、葱丝5g。

3. 调料　精盐4g，糖醋250g，鸡蛋、干淀粉、湿淀粉各10g，食用油1000g。

4. 腌料　鱼肉500g、鸡蛋50g、干淀粉150g。

制作工艺流程：

切配原料、腌制 → 上粉 → 炸制 → 装盘 → 以糖醋勾芡 → 淋芡

制作过程：

1. 将鱼头斩下，斩去下颌，用刀贴着脊骨分别起出两边鱼肉（两边都要留尾翅），再用斜刀起出腩骨，洗净原料。

2. 用斜刀从尾部开始下刀，在鱼肉上改"井"字花纹，刀距为1cm，洗净原料。

3. 先将精盐放入鱼肉内腌制，再加入鸡蛋拌匀，然后拍上干淀粉，鱼头和鱼尾也粘上鸡蛋和干淀粉。

4. 猛火烧热炒锅，加入食用油，烧热至约150℃时，将炒锅端离火位，左右手各执鱼肉一端，将原料放入油中炸至定型，再把整条鱼肉放入油中浸炸透，然后将油锅端回火位加热，炸至鱼肉"硬身"、呈金黄色，捞起，去油，装盘造型。

5. 猛锅阴油，放入蒜蓉、椒丝、五柳丝，略炒至香，调入糖

醋，以糖醋兑湿淀粉勾芡，再加入尾油和匀，把糖醋芡淋上鱼肉上，最后把葱丝撒在鱼肉上。

菜品要求：色泽鲜明，呈红色，造型美观大方，菜品酸甜可口，肉质外香酥，肉嫩滑。

制作要点：

1. 起肉时下刀要干脆利落，保持鱼肉的平整，刻花要均匀。

2. 上粉不需要用湿淀粉，应直接用鸡蛋拌匀后拍上干淀粉。上粉一定要均匀，上粉后要将多余的干淀粉抖净。

3. 鱼肉落油锅炸时要用手各执一端略炸，这样才保证炸出的鱼肉不会歪曲。

4. 炸制时要遵循炸制过程的三个阶段。

5. 勾芡前应把铁锅洗干净，火候宜用中慢火。糖醋在锅中不要大沸，加热时不宜太长。推芡要均匀，时间要短，并且要以糖醋兑湿淀粉勾芡。

6. 芡汁要稀落、量多，要把菜品覆盖后还要泻出盘边，但要有油光亮，尾油要足够。

299

椒盐鲜鱿筒

原料：

1. 主料　小鲜鱿鱼600g。

2. 料头　蒜蓉1g、青（红）椒米3g。

3. 调料　精盐2g，味精3g，味椒盐10g，玫瑰露酒25g，净鸡蛋和干淀粉各50g，食用油2000g。

制作工艺流程：

原料腌制 → 上粉 → 炸制 → 封味 → 装盘

制作过程：

1. 将鱿鱼仔撕去外衣、去除软骨，切去眼部，洗净原料。

2. 烧热炒锅，加入沸水，放入肉料"飞水"倒入漏勺，用清水洗净，吸干水分；将精盐、味精、玫瑰露酒放入肉料内拌匀，腌制约 10 分钟。

3. 先用鸡蛋液将肉料拌匀，再拍上干淀粉。烧热炒锅，加入食用油，加热至约 160℃ 时，放入原料炸至金黄色，倒入笊篱，滤去油分。

4. 用慢火略烧热炒锅，放入蒜蓉、青（红）椒米略炒香，随即放入肉料、味椒盐炒匀后，装盘。

菜品要求： 肉质鲜爽，焦香味浓，微辣可口，色泽金黄。

制作要点：

1. 要选用体形不大的鲜鱿鱼。

2. 原料"飞水"后要吸干水分，"飞水"可使原料定型和去除异味。

3. 上粉时不宜过厚，以免影响菜品风味。

4. 炸制时只需考虑色泽和表面爽脆，因此应选用略高的油温，加热时间不宜过长。

5. 封味时使用慢火，并且要刮净炒锅中的余油，以免原料吸油。

6. 封味时要将味椒盐与原料炒匀，这样可使香味渗入肉质内，并产生诱人食欲的复合美味。

二、吉列炸

吉列炸法是将经刀工处理过并腌制入味的生料，拌入鸡蛋、吉士粉和干淀粉后，再粘上面包糠，然后放入三至四成热的油中进行炸制至熟而成菜品的一种烹调方法。吉列炸法菜式最后要粘上面包糠，这种制作方法带有西洋菜式的特点。

吉列炸法的菜式色泽金黄，面包糠炸后甘香而酥化，肉质嫩滑，突出腌味的风味，菜品多以喼汁、淮盐或沙律酱佐料蘸食。

制作工艺流程：

原料腌制 → 上粉 → 炸制 → 装盘 → 以佐料舔食

吉列炸法菜式在制作中，首先，原料要进行腌制，以精盐、味精或者有特殊风味的酱料，腌制前必须要将原料表面的水分吸干；其次，上粉的程序是以鸡蛋、吉士粉、干淀粉拌匀至略有粘手后，再均匀粘上面包糠；最后，由于菜品表面粘有面包糠，因此，在炸制时要宜采用慢火浸炸，选用三至四成油温炸制，熟后提高油温炸至金黄色。

　　吉列炸法与酥炸法的制作工艺流程有相同之处，也有不同的地方，如上粉时的用料、炸制时选用的油温、上菜形式等。

菜 品 实 例

吉列海鲜卷

原料：

　　1. 主料　腌好的虾仁、带子粒各 150g，红萝卜粒、西芹粒、苹果粒各 50g，韭黄粒和芫茜米各 5g，威化纸适量。

　　2. 调料　精盐 3g、沙律酱 200g、干淀粉 50g、食用油 1000g。

　　3. 吉列粉用料　原料 400g、鸡蛋 40g、干淀粉 35g、面包糠 40g、吉士粉少许。

制作工艺流程：

　　$\boxed{原料热处理}$ → $\boxed{腌制原料}$ → $\boxed{包卷原料}$ → $\boxed{上粉}$ → $\boxed{炸制}$ → $\boxed{装盘}$

制作过程：

　　1. 烧热炒锅，加入沸水，加入精盐，放入红萝卜粒、虾仁、带子粒、西芹粒，加热至仅熟，倒入漏勺，再用洁净白毛巾吸干水分，放入小盆内。再将苹果粒、韭黄粒、芫茜米、沙律酱放入，拌匀。

　　2. 将威化纸摊开放在撒上干淀粉的盘上，放入原料，用威化纸包卷成"日"字形，共 12 条，涂上用鸡蛋、干淀粉和匀的蛋浆，再均匀粘上面包糠。

301

3. 猛火烧锅加入食用油，加热至 120℃ 时，放入原料，浸炸至原料成熟，呈金黄色，装盘造型，以沙律酱作佐料。

菜品要求：色泽金黄，外表酥脆，内原料爽滑，汁液香浓，突出沙律酱风味。

制作要点：

1. 原料"飞水"后必须吸干水分，放入沙律酱后拌匀即可。

2. 包卷要密实，体积不宜过大。

3. 调蛋浆时干淀粉的量不宜过多，涂上蛋浆和粘面糠要均匀，动作要快。

4. 炸制采用浸炸，油温不宜太高。

吉列香蕉虾枣

原料：

1. 主料　虾胶 400g。

2. 配料　香蕉粒 12 粒。

3. 调料　沙律酱 100g、食用油 1500g。

4. 吉列粉用料　原料 400g、鸡蛋 40g、干淀粉 35g、面包糠 40g、吉士粉少许。

制作工艺流程：

包酿 → 上粉 → 炸制 → 装盘

制作过程：

1. 将虾胶重新打制起胶，分为 12 等份，然后包酿香蕉粒，最后用手搓成"枣形"。

2. 将虾枣粘上用鸡蛋、干淀粉和匀的蛋浆，随即粘上面包糠。

3. 猛火烧锅加入食用油，加热至 120℃ 时，放入原料，浸炸至原料成熟，随即略提高油温，炸至金黄色，捞起，滤去油分，摆放在盘上，以沙律酱作佐料。

菜品要求：色泽金黄，外表酥脆，肉质爽滑、清香。

制作要点：

1. 虾枣造型大小要均匀，形象要逼真。

2. 调蛋浆时干淀粉不宜太多，粘蛋浆和面包糠要均匀，动作要快。

3. 要采用浸炸，油温不宜太高，通常使用三至四成油温。

沙律银雪鱼

原料：

1. 主料　银雪鱼肉 400g。

2. 调料　精盐 3g、味精 4g、鸡精 2g、姜汁酒 20g、沙律酱 200g、食用油 1500g。

3. 吉列粉用料　原料 400g、鸡蛋 40g、干淀粉 35g、面包糠 40g。

制作工艺流程：

腌制原料 → 上粉 → 炸制 → 原料切件 → 装盘

制作过程：

1. 将精盐、味精、鸡精、姜汁酒放入肉料内拌匀，腌制约 20 分钟。

2. 将肉料粘上用鸡蛋、干淀粉和匀的蛋浆，随即粘上面包糠。

3. 猛火烧锅，加入食用油，加热至 120℃ 时，放入原料，浸炸至原料成熟，随即略提高油温，炸至金黄色，捞起，滤去油分。

4. 将熟料放在砧板上，用倾斜刀切件，摆放在盘上，再将沙律酱挤在肉料表面，以沙律酱作佐料。

菜品要求：色泽金黄，鲜香酥脆，美味可口，突出沙律酱风味。

制作要点：

1. 腌制时间要足够，以去原料的异味。

2. 上粉前要吸干水分，粘面包糠要均匀。

303

3. 炸制时放入油锅时，油温略高，定型后要采用慢火浸炸，成熟后应略提高油温炸至金黄色。

4. 切件时要斜刀切，动作要快，挤沙律酱时要均匀、美观。

黑椒牛柳卷

原料：

1. 主料　牛柳肉 250g。

2. 配料　煨好的冬菇 50g、冬笋 100g。

3. 调料　精盐 6g、味精 4g、白糖 3g、黑椒粉 4g、青（红）椒米 10g、绍酒 10g、二汤 250g、上汤 200g、湿淀粉 10g、干淀粉 50g、食用油 2000g。

4. 腌料　牛柳肉 250g、食粉 1.5g、清水 35g。

5. 吉列粉用料　原料 400g、鸡蛋 40g、干淀粉 35g、面包糠 40g。

制作工艺流程：

切配原料 → 肉料腌制 → 配料热处理 → 包卷 → 上粉 → 炸制 → 装盘 → 调芡汁

制作过程：

1. 用刀将牛柳肉片成长 10cm、宽 5cm、厚 0.2cm 的薄片，冬菇、冬笋分别切成长 5cm、宽厚 0.3cm 的幼条，洗净原料。将腌料放入牛柳肉片内拌匀。

2. 烧热炒锅，加入二汤、精盐，随即放冬菇条和冬笋条略煨至入味，倒入漏勺，滤干水分。

3. 将鸡蛋液与干淀粉和匀成蛋浆。再将干淀粉撒在牛柳片上，平摊在盘上，将冬菇条和冬笋条横放在肉片上，卷好，表面涂上蛋浆后，粘上面包糠。

4. 猛火烧锅，加入食用油，加热至约 150℃ 时，端离火位，放入原料浸炸，再端回火位上炸至呈金黄色，倒入笊篱，滤去油分，装盘。

5. 猛锅阴油，放入青（红）椒米、黑椒粉，溅入绍酒，加入上汤，调入精盐、味精、白糖，用湿淀粉勾芡，加入尾油和匀，分两小碗盛起作佐料蘸食。

菜品要求：色泽金黄，表面酥脆，肉质爽滑，辛味香美。

制作要点：

1. 片牛柳肉片要厚薄均匀。

2. 包卷要严密，粘面包糠要均匀。

3. 炸制时要讲究浸炸，掌握好色泽和熟度。

4. 调芡汁时要使用中慢火，勾芡时间要短。

三、脆浆炸

脆浆炸是将已加工成形的菜肴原料，经初步热处理至熟（鱼类、水果类除外），在其表面拍上薄干淀粉，再粘上调制好的脆浆，放入五成热油内炸至脆浆涨大、呈浅金黄色、原料成熟而成菜品的一种烹调方法。脆浆炸法菜式是以脆浆作为配料，品种变化主要在于主料的变化，脆浆炸是"炸"中一种较为特殊的制作方法。

脆浆炸法的菜式成功与否关键在于脆浆调配的好坏，它是以浆的涨发、耐脆程度来衡量的。因此，菜式具有外松化而内爽、嫩、滑的特点。脆浆炸后表面圆滑、疏松，色泽浅黄（象牙色），耐脆而松化，涨发效果好，表面有"蚊帐眼"大小的气孔。

制作工艺流程：

腌制原料 → 拍上薄干淀粉 → 上脆浆 → 炸制 → 装盘

脆浆炸法菜式在制作时，首先，主料除鱼类和水果类的原料外，都要预先进行热处理至仅熟，再吸干水分，放入调味料腌制；其次，在原料表面拍上薄干淀粉，便于粘上脆浆，上浆前预先检查脆浆调制得是否满意，可以通过先将少许的脆浆放入油中试炸来进行鉴别；最后，选用恰当的油温炸制，原料粘浆要饱满、均匀，放入油锅时要注意手法和动作要快。炸制时要考虑脆浆的色泽、熟度和脆度，因此要掌握好火候、时间，原料放入油锅定型后适当浸炸至熟，再提高油温略炸。脆浆可分为有种脆浆和急浆两种。

菜 品 实 例

脆 炸 生 蚝

原料:

1. 主料　洗净的生蚝 12 只（重约 400g）。

2. 配料　调好的脆浆 300g。

3. 调料　噫汁、准盐各 10g，食用油 1500g。

4. 腌料　精盐 3g，味精 4g，鸡精 2g，姜片和葱条各 10g，姜汁酒 10g，干淀粉 50g。

制作工艺流程:

腌制原料 → 上脆浆 → 炸制 → 装盘

制作过程:

1. 将精盐、味精、鸡精、姜片、葱条、姜汁酒放入吸干水分的生蚝内，腌制约 20 分钟。

2. 将干淀粉拍上生蚝的表面。猛火烧锅，加入食用油，加热至约 150℃时，端离火位，将生蚝放入脆浆内，粘满浆后用筷子夹起，放入油中，浸炸至脆浆胀大，原料至熟，呈浅金黄色，捞起，滤去油分。

3. 将炸好的菜品整齐摆放在盘上，以噫汁、准盐作佐料。

菜品要求: 菜品呈浅金黄色，表面松脆，涨发效果好，肉质鲜嫩，美味。

制作要点:

1. 生蚝腌制后要吸干水分。

2. 生蚝涂脆浆前要拍上薄的干淀粉，粘浆要均匀。

3. 要选择适当的油温，下油锅炸时要注意手法，要掌握色泽和原料的熟度。

4. 炸后若有脆浆的"飞边"，要用剪刀将其剪去。

脆 炸 直 虾

原料：

1. 主料 明虾 12 只。

2. 配料 调好的脆浆 300g。

3. 调料 精盐 3g，味精 5g，鸡精 2g，喼汁，淮盐各 10g，干淀粉 25g，食用油 2000g。

制作工艺流程：

切改原料 → 腌制 → 上脆浆 → 炸制 → 装盘

制作过程：

1. 将虾剥去头、外壳、剪去三叉尾，然后用刀在虾腹部切成"锯齿"形，洗净，滤干水分。

2. 将精盐、味精、鸡精放入虾肉内拌匀，略腌制。

3. 将干淀粉拍在肉料表面上，猛火烧锅，加入食用油，加热至约 150℃时，将油锅端离火位，用手执虾尾，粘上脆浆，垂直放在油中略炸至定型，然后炸至熟，呈浅金黄色，捞起，滤去油分，装盘造型，以喼汁，淮盐为佐料。

菜品要求：菜品造型美观，呈浅黄色，脆浆松脆，肉质爽滑。

制作要点：

1. 在虾腹切锯齿形时，下刀的深度要均匀。

2. 粘脆浆要均匀，但虾尾不须粘脆浆。

3. 油温要适当，放入油锅时要用手执虾尾在油中略炸定型，才能放手。

脆 炸 牛 奶

原料：

1. 主料 推好的牛奶 400g。

2. 配料　调好的脆浆 300g。

3. 调料　干淀粉 50g、食用油 2000g。

制作工艺流程：与"脆炸直虾"菜式相同。

制作过程：

1. 用刀将牛奶切成长约 5cm、宽 2cm 的条形，共 12 件。

2. 将干淀粉拍上原料表面上。

3. 猛火烧锅，加入食用油，加热至约 150℃时，将油锅端离火位，将原料放入脆浆内粘上脆浆，用筷子夹起放入油中炸至熟，呈浅金黄色，捞起，滤去油分，装盘。

菜品要求：菜品成"猪仔"形，表面圆滑疏松、耐脆，呈浅黄色，脆浆松脆，牛奶香浓、软滑。

制作要点：与"脆炸直虾"菜式相同。

四、脆皮炸

脆皮炸是将原料放进白卤水中浸至熟，在其表面涂上脆皮浆，晾至皮干后，放入五至六成热的沸油锅中炸至皮色大红、表皮较脆而成菜品的一种烹调方法。这种制作方法是一种别有风味的炸法，它的制作方法特殊，味道有特殊的香味，同时炸后表皮色泽呈大红色，而且制作工艺流程十分讲究，选料严谨。

脆皮炸菜式具有皮色大红鲜艳，表皮较脆，肉质嫩滑而有特殊的卤水香味的特点。

制作工艺流程：

浸白卤水 → 上脆皮浆 → 晾干 → 炸制 → 斩件 → 装盘

脆皮炸的菜式在选料方面较为严谨，这样可保证菜肴的质量。在制作上，首先，浸白卤水时，火候宜用慢火，在卤水保持微沸的状态将原料浸至仅熟或入味，取出后应用沸水再冲洗原料表面的油脂和泡沫，并用干净的毛巾擦干，随即趁热涂上脆皮浆，放在通风的地方晾 2 至 3 小时至皮干，在晾干时不能用手抚摸或放在日光下晒；其次，由于原料是已熟的，在炸时要考虑皮色和脆度，因此，宜选用稍高些的油温炸制，炸制时间不宜太长；最后，原料要趁热斩件，砧板要干爽，原料表皮不能贴着砧板，装盘时要整齐美观。

菜 品 实 例

蛋黄酿大肠

原料：

1. 主料　煲好的大肠 1 条（重约 400g）。

2. 配料　咸蛋黄馅 200g。

3. 调料　干淀粉 25g、白卤水 2000g、调好脆皮浆 100g、糖醋 150g、湿淀粉 5g、食用油 2000g。

制作工艺流程：

浸白卤水 → 酿馅料 → 上脆皮浆 → 晾干 → 炸制 → 切件 → 装盘

制作过程：

1. 将大肠放入微沸白卤水中浸至入味，约 20 分钟，取出。

2. 先在大肠内涂上薄干淀粉，然后将咸蛋黄搓圆滑后，酿入大肠内，两端用绳扎好。

3. 将原料放入沸水中略烫，擦干表面水分，再均匀涂上脆皮浆，放在通风的地方晾干，约 2 小时。

4. 猛火烧锅，加入食用油，加热至约 150℃时，用笊篱托着原料放入油中，炸至大红色、皮脆，捞起，滤去油分，随即调入糖醋，以糖醋兑湿淀粉勾芡，加入尾油，和匀，盛入小碗作佐料。

5. 将炸好的大肠放在干爽的砧板上，斜刀切件，摆放在盘上，以糖醋芡作佐料。

菜品要求：皮色大红、鲜艳，馅料甘香可口，造型美观。

制作要点：

1. 要选用肠头的部分，酿馅不宜太饱满。

2. 上脆皮浆要均匀，要放在通风的地方晾干，时间要足够，切忌用手摸和放在日光下晒。

3. 炸时只需考虑皮色和脆度，加热时间不宜太长。

4. 要运用斜刀切件，增加美感。砧板要干爽。

脆 皮 炸 鸡

原料：

1. 主料　肥嫩光鸡 1 只（重约 750g）。

2. 调料　脆皮浆 150g，喼汁和淮盐各 10g，白卤水 3000g，威化片 15g，食用油 2000g。

制作工艺流程：

浸白卤水 → 上脆皮浆 → 晾干 → 炸制 → 切件 → 装盘

制作过程：

1. 将光鸡洗净，放进烧沸的白卤水中，用慢火将鸡浸至仅熟，捞起，再用洁净白毛巾把鸡抹干。

2. 将鸡眼珠挖出，随即均匀涂上脆皮浆，用铁钩将鸡挂放在通风的地方，晾约 2 小时至皮干。

3. 先将鸡头连颈斩下，猛火烧锅，加入食用油，加热至约 160℃时，先放入鸡头炸至大红色，捞起，再放入威化片炸至涨发，捞起滤去油分，随即用笊篱托着鸡，先用油淋鸡内腔，再炸鸡身至皮色大红，捞起，滤去油分。

4. 将鸡放在干爽的砧板上，趁热迅速斩件，装盘砌回鸡形，以喼汁、淮盐作佐料。

菜品要求：皮色大红、耐脆，肉质嫩滑，有卤水的香味。

制作要点：

1. 要选用肥嫩的鸡，并且皮无破损。

2. 浸卤水时不能大滚，保持微滚状态将鸡浸至约九成熟。

3. 上脆皮浆前必须要用洁净白毛巾吸干鸡表面的油脂并去除污物，同时把鸡眼珠挖出，上浆要均匀，特别是翼底部位。

4. 晾皮时要放在通风的地方，切忌用手摸和放在日光下晒，晾皮时间要足够。

5. 先炸鸡头可以达到试油温的作用，在炸制过程中不须考虑原料的熟度，只需考虑色泽和皮脆，炸制时间不宜过长。

6. 斩鸡时必须要把砧板刮干净，并且在斩时不断刮去砧板的水分，切忌鸡皮贴在砧板上，下刀斩件要干净利落。

"红烧乳鸽"的制作方法与此菜的基本相同。

沙律片皮鸡

原料：

1. 主料　光鸡1只（重约900g）。

2. 配料　吕宋芒果2只、奇异果2只、西生菜150g。

3. 调料　沙律酱150g、脆皮浆150g、食用油3000g（耗油100g）。

311

制作工艺流程：

浸白卤水 → 上脆皮浆 → 晾干 → 炸制 → 切配配料、装盘 →

片鸡皮、装盘

制作过程：

1. 将洗净的光鸡放入微沸的水中，慢火浸约10分钟至仅熟，捞起，用洁净白毛巾吸干水分，挖去鸡眼珠。

2. 将脆皮浆均匀涂在鸡身上，挂起晾约2小时，至皮身干爽。

3. 猛火烧热炒锅，加入食用油，加热至约150℃，用笊篱托着原料，放入油中炸至皮色大红，捞起，滤去油分。

4. 用刀将洗净的西生菜切成丝放在盘上，将奇异果、芒果去皮起肉切片拼在盘边，再将炸好的鸡片皮24件摆排在西生菜表面，摆回鸡头、翼、尾，再放入沙律酱，用小碟另装余下沙律酱作佐料蘸食。

菜品要求： 皮脆，色泽大红，口味甜酸、鲜美，中西合璧。

制作要点：

1. 配料刀工处理和装盘动作要迅速，摆放要整齐。

2. 片鸡片时要合理取料，并且要趁热处理。

3. 其余与"脆皮炸鸡"菜式相同。

五、生炸法

生炸法是将调味料放入生料内腌制入味，再涂上脆皮浆，晾至皮干后，放进四成热的油中浸炸至熟（有些先放入烧烤炉加热再炸），至表皮大红色、表皮发脆而成菜品的一种制作方法。生炸法可以说是脆皮炸法的另一种体现，并且弥补了脆皮炸法不足之处。

生炸法的菜式具有皮色大红、耐脆，肉质鲜嫩，味香浓的特点。在操作上较为麻烦一些，时间稍长。

制作工艺流程：

$$\boxed{腌制原料} \rightarrow \boxed{上脆皮浆} \rightarrow \boxed{晾干} \rightarrow \boxed{炸制} \rightarrow \boxed{斩件} \rightarrow \boxed{装盘}$$

菜式在制作时，首先，原料要吸干水分，再放入调味料腌制，一般腌至七成味，并且时间要足够；其次，原料用沸水略烫并吸干水分后，均匀涂上脆皮浆，放在通风的地方晾约3小时至表皮干，切勿用手抚摸和放在日光下晒；最后，放进四成热的油中浸炸至仅熟，再提高油温将原料炸至呈大红色、皮脆。原料要趁热斩件，砧板要干爽，原料表皮不能贴着砧板，装盘要整齐美观。

菜 品 实 例

乳香吊烧鸡

原料：

1. 主料　本地光鸡1只（重约700g）。

2. 调料　乳香酱 150g、脆皮浆 100g、食用油 4000g。

制作工艺流程：

腌制原料 → 上脆皮浆 → 晾干 → 炸制 → 斩件 → 装盘

制作过程：

1. 将光鸡洗净滤干水分，然后把乳香酱放入鸡的内腔擦匀，再用叉烧针缝口。

2. 先将光鸡用沸水略烫，再用洁净毛巾抹干水分，挖去鸡眼，随即均匀涂上脆皮浆，用铁钩挂起，放在通风地方晾约 3 小时至皮干。

3. 烧热炒锅，加入食用油，加热至约 150℃ 时，用笊篱托着原料，放入油中炸至略着色后，端离火位，浸炸至仅熟，再端回火位提高油温，炸至皮色大红色而脆，捞起，滤去油分。

4. 取出叉烧针，将鸡内腔的酱汁取出，用小碗盛着，作蘸食佐料。随即将鸡放于干爽砧板上斩件装盘，砌回鸡形。

菜品要求：皮色大红，鲜艳且耐脆，肉质鲜嫩，味美。

制作要点：

1. 要选新鲜肥美的光鸡，并且皮无破损。

2. 放入腌料要擦匀，叉烧针要螺旋形缝口，防止腌料渗出。

3. 上皮前要用沸水冲洗净原料表面的油脂、污物，并马上用洁净白毛巾吸干水分，要趁热上脆皮浆，且要均匀，特别是翼底部位。

4. 晾干时间要足够，要放在通风地方晾干，切忌用手摸和日光晒。

5. 炸时使用略高的油温炸至上色后，立即采用浸炸，待基本成熟后，要提高油温略至大红色。

6. 斩鸡时砧板要保持干爽，要趁热斩，落刀要干脆利落。

"南乳吊烧乳鸽"、"吊烧妙龄鸭" 等制作方法与此基本相同。

313

六、腌制炸

腌制炸是将经长时间腌制入味的肉料，放进四至五成热的油锅中浸炸至熟，淋芡、勾芡或直接装盘而成菜品的一种制作方法。

腌制炸法是以肉料原料为主，色泽金黄或金红色，外表酥香，内嫩滑，突出腌料香味，菜品有蒜香味、乳香味、陈皮味等。

制作工艺流程：

肉料炸制 → 装盘 或 肉料炸制 → 淋芡或勾芡 → 装盘

原料要选用适当的油温炸制，由于肉料多采用特殊汁酱腌制，炸制时易"抢火"，因此，要采用浸炸，掌握好熟度和色泽；其次，若淋芡或封汁的菜式，在调制芡汁时，火候宜用中慢火，时间要短，才能保证调味汁色鲜、味美。

菜 品 实 例

岭南京都骨

原料：

1. 主料　腌好的肉排 12 件。

2. 料头　洋葱件 50g。

3. 调料　京都汁 200g、湿淀粉 10g、食用油 2000g。

制作工艺流程：

炸制肉料 → 勾芡 → 装盘

制作过程：

猛火烧锅，加入食用油，加热至约 120℃ 时，将肉排放进油锅浸炸至八成熟，呈浅金黄色，提高油温略炸至金黄色，捞起，滤去油分。再加入食用油，加热至约 100℃ 时，放入洋葱件，迅速拉油，倒入笊篱，滤去油分，将洋葱件放入热锅中，调入京都汁，随即以湿淀粉勾芡和匀，放入炸好的肉料，再加入尾油拌匀，将洋葱件先放在盘底，肉料放在表面。

菜品要求：肉质嫩滑，芡汁匀亮，酸甜带香，味美。

制作要点：

1. 炸制时油温不宜太高，要采用浸炸，成熟后再提高油温略炸。

2. 菜品勾芡时火候宜用中慢火，加热时不宜太长，尾油要足够。

蒜 香 花 腩

原料：

1. 主料 冻硬、无皮的五花肉 400g。

2. 调料 食用油 2000g。

3. 腌料 带皮五花肉 400g、蒜汁 40g、南乳 4g、白糖 9g、味精 4g、玫瑰露酒 10g、糯米粉和粘米粉各 8g。

制作工艺流程：

切改原料 → 腌制 → 炸制 → 装盘

制作过程：

1. 用刀将五花肉切成长 5cm、宽 3cm、厚 0.4cm 的"日"字形，洗净。

2. 先将蒜汁放入五花肉内拌匀放入冰柜腌 1 小时后，再将其余腌料放入拌匀即可。

3. 猛火烧锅，加入食用油，加热至 140℃ 时，放入原料，略浸炸至浅金黄色，再提高油温炸至金红色，捞起，滤去油分，摆放在盘上。

菜品要求：菜品蒜味香浓扑鼻，呈金红色，肉质外脆内嫩。

制作要点：

1. 五花肉冻硬便于切片，切片不宜过厚。

2. 先将蒜汁放入，便于其渗入肉质内，腌制时糯米粉和粘米粉要适量。

3. 要使用洁净油脂炸制，油温不宜过高。

陈 皮 肉 排

原料：

1. 主料　斩好肉排 12 件。

2. 调料　食用油 2000g。

3. 腌料　肉排 500g、陈皮汁 25g、九制陈皮蓉 3g、精盐 4g、白糖 6g、味精 3g、食粉 10g、鸡精 3g、糯米粉和粘米粉各 10g。

制作工艺流程：

肉料腌制 → 肉料炸制 → 装盘

制作过程：

1. 将肉排洗净，滤干水分后放入小盆内，加入食粉拌匀腌制约 1 小时，然后用清水漂洗约 2 小时，捞起用洁净毛巾吸干水分，放回小盆内，加入陈皮汁、精盐、味精、白糖、鸡精拌匀腌制约 2 小时，再加入糯米粉、粘米粉和匀。

2. 猛火烧锅，加入食用油，加热至约 150℃时，放入腌好肉排浸炸至仅熟，再略提高油温炸至金红色，捞起滤去油分放在盘上，将九制陈皮蓉撒在菜品表面。

菜品要求：色泽金红，有浓郁的陈皮味，肉质嫩滑。

制作要点：与"蒜香肉排"菜式相同。

七、纸包炸

纸包炸是将生料调味腌制后，用糯米纸、玉扣纸或锡纸包裹成"日"字形，放进四至五成热的油锅中炸至熟的一种制作方法。

这种炸法是不需要上粉或上浆，制作成菜肴后以喼汁、淮盐或沙律酱作佐料。其特点是肉香味美，有浓郁的调味汁风味。

制作工艺流程：

腌制原料 → 包裹 → 炸制 → 装盘

纸包炸法菜式在制作中，一般将原料切或斩成"日"字形，洗净后吸干水分，再放入特殊调味汁拌匀。包裹时要严密，不能让调味汁流出，并且要即包即炸，避免时间长汁液会渗出，炸时先浸炸至仅熟，再提高油温略炸捞起。

菜 品 实 例

锡 纸 包 骨

原料：

1. 主料　肉排 500g。

2. 调料　食用油 2000g。

3. 腌料　肉排 500g，生抽、蚝油、白糖、柠汁、淀粉各 5g，精盐、鸡精各 1.5g，食粉 2.5g。

制作工艺流程：

腌制肉料 → 包裹 → 炸制 → 装盘

制作过程：

1. 将腌料放入肉排内拌匀，放入冰柜腌制 2 小时。

2. 将腌制好的肉排放在锡纸上，包裹成"日"字形。

3. 猛火烧锅，加入食用油，加热至 120℃时，放入包裹好肉排，将锅端离火位浸炸至熟，略提高油温炸至熟，捞起，装盘。

菜品要求：汁香浓，肉质爽滑。

制作要点：

1. 肉料腌制前要洗净，并吸干水分。

2. 肉料包裹要严密，但不要过厚。

3. 炸制要采用浸炸，并且掌握好熟度。

威化纸包鸡

原料：

1. 主料　改好的鸡球 400g（鸡球 24 件、威化纸 24 件）。

2. 料头　蒜蓉 1g，辣椒米和豉汁各 10g。

3. 调料　味精 5g、白糖 4g、鸡精 2g、生抽 5g、干淀粉 5g、蛋清 20g、麻油 1g、胡椒粉 0.5g、食用油 2000g。

制作工艺流程：与"锡纸包骨"菜式相同。

制作过程：

1. 将原料洗净，滤去水分放入小盆内，加入蒜蓉、辣椒米、豉汁、味精、白糖、鸡精、生抽、干淀粉、蛋清、麻油、胡椒粉拌匀。

2. 将一块鸡球放在一张威化纸上包成"日"字形，用蛋清粘口，然后平放在撒上薄干淀粉的盘中。

3. 猛火烧锅，加入食用油，加热至约 150℃时，放入原料浸炸至仅熟，再提高油温略炸，倒入笊篱滤去油分，装盘。

菜品要求：肉质嫩滑，汁香浓、味美。

制作要点：与"锡纸包骨"菜式相同。

八、蛋清稀浆炸

蛋清稀浆炸是将原料按菜品要求造型粘合，然后粘上蛋清稀浆，放入五至六成热的油锅中，进行慢火浸炸至熟而成菜品的一种制作方法。这种制法是用两件配料将主料夹在中间粘合，以往通常是用肥肉作为配料，后来又改用面包片，但由于粘合后过厚，菜品不够酥化，现在多以光滑、匀薄的豆腐皮作为配料，使制作出的菜肴既酥化又美观又无肥腻感。

蛋清稀浆的菜式具有色泽金黄，表面起幼丝和珍珠泡，味道甘香，造型美观的特点。菜品制作后以喼汁、淮盐作佐料。

制作工艺流程：

原料贴合 → 上浆 → 炸制 → 装盘

菜式在制作中，首先，调浆要按比例调配，应将蛋清与湿淀粉充分和匀，要求原料在能挂上浆的前提下浆可偏稀些，有利于造型美观；其次，原料在上浆前应在表面撒上一层薄干淀粉，以利于挂浆；最后，炸制时要掌握好油温，油温偏低容易造成泻浆的现象，而偏高会出现原料外焦内生的现象。

菜 品 实 例

酥 炸 蟹 盒

原料：

1. 主料　枚肉馅200g、虾胶50g、浸冬菇粒25g、蟹肉50g。

2. 配料　肥肉300g、芫茜叶24片。

3. 调料　玫瑰露酒15g，精盐和味精各2.5g，食用油2000g，干淀粉20g，鸡蛋清75g，湿淀粉14g，喼汁和淮盐各10g。

319

制作工艺流程：

制作肉馅 → 肥肉腌制 → 粘合 → 调浆 → 上浆 → 炸制 → 装盘

制作过程：

1. 将虾胶、冬菇粒、蟹肉放入肉馅内拌匀，挤成24粒丸子，放在盘上。

2. 将肥肉片成直径为4cm的圆形薄片，然后放入精盐、味精、玫瑰露酒拌匀，腌制约20分钟。

3. 将12件肥肉片放在撒有薄干淀粉的盘上，然后放入肉馅，馅面放上一片芫茜叶，再盖上一件粘有薄干淀粉的肥肉片，捏紧接口。

4. 将蛋清与湿淀粉充分和匀调成浆。

5. 猛火烧锅，加入食用油，加热至150℃时，端离火位，将蟹盒逐个粘上蛋清稀浆后放入油锅内，再端回火位上炸至呈金黄色，倒入笊篱内，滤去油分，用剪刀剪齐边缘，整齐摆放荡在盘上，以喼汁、淮盐作佐料。

菜品要求：色泽金黄，表面起幼丝，能看见馅内的芫茜叶，外酥香而内鲜爽。

制作要点：

1. 馅料打制要均匀，要起"胶性"。

2. 肥肉冻硬后便于加工，片时厚薄、大小要均匀。

3. 腌制肥肉片要用高度数的酒，可解去油腻。

4. 干淀粉撒在肥肉片表面便于粘合。

5. 粘合时规格要均匀，要把边缘捏紧。

6. 上浆时要均匀，放进油锅时动作要迅速。

7. 炸制时要掌握好油温和原料的色泽、熟度。

瑶柱金钱鱼盒

原料：

1. 主料　鱼青胶300g、蒸发好的瑶柱75g。

2. 配料　湿豆腐皮2张、芫茜叶24片。

3. 调料　鸡蛋清75g，湿淀粉14g，干淀粉20g，食用油2000g，喼汁、淮盐各10g。

制作工艺流程：与"酥炸蟹盒"菜式相同。

制作过程：

1. 将瑶柱捏碎，加入鱼青胶拌匀而成馅料，再挤成24粒丸子，放在盘上。

2. 将湿豆腐皮改成直径为4cm的圆形片，共48片。平摊在盘上，将干淀粉撒在豆腐皮片上，将馅料放入豆腐皮上，将芫茜叶放在肉馅表面，再将豆腐皮盖在表面，略压和捏紧接口。

3. 将蛋清与湿淀粉充分和匀调成浆。

4. 猛火烧锅，加入食用油，加热至 150℃时，端离火位，将鱼盒逐个上蛋清稀浆后放入油锅内，再端回火位上炸至呈金黄色，倒入笊篱内，滤去油分，用剪刀剪齐边缘，整齐摆放在盘上，以喼汁、淮盐作佐料。

菜品要求：与"酥炸蟹盒"菜式相同。

制作要点：与"酥炸蟹盒"菜式相同。

九、馅料炸

馅料炸又叫荔蓉炸，是将荔蓉馅酿上或包着主料，放进五至六成热的油锅中炸至熟而成菜品的一种制作方法。馅料炸法的菜式具有色泽鲜明、呈金黄色，表面起"蜂巢状"，质地松香、酥脆，肉料香滑可口的特点。

制作工艺流程：

制作馅料 → 酿制 → 炸制 → 装盘

在菜式制作中，首先，要选用质量好的香芋，主料的初步处理要得当；其次，制作馅料时要掌握好原料的比例搭配；最后，炸制时要掌握好油温，将原料放入油锅时要注意手法。

菜 品 实 例

荔蓉窝烧鸭

原料：

1. 主料　拆骨红鸭 1 只。

2. 配料　荔蓉 300g、熟澄面 60g、猪油 40g。

3. 料头　姜米、葱花各 3g。

4. 调料　精盐 5g，味精 3g，红鸭汁和上汤各 100g，绍酒 10g，干淀粉 20g，湿淀粉 10g，麻油 1g，胡椒粉 0.5g，老抽 3g，食用油 2000g。

制作工艺流程：

制作馅料 → 酿制 → 炸制 → 切件 → 装盘 → 勾芡

制作过程：

1. 将荔蓉放入小盆内，加入熟澄面、猪油、精盐、味精擦匀。

2. 将红鸭平摊在盘上（皮向下），撒上干淀粉，然后将荔蓉馅酿在鸭肉上。

3. 猛火烧锅，放入原料（荔蓉馅在下面），使用中慢火略煎至定型，然后加入食用油，浸炸至原料表面起"蜂巢"，呈金黄色，倒入笊篱滤去油分。

4. 将原料放在砧板上，先用刀切成三行，每行再切八件，摆放在盘上，摆回鸭头。

5. 猛锅阴油，放入姜米，溅入绍酒，加入红鸭汁、上汤，调入味精、麻油、胡椒粉、老抽，用湿淀粉勾芡，加入尾油和匀，盛放在小碗中作佐料。

菜品要求： 色泽金黄，造型美观，鲜香酥化，鸭肉味香而嫩滑。

制作要点：

1. 打制馅料时要擦匀，不能有幼粒。

2. 酿制时厚薄要均匀，规格要美观。

3. 炸制时要掌握好油温、色泽。

4. 切件时大小要均匀，造型要美观。

5. 勾芡时宜用慢火，勾芡要匀滑。

荔蓉凤尾虾

原料：

1. 主料　明虾 12 只。

2. 配料　荔蓉 200g、熟澄面和猪油各 60g。

3. 调料　精盐 8g，味精 10g，干淀粉 10g，喼汁和淮盐各

10g，食用油 2000g。

制作工艺流程：

腌制肉料 → 制作馅料 → 包酿 → 炸制 → 装盘

制作过程：

1. 将明虾去头、壳，剪去三叉尾，挑去虾肠洗净，吸干水分，放入精盐、味精拌匀，略腌制。

2. 将荔蓉放入小盆内，加入熟澄面、猪油、精盐、味精擦匀，然后分成 24 粒，每粒包上明虾 1 只，突出虾尾并撒上薄干淀粉。

3. 猛火烧锅，加入食用油，加热至约 150℃ 时，放入原料，浸炸至原料表面起"蜂巢"，呈金黄色，倒入笊篱滤去油分，装盘，以喼汁、淮盐作佐料。

菜品要求：色泽金黄，表面起"蜂巢"，造型美观，鲜香酥化。

制作要点：

1. 打制馅料时要擦匀，不能有幼粒，包酿时大小要均匀，形态要美观。

2. 炸制时要掌握好油温、色泽。

第十二节　烹调法——煎

煎是将经腌制处理或上粉、上浆的原料，平摊在猛锅阴油且有少量余油的热锅中，在火炉上边搪锅（即晃锅）、边加热、边加入食用油，使原料成熟或表面呈金黄色而成菜品的一种烹调方法。

煎制而成的菜品，具有色泽金黄，表面芳香，内嫩滑味香浓的特点。煎的制作方法用途比较广泛，品种变化较多。在制作时，首先要将所用的工具清洗干净；其次，猛锅阴油后再放入原料，并且要将原料摊薄，使其受热均匀；最后，煎制时要使用中或中慢火，搪锅时用力要均匀，掌握好原料的色泽和熟度。

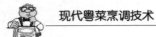

根据煎制前加工处理上的差异，煎又可分为：半煎炸、软煎、蛋煎、干煎、煎焗、煎酿、煎封七种方法。

一、半煎炸

半煎炸是将切配的原料腌制后，拌上锅贴浆，然后粘合起来，整齐排列在猛锅阴油的热锅中，煎至两面金黄色，再加入适量的食用油炸至熟而成菜品的一种制作方法。半煎炸菜式是由配料和主料粘合而成，通常称为锅贴，以往配料使用肥肉，而现在多使用淡面包片，使菜肴甘香脆化而不肥腻，更适合当今的口味。

半煎炸法的菜式单靠用煎的方法加热，原料比较难成熟，若用炸的方法，原料成熟后形状容易卷曲、离层，因此，应采用半煎炸的方法，先煎至定型后再加入适量的食用油炸至熟，这样制作出的菜品既有煎的香味，也有炸的风格，具有色泽金黄、平整且有层次感、松脆而酥香、肉质嫩滑的特点，菜品不需勾芡或淋汁，食用时以喼汁、淮盐作佐料。

制作工艺流程：

切配原料 → 腌制肉料 → 调浆 → 上浆 → 煎、炸 → 装盘

在制作中，首先，切改时要考虑原料的收缩程度，要求熟后主、配的规格一致，原料腌制时只需八成味即可；其次，调浆时原料的比例要适当，锅贴浆要求调得较稠，否则容易泻浆和粘不住；最后，原料上浆后要立即粘合，放入热锅中使用中火煎至定型，表面呈金黄色，随即逐量加入食用油，改用猛火炸制至熟，捞起，用剪刀将边缘剪齐，整齐摆放在盘上。

菜品实例

锅贴鲈鱼

原料：

1. 主料　鲈鱼肉200g。

2. 配料　肥肉 100g。

3. 调料　精盐 4g、味精 5g、玫瑰露酒 10g、干淀粉 60g、鸡蛋液 50g、食用油 1500g。

制作工艺流程：

原料切配 → 肉料腌制 → 调浆 → 上浆 → 煎、炸 → 装盘

制作过程：

1. 用刀将肥肉片成长 5cm、宽 3cm、厚 0.3cm 的"日"字形，共 12 件，将鲈鱼肉去皮，切改成长 5cm、宽 3cm、厚 0.4cm 的鱼块，洗净原料，滤干水分。

2. 将精盐、味精、玫瑰露酒放入肥肉片内拌匀，将精盐、味精放入鱼块内拌匀。

3. 将鸡蛋液、干淀粉、精盐充分和匀，调成锅贴浆。

4. 将腌制好的原料放入锅贴浆内拌匀，先将肥肉片平摊在撒有干淀粉的盘上，再逐件将鱼块贴在肥肉上并撒上薄干淀粉。

5. 猛锅阴油，端离火位，将原料逐件排放在锅中，使用中慢火煎至两面金黄色，然后逐渐加入食用油，使用中火炸至熟，倒入笊篱内，滤去油分，用剪刀将边缘剪齐，摆放在盘上，以喼汁、淮盐作佐料（传统制作中还要放入火腿蓉和榄仁末）。

菜品要求：色泽金黄，焦香酥化，味道鲜美。

制作要点：

1. 肥肉要冻硬，便于刀工处理，片片时厚薄要均匀。

2. 肥肉片要用高度的酒腌制，以去其肥腻和增加香味。

3. 调浆要按比例调配，原料粘浆时不宜太多，以免浆太厚。

4. 原料粘浆后立即粘合，避免泻浆的现象。

5. 放入热锅时要排放整齐。

6. 煎制时使用中慢火，煎至表面金黄色后，再放入食用油炸，并且要逐渐加入，避免原料含油。

锅 贴 明 虾

原料：

1. 主料　明虾 20 只。

2. 配料　虾胶 150g、淡面包 150g。

3. 调料　精盐 3g、味精 5g、鸡蛋液 50g、干淀粉 60g、食用油 2000g。

制作工艺流程：与"锅贴鲈鱼"菜式相同。

制作过程：

1. 去除明虾头、壳，剪去"三叉尾"，用刀在背部剖开双连片，再略拍平，洗净，吸干水分，将面包切成"日"字形（大小与明虾一样）。

2. 将精盐、味精放入肉料内拌匀。

3. 将鸡蛋液、干淀粉、精盐充分和匀，调成锅贴浆。

4. 将虾胶放在面包片上，然后与明虾分别粘上浆，再粘合，放在撒有干淀粉的盘上，表面再撒上干淀粉。

5. 猛锅阴油，将锅端离火位，将原料逐件排放在锅中，使用中慢火煎至两面金黄色，然后逐渐加入食用油，使用中火炸至熟，倒入笊篱内，滤去油分，用剪刀将边缘剪齐，摆放在盘上，以喼汁、淮盐作佐料。

菜品要求：色泽金黄，形态美观，鲜、嫩、爽，脆化可口。

制作要点：与"锅贴鲈鱼"菜式基本相同。

二、软煎

软煎是将经刀工和腌制后的生料拌以蛋液和干淀粉，平摊在热锅中，使用中慢火煎至表面金黄色（有些还需要炸熟），然后封入调味汁或淋芡而成菜品的一种烹调方法。

它主要是使用去骨的肉料作为主料，经刀工处理、腌制和上粉后，放入热锅中以煎、炸的方法加热至熟，再调入酸甜的味汁。这种方法是以煎为主、炸为辅，菜式以外酥香、肉嫩软滑、味浓醇厚为特点。

制作工艺流程：

切配原料 → 腌制肉料 → 上粉 → 煎、炸 → 封汁或淋芡 → 装盘

软煎菜式的制作比较讲究，首先，要将肉料片成厚约 0.4cm 的大块，并用刀捶松肉质，便于腌制入味，去除肉质韧性，加热时不会卷起来；腌制时间要足够，保证肉料的内味。其次，上粉时先以鸡蛋液充分拌匀，再与干淀粉和匀至有粘手的感觉；原料要放入猛锅阴油的热锅中，使用中慢火边加热、边搪锅、边加入适量的食用油，搪锅时要均匀，让原料受热均匀和上色均匀；煎至表面浅黄色时，改用中火加热，逐渐加入适量食用油炸至熟、呈金黄色。最后，封汁或调芡汁时火候宜用慢火，加热时间要短，以保证芡、汁达到色艳、味美的效果。

327

菜 品 实 例

果汁煎猪扒

原料：

1. 主料　枚肉 400g。

2. 配料　洋葱 25g、威化片 15g。

3. 调料　果汁 250g、食用油 1500g。

4. 半煎炸粉　鸡蛋液 40g、干淀粉 50g、吉士粉少许。

5. 腌料：精盐 2g，味精 3g，姜片和葱条各 8g，食粉 2.5g，玫瑰露酒 20g。

制作工艺流程：

切配原料 → 腌制 → 上粉 → 煎、炸 → 封汁 → 装盘

制作过程:

1. 用刀将枚肉片成长 5cm 、宽 4cm 、厚 0.4cm 的肉脯,再用刀捶松,洋葱切成件状,洗净原料,放入小盆内。

2. 将精盐、味精、玫瑰露酒、姜片、葱条、食粉与肉料内拌匀,腌制约 20 分钟。

3. 先将鸡蛋液和干淀粉调匀,再放入肉脯拌匀。

4. 猛锅阴油,加入食用油,加热至 150℃ 时,放入威化片炸透,捞起,待用。将肉排于锅中,然后端回火位,用中慢火煎至表面浅黄色时,改用中火,边加热、边加入食用油,半煎炸至原料仅熟、呈金黄色。将洋葱件放于笊篱上,将食用油与原料倒入笊篱,滤去油分,随即放入肉料和洋葱件,调入果汁炒匀,加入尾油和匀,装盘,用炸好威化片拌在盘边。

菜品要求:色泽大红、鲜明,口味酸甜适中,肉质鲜美、嫩滑,略有汁液泻出。

制作要点:

1. 用刀捶松肉脯,便于腌制入味,也可去除韧性,防止煎制时收缩。

2. 鸡蛋液与干淀粉的比例要适当,肉料上粉时要均匀。

3. 猛锅阴油后,将原料整排入锅中。

4. 半煎炸时要注意火候和掌握,控制好油量,注意搪锅的技巧。

5. 封入果汁时手法要快,火候宜用中慢火,尾油要足够。

此菜品由于用炸好威化拌在盘边,因此又称为"威化煎猪扒"。

柠汁煎软鸡

原料:

1. 主料　本地光鸡 1 只(约 750g)。

2. 调料　调好的柠汁 250g、湿淀粉 10g、鲜柠檬 2 个、食用油 1500g。

3. 半煎炸粉　鸡蛋液 40g、干淀粉 50g、吉士粉少许。

4. 腌料　精盐 2g、味精 3g、姜片和葱条各 8g、食粉 2.5g、玫瑰露酒 20g，吉士粉少许。

制作工艺流程：

切配原料 → 腌制 → 上粉 → 煎、炸 → 切件、装盘 → 淋芡

制作过程：

1. 先将光鸡起肉（留头、翼、膝）后，片成厚约 0.4cm 的片，用刀背轻捶松，并用刀尖戳皮孔，洗净，滤干水分放入小盆内。将鲜柠檬切成"半月"形。

2. 将腌料放入肉料内拌匀，腌制约 20 分钟。

3. 将鸡蛋液放入肉料内拌匀，再加入干淀粉和匀，鸡头、翼、膝粘上蛋浆，再拍干淀粉。

4. 猛锅阴油，将鸡件放入锅中，用中至慢火煎至呈金黄色，翻转，再煎至金黄色，加入适量的油，炸至仅熟，倒入笊篱滤去油分。将鸡头、翼、膝放入油锅中炸至熟、呈金黄色。

5. 将鸡件放在干爽的砧板上，用斜刀切成长 4cm、宽 2cm 的"日"字形件，分三排摆放在碟上，将炸好的鸡头、翼、膝砌回鸡形，用柠檬片伴边。

6. 猛锅阴油，调入柠汁，用湿淀粉勾芡，加入尾油和匀，淋于鸡件上。

菜品要求： 色泽鲜明、呈柠檬黄色，外酥脆内嫩滑，有特殊柠檬清香味。

制作要点：

1. 切鸡件时要使用斜刀，让刀口较为吻合，装盘要摆放整齐美观。

2. 勾芡时宜用慢火，动作要快且均匀，尾油要足够，掌握好芡的稀稠度。

3. 其余与"果汁煎猪扒"菜式基本相同。

"柠汁煎软鸭"的制作方法一样，装盘时不需加入翼、膝。

黑椒煎牛柳

原料：

1. 主料　牛柳肉 400g。

2. 配料　土豆 100g。

3. 料头　洋葱丝、青（红）椒丝各 15g。

4. 调料　精盐 1.5g、味精 5g、白糖 2.5g、鸡精 2g、蚝油 25g、上汤 50g、麻油 0.1g、绍酒 10g、湿淀粉 5g、食用油 1000g。

5. 半煎炸粉　鸡蛋液 75g、干淀粉 100g、吉士粉少许。

6. 腌料　生抽 6g、蒜蓉 1g、黑椒粉 15g、姜片和葱条各 10g、食粉 2.5g、玫瑰露酒 7.5g。

制作工艺流程：与"果汁煎猪扒"菜式相同。

制作过程：

1. 将整条牛柳横切成厚约 8cm 的片后，再用刀略拍，并用刀背敲透成约 3~4cm 厚，土豆去皮，切成薄片，用清水浸泡，切配好料头和腌料。

2. 将腌料放入肉料内拌匀，腌制约 30 分钟。

3. 将腌好的牛柳去姜片、葱条，放入蒜蓉和黑椒粉拌匀，再加入鸡蛋液和干淀粉和匀。

4. 烧热炒锅，加入食用油，加热至约 150℃时，放入土豆片，炸至金黄色，倒入笊篱，滤去油分待用。

5. 猛锅阴油，将锅端离火位，将肉料排放热锅中，端回火位上，使用中至慢火煎至肉料成熟、呈金黄色，倒入笊篱，滤去油分。

6. 烧热炒锅，放入上汤、精盐、味精、白糖、鸡精、蚝油、麻油，煮溶后调入湿淀粉调成芡汁。

7. 猛锅阴油，放入洋葱丝、青（红）椒丝略爆香，再放入肉料，溅酒，随即调入芡汁炒匀，撒上黑椒粉，加入尾油和匀，装盘，将炸薯片伴在盘边。

菜品要求：色泽鲜明，肉质嫩滑，汁香浓，有少量汁泻出，突出黑椒风味。

制作要点：

1. 肉料切改要均匀，腌制时间要足够。

2. 土豆切片后最好用清水漂洗，以便洗去其中淀粉质，使炸好的成品色泽金黄而均匀。

3. 肉料煎制时要使用中至慢火，掌握好原料的熟度，不要过熟，以免影响成品的嫩滑度。

4. 放入料头后要先爆香，再放入肉料，封汁时间要短且要均匀。

三、蛋煎

蛋煎是指将已熟的配料放入经调味的蛋液中，再放入有底油的热锅，使用中慢火煎成圆形、两面呈金黄色至熟的一种烹调方法。

蛋煎法其实就是煎蛋饼，菜肴以鸡蛋作为主料，其他原料为辅料，菜品的种类较多，制作较简单，形状要求呈圆形，边缘齐整，厚薄均匀，色泽金黄鲜明，原料以仅熟为佳，甘香可口，配料要保持味鲜。

在制作工艺流程上可用三种不同的方法：

第一种是直煎法：将处理熟的配料和调好味的蛋液和匀后，放入经猛锅阴油的热锅中，边搪锅、边加热至熟、呈两面金黄色的制作方法。此方法煎出的蛋饼形态好，表面较为平整，但制作时间较长，中间部位较难熟。

第二种是埋堆煎法：将处理熟的配料和已调味的蛋液和匀后，放入经猛锅阴油的热锅中翻炒至七成熟后，再用锅铲将蛋液造型于圆形，然后边加热、边搪锅煎至熟、呈金黄色的制作方法。此方法操作方便，时间短，但制作出的菜品表面不平滑。

第三种是煎半生熟蛋法：先取 2/3 调好味的蛋液放入热锅中炒至八成熟，再倒回原来的蛋液中和匀，加入已熟的配料，放入经猛锅阴油的热锅中，边加热、边搪锅至熟、表面呈金黄色。此方法结合了前两种方法的优点，既可保持原料表面平滑，又可以加快制作速度。

蛋煎法的菜式在制作时，首先，工具和油脂要洁净，配料要吸干水分，并要掌握好主料与配料的比例；其次，加热时使用中慢火，搪锅要流畅自如，使原料在热锅中受热均匀；最后，要合理使用油脂，边加热、边加入油脂、边搪锅。

菜 品 实 例

香煎芙蓉蛋

原料：

1. 主料　净鸡蛋 200g。
2. 配料　叉烧 25g、鲜笋 125g、冬菇丝 15g、葱丝 10g。
3. 调料　精盐 3g、味精 2.5g、鸡精 2g、食用油 750g。

制作工艺流程：

切配原料 → 配料热处理 → 调味 → 和匀原料 → 煎制 →

装盘

制作过程：

1. 用刀将叉烧、鲜笋、湿冬菇切成中丝规格，将葱切幼丝。

2. 烧锅加入沸水，放入鲜笋丝略滚，倒入漏勺，用清水冲洗。烧锅中加入沸水、精盐，放入鲜笋丝、冬菇丝略滚，倒入漏勺，吸干水分。猛锅阴油，加入食用油，加热至约 100℃ 时，放入叉烧拉油倒入笊篱，滤去油分。

3. 将精盐、味精、鸡精、麻油、胡椒粉放入蛋液中拌匀，再放入笋丝、冬菇丝葱丝拌匀。

4. 猛锅阴油，将蛋液放入热锅中，用中慢火加热，边搪锅、边加入食用油，煎至两面呈金黄色，装盘。

菜品要求：色泽金黄，成圆形，边缘齐整，厚薄均匀、平滑，甘香可口。

制作要点：

1. 配料经热处理后要吸干水分，再与主料和匀。

2. 要经猛锅阴油后，才放入原料，并且温度不宜过高。

3. 蛋液下锅后不要马上加热，应表面抹平，略修边缘，再用中慢火加热，边加热、边搪锅、边加入少许食用油。

4. 搪锅要用力均匀，使原料在锅中受热均匀。

5. 判断好表面着色程度。

煎芙蓉瑶柱、芙蓉蟹、芙蓉虾、芙蓉鱼片等的制作方法相同，仅在配料形状不同，芙蓉蟹、芙蓉虾、芙蓉鱼片均将笋肉、湿菇切成指甲片形，葱切成短葱榄，香煎芙蓉蛋、芙蓉瑶柱将配料切成丝状。

333

大良煎虾饼

原料：

1. 主料　净鸡蛋 300g。

2. 配料　腌好虾仁 200g。

3. 调料　精盐 2.5g、味精 4g、鸡精 2g、食用油 750g。

制作工艺流程：与"香煎芙蓉蛋"菜式相同。

制作过程：

1. 烧热炒锅，加入沸水，放入虾仁"飞水"，倒入漏勺。猛锅阴油，加入食用油，加热至约 150℃时，放入原料拉油至仅熟，倒入笊篱内，滤去油分。

2. 将精盐、味精、鸡精放入蛋液中拌匀。

3. 猛锅阴油，放入 2/3 的蛋液，使用中慢火炒至八成熟，放回原蛋液中，与虾仁拌匀。

4. 猛锅阴油，端离火位，放入蛋液，端回火位，用中慢火煎至两面金黄色至熟，装盘。

菜品要求：与"香煎芙蓉蛋"菜式相同。

制作要点：与"香煎芙蓉蛋"菜式相同。

鲜蚝煎蛋饼

原料：

1. 主料　净鸡蛋 300g。

2. 配料　鲜蚝 400g。

3. 料头　姜米 5g、陈皮末 2g、葱花 15g。

4. 调料　精盐 6g、味精 5g、鸡精 2g、麻油 1g、胡椒粉 0.5g、绍酒 5g、湿淀粉 5g、食用油 1000g。

制作工艺流程：与"香煎芙蓉蛋"菜式相同。

制作过程：

1. 将鲜蚝洗清黏液，烧热炒锅，加入沸水，放入原料，加热至五成熟，倒入漏勺，用清水洗净，吸干水分。

2. 猛锅阴油，放入姜米、陈皮末略爆炒，再放入鲜蚝，溅入绍酒，调入精盐、味精和胡椒粉，然后用湿淀粉勾芡炒匀，倒入碗内待用。

3. 将精盐、味精、鸡精、麻油、胡椒粉、葱花放入鸡蛋液拌匀。

4. 猛锅阴油，放入 2/3 的蛋液，用中慢火炒至八成熟，放回原蛋液中，与鲜蚝拌匀。

5. 猛锅阴油，端离火位，放入蛋液，端回火位，用中慢火煎至两面金黄色至熟，装盘。

菜品要求：与"香煎芙蓉蛋"菜式相同。

制作要点：与"香煎芙蓉蛋"菜式相同。

四、煎酿

煎酿是将馅料（主料）酿入加工成形的配料中，然后使用中慢火煎至表面呈金黄色，以汤水勾芡而成菜品的一种烹调方法。

煎酿的菜式是由主料和配料组成，主料多用虾胶（百花馅）、肉百花、鱼胶、墨鱼胶（花枝胶）等半制成品，在菜式的搭配上，一般是根据主料和配料的受火时间、原料的质地以及滋味特点进行。煎酿的菜肴外焦香，内鲜、嫩、爽、滑，造型美观，突出主料的滋味。

制作工艺流程：

切配原料 → 配料热处理 → 酿制 → 煎制 →

加入汤水、调味料加热 → 勾芡 → 装盘

煎酿菜式在制作中，首先，馅料要打制起胶，配料经切配和热处理后，要吸干水分，并在酿入馅料的表面涂一层干淀粉，酿入馅料时要让主、配料充分吻合，还要用水将表面抹平；其次，煎制时要使用中慢火，煎至馅料表面呈金黄色；最后，加入汤水、调味料加热时，要掌握好原料的熟度，勾芡时要均匀，芡汁要求略有泻出，保持原料爽、嫩。

335

菜 品 实 例

煎 酿 双 宝

原料：

1. 主料　肉百花馅400g。

2. 配料　圆椒6只、凉瓜1条。

3. 料头　豉汁15g、蒜蓉和姜米各1g。

4. 调料　精盐2g、味精5g、白糖3g、蚝油5g、老抽5g、绍酒10g、湿淀粉10g、麻油1g、胡椒粉0.1g、干淀粉20g、二汤

200g、枧水 10g、食用油 500g。

制作工艺流程：

切配原料 → 配料热处理 → 酿制 → 煎制 →

加入汤水、调味料，加热 → 勾芡 → 装盘

制作过程：

1. 圆椒洗净由中间开边去核，凉瓜按长 1.5cm 切断，挖去核切成圆环形，洗净原料。

2. 烧热炒锅，加入沸水、枧水，放入瓜环，猛火加热至原料色泽变为青绿色，捞起，用清水漂清枧味，用洁净白毛巾吸干水分。

3. 将馅料重新打制起胶。在圆椒和瓜环内拍上薄的干淀粉，然后酿入肉馅，用清水抹平表面。

4. 猛锅阴油，端离火位，将原料放入热锅内，用中慢火煎至肉馅表面呈金黄色，倒入笊篱内，随即放入蒜蓉、姜米、豉汁，略炒至香，溅入绍酒，加入二汤，放入原料，调入精盐、味精、白糖、蚝油、老抽，加上锅盖，用中慢火加热至仅熟，用湿淀粉、麻油、胡椒粉勾芡炒匀，加入尾油和匀，装盘。

菜品要求：配料青绿，形态完整，肉质爽滑，味汁香浓，芡色匀滑。

制作要点：

1. 凉瓜、圆椒在选料时，不宜太大；在刀工处理时，规格要均匀。

2. 炟制凉瓜后一定要漂清枧水味，并且要吸干原料水分，拍上薄干淀粉，让主、配料更好粘合，不易脱离，保持菜品的完整。

3. 煎制时要用中慢火，煎至肉表面馅呈金黄色。

4. 加入汤水加热时，要加上锅盖，掌握好熟度，时间不宜过长，否则原料会脱离，且色泽不能保持青绿。

5. 勾芡时要均匀，要有芡汁略泻出，装盘要整齐美观。

百花煎酿竹笙

原料：

1. 主料　虾胶 400g。

2. 配料　发好的竹笙 12 条、郊菜 100g。

3. 调料　精盐 15g，味精 4g，白糖和鸡精各 2g，芡汤 35g，湿淀粉 15g，绍酒 20g，麻油 1g，胡椒粉 0.1g，上汤 200g，二汤 500g，干淀粉 10g，食用油 1000g。

4. 煨料　姜片、葱条各 10g。

制作工艺流程：

切配原料 → 配料热处理 → 酿制 → 煎制 → 炒制郊菜伴边 → 淋芡

制作过程：

1. 用刀将竹笙切成长约 5cm 的"日"字形。

2. 猛锅阴油，放入姜片、葱条，溅入绍酒，加入二汤，调入精盐，放入竹笙，略煨至入味，倒入漏勺，吸干水分。

3. 将虾胶重新打制起胶，将干淀粉撒在竹笙表面，把虾胶酿入竹笙上，用清水抹平表面。

4. 猛锅阴油，放入原料，使用中慢火煎至熟、呈金黄色，放在盘上。

5. 猛锅阴油，放入郊菜，调入精盐，溅入二汤，煸炒至仅熟，倒入漏勺。重新起锅，放入原料，用芡汤、湿淀粉勾芡炒匀，加入尾油和匀，滤去芡汁，摆放在菜品旁边。

6. 猛锅阴油，溅入绍酒，加入上汤，调入精盐、味精、白糖、鸡精，用湿淀粉、麻油、胡椒粉勾芡，加入尾油和匀，淋在菜品表面。

菜品要求：色泽鲜明，造型美观，外香内嫩滑。

制作要点：

1. 酿时，竹笙要吸干水分，抹干淀粉，虾胶要重新打制起胶。

2. 煎制前炒锅要洗干净，要用干净的油脂。

3. 煎制时要使用中慢火，搪锅时用力要均匀，让原料色泽、熟度一致。

4. 勾芡时要均匀，芡色要明亮。

煎酿豆腐煲

原料：

1. 主料　肉馅300g、鱼蓉150g、浸发的虾米50g、大地鱼末10g。

2. 配料　水豆腐12件。

3. 料头　葱花（或芫茜）10g。

4. 调料　精盐10g、味精5g、白糖2g、二汤250g、老抽10g、干淀粉20g、湿淀粉10g、麻油1g、鸡精2g、胡椒粉0.1g、食用油1000g。

制作过程：

切配原料 → 馅料制作 → 酿制 → 煎制 → 盛入小砂锅 → 勾芡

制作过程：

1. 用刀将豆腐改成长5cm、宽4cm、厚2.5cm的小块，共24件。

2. 将肉馅、鱼蓉放入小盆内，加入精盐、味精，搅拌至起胶，加入虾米、清水、干淀粉、葱花、大地鱼末，再搅拌成肉馅。

3. 在每件豆腐中间挖长2.5cm、宽1.5cm的小孔，然后酿入肉馅。

4. 猛锅阴油，将豆腐逐件放入热锅中，使用中慢火煎至表面金黄色，取出，放入沙锅内，加入二汤，调入精盐、味精、白糖、鸡精，加上盖，放在煤气炉上用中火加热至熟，加入老抽，用湿淀粉、麻油、胡椒粉勾芡，加入尾油和匀，撒上葱花和大地鱼末。

菜品要求：菜品完整，鲜香嫩滑，营养丰富。

制作要点：

1. 酿豆腐前，肉馅要打制起胶，酿后要略压实，并抹平表面。

2. 煎制前锅要洗干净，煎时要使用中慢火，煎至肉馅表面呈金黄色。

3. 豆腐容易碎，搪锅和铲起以及勾芡时动作要轻。

椒盐煎酿茄子

原料：

1. 主料　鱼青胶 150g、马蹄肉粒 50g、芫茜米 2.5g。

2. 配料　茄子 400g。

3. 调料　净鸡蛋和湿淀粉各 50g、干淀粉 20g、味椒盐 20g、食用油 1000g。

制作工艺流程：

切配原料 → 馅料制作 → 酿制 → 上蛋浆、煎制 → 装盘

制作过程：

1. 将茄子横切成厚 0.5cm 的圆形件，共 20 件。

2. 将马蹄肉粒、芫茜米加入鱼青胶内拌匀，成为馅料。

3. 用干淀粉撒在茄子表面，然后酿上馅料，再用另一件茄子盖上，稍压让其粘牢。用鸡蛋液与湿淀粉和匀调成蛋浆。

4. 猛锅阴油，放入原料，用慢火煎至两面呈浅金黄色，取出，粘上蛋浆，再放回热锅中，煎至两面呈金黄色，倒入笊篱，摆入在盘上，以味椒盐伴作佐料。

菜品要求：色泽金黄，外酥香、内爽滑，辛香清甜。

制作要点:

1. 切茄子件时要均匀,切后要用清水浸着,防止原料变色。

2. 酿肉馅前要撒上薄干淀粉,便于粘贴,粘贴要吻合、美观。

3. 煎制时要使用慢火,搪锅时用力要均匀,让原料着色、熟度一致。

五、煎焗

煎焗是将经刀工和腌制好的原料放入锅中煎至着色后,配以料头、调味汁在锅中焗熟而成菜品的一种烹调方法。煎焗的菜式主要体现焦香、味美,肉滑的特点,制作时不需勾芡,以煎为主,焗为辅。

制作工艺流程:

腌制原料 → 煎制 → 焗熟 → 装盘

菜式在制作中,首先,原料要腌制入味,并且是使用特殊调味汁进行腌制,让菜品更富有风味;其次,煎制时可用炒锅煎制,也可使用不粘锅煎制,用中慢火加热使原料表面均匀着色,并且有香味;最后,与料头同时放入炒锅或砂锅内使用中慢火加热,焗制时要掌握好原料的熟度。

菜 品 实 例

煎焗鱼头煲

原料:

1. 主料 大鱼头 1 只(重约 400g)。

2. 料头 姜片和小葱段各 20g、洋葱件 20g、红辣椒件 15g、芫茜 5g。

3. 调料:生抽 10g、蚝油 10g、味精 5g、绍酒 10g、白糖 4g、干淀粉 15g、食用油 500g。

制作工艺流程：

切配原料 → 原料腌制 → 煎制 → 焗制 → 装盘

制作过程：

1. 用刀将鱼头斩件，洗净原料，滤去水分。

2. 将姜片、小葱段、生抽、蚝油、味精、白糖、干淀粉放入鱼头内，拌匀。

3. 烧热不粘锅，加入适量食用油，放入原料煎至原料表面着色，取出。

4. 烧热砂锅，加入适量食用油，放入洋葱件、红辣椒件、鱼头，加上盖，用中慢火加热至熟，放入芫茜，加上盖，从盖边溅入绍酒即可。

菜品要求：焦香、味美，肉质嫩滑。

制作要点：

1. 斩鱼头件时规格要均匀，使其熟度一致。

2. 鱼头件腌制前要吸干水分，腌制时使用的调味料要适当。

3. 煎制时要使用中慢火，要将原料煎透，突出焦香味。

4. 砂锅要烧热后方可放入原料，突出香味，掌握好火候和原料熟度。

341

烧汁煎焗鹌鹑

原料：

1. 主料　净鹌鹑4只。

2. 料头　姜片、小葱段各15g。

3. 调料　烧汁20g、味精4g、白糖5g、绍酒15g、湿淀粉20g、胡椒粉2g、食用油500g。

制作工艺流程：与"煎焗鱼头煲"菜式相同。

制作过程：

1. 将鹌鹑斩件，洗净，滤干水分，放入小盆内，随即加入绍酒、烧汁、味精、白糖、胡椒粉拌匀，腌制约20分钟。

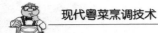

2. 将湿淀粉放入原料内拌匀，猛锅阴油，将锅端离火位，放入原料，再端回用慢火煎至表面金黄色。加上锅盖，端离火位，略焗，再端回火位，加入姜片、小葱段略翻炒，加上锅盖，从锅边溅入少许清水，将原料焗熟，装盘。

菜品要求：焦香味美，肉滑骨脆。

制作要点：

1. 由于菜品在加热过程中不能调味，因此腌制时间要足够，调味料要适当。

2. 煎制时要使用慢火，时间稍长，将原料煎透，突出焦香味。

3. 焗制时要从锅边溅入少许清水，使锅中有足够的水蒸气作为传热媒介，使原料受热均匀，避免出现外焦内生的现象。

茄汁煎虾碌

342

原料：

1. 主料　改好的虾碌（段）500g。

2. 料头　蒜蓉 1g、姜米 1.5g、葱花 1g。

3. 调料　茄汁 30g、精盐 6g、味精 5g、白糖 3g、二汤 100g、绍酒 10g、湿淀粉 10g、食用油 25g。

制作工艺流程：

剪虾 → 煎制 → 焗制 → 勾芡 → 装盘

制作过程：猛锅阴油，放入虾碌用中慢火搪锅煎至两面呈金黄色，随即放入料头，烹入绍酒，加入二汤、茄汁、精盐、味精、白糖，加盖焗熟，调入湿淀粉，加入尾油和匀，装盘。

菜品要求：色泽鲜明，光亮，肉质嫩滑，茄汁风味突出。

制作要点：

1. 煎制时要使用中慢火，原料受热要均匀。

2. 加入汤水焗制时，要掌握好时间。

3. 勾芡时湿淀粉不宜太多。

六、煎封

煎封法是将经刀工处理和腌制的肉料放入热锅中煎至金黄色，配以料头，加入汁液，盖上锅盖略加热至熟，再勾芡而成菜品的一种烹调方法。

煎封的菜式是以肉厚、味鲜的鱼为原料，制作中以煎为主，菜品既有煎的芳香，又有软滑滋味，由于煎后加入特制的煎封汁或其他的汁液，因此，使菜品更为香浓醇厚。

制作工艺流程：

切配原料 → 腌制 → 煎制 → 封汁 → 勾芡 → 装盘

在此菜式制作中，首先，用从肛门下刀，从鳃部取内脏的方法，将鱼的内脏和鱼鳃取出，以保持鱼形态的完整；然后在鱼肉表面"刻花"，既便于腌制入味，又便于加热时迅速成熟；再放入姜汁酒、生抽腌制，以去除原料的腥味，增加香味。其次，煎制时要使用慢火，煎制时间稍长，煎至表面呈金黄色，有焦香味，并且要保持原料形态的完整。最后，加入汁液加热时要使用中慢火，加上锅盖，让原料的成熟度一致，保持汁液的色鲜，要有汁液泻出，以便蘸汁食用（传统做法是不勾芡的）。

菜 品 实 例

煎 封 仓 鱼

原料：

1. 主料　仓鱼 1 条（约 750g）。

2. 料头　姜米和蒜蓉各 2g、葱花 4g。

3. 调料　绍酒 10g、煎封汁 250g、麻油 1g、胡椒粉 0.2g、食用油 1000g。

4. 腌料　姜汁酒 15g、生抽 10g。

343

制作工艺流程：

宰鱼、刻花 → 腌制 → 煎制 → 封汁 → 装盘

制作过程：

1. 将鱼鳞刮去，再用鳃部取脏法把内脏取出，洗净原料，用刀在鱼的表面刻"井"字花纹。

2. 将生抽、姜汁酒在原料上涂匀，腌制约20分钟。

3. 猛锅阴油，放入仓鱼用中慢火煎至两面呈金黄色，捞起。

4. 重新起锅，放入姜米、蒜蓉，略爆香，放入仓鱼，溅入绍酒，加入煎封汁，加上锅盖略加热至熟，将鱼放入盘上，随即调入麻油、胡椒粉，再加入尾油和匀，淋在鱼身上，撒上葱花。

菜品要求：菜品美观完整，肉质鲜美，突出煎封汁的香浓醇厚风味。

制作要点：

1. 用鳃部取脏法可保持原料形态完整，在鱼表面刻花便于腌制入味，加热时原料不会收缩破裂。

2. 用姜汁酒和生抽腌制的时间要足够，达到去除异味、增加香味的目的。

3. 煎制时要使用中慢火，煎至两面呈金黄色，并且要保持原料的完整。

4. 封汁时要使用中慢火，要掌握好原料的熟度和时间，保证有一定汁液泻出，便于蘸食，以增加菜品风味。

蒜蓉煎马鲛鱼

原料：

1. 主料　马鲛鱼2条（约500g）。

2. 料头　蒜蓉5g、姜米2g、葱花3g。

3. 调料　鱼露10g、味精4g、白糖3g、鸡精2g、蚝油10g、绍酒10g、二汤250g、麻油1g、胡椒粉0.2g、食用油1000g。

4. 腌料　姜汁酒 15g、生抽 10g。

制作工艺流程：与"煎封仓鱼"菜式相同。

制作过程：

1. 将鱼鳞刮去，再用鳃部取脏法把内脏取出，洗净原料，用刀在鱼的表面刻"井"字花纹。

2. 用生抽、姜汁酒涂匀原料，腌制约 20 分钟。

3. 猛锅阴油，放入马鲛鱼用中慢火煎至两面呈金黄色，捞起。

4. 重新起锅，放入姜米、蒜蓉，略爆香，放入原料，溅入绍酒，加入二汤、鱼露、蚝油、味精、白糖、鸡精，加上锅盖略焖至熟，将鱼放入盘上，调入麻油、胡椒粉，再加入尾油和匀，淋在鱼身上，撒上葱花。

菜品要求：菜品完整美观，鱼肉鲜美，味汁鲜美。

制作要点：与"煎封仓鱼"菜式相同。

七、干煎

干煎法是指将原料平铺在有少量食用油的热锅中，用中慢火逐步煎肉料的两面，使油和炒锅的热能传导到肉料中，使其成熟并呈金黄色的一种烹制方法。

干煎法的菜式要突出两面焦香、金黄，肉质鲜嫩、软滑，并具有强烈的芳香气味。在制作上，肉料不需要上粉、上浆，原料在锅中直接煎熟，菜品以封汁或"干身"。

制作工艺流程：

原料切配 → 煎制 → 封汁 → 装盘

在制作中，要掌握好火候和原料的熟度。煎制时使用慢火，利用热锅冷油的原理，使原料放入炒锅后能迅速定型、着色，再逐步加热，使其着色和成熟度一致，而菜品要以仅熟为佳；其次，要合理使用油脂，在煎制时若油多，则不能体现出煎的鲜艳色泽和焦香，并且造成菜品腻口，若油量不足，则搪锅比较困

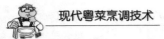
难，甚至会出现粘锅变焦的现象。因此，在搪锅自如的情况下，尽可能不再加油脂。菜品若要求封汁，加入调味汁后，要迅速炒匀，以保持色鲜、味美。

菜品实例

干 煎 虾 碌

原料：

1. 主料　明虾 500g。

2. 调料　精盐 2.5g，味精和白糖各 5g，嗯汁 1.5g，茄汁 3.5g，上汤 100g，麻油 1g，食用油 500g。

制作工艺流程：

剪虾 → 调味汁 → 煎制 → 封汁 → 装盘

制作过程：

1. 用剪刀剪去虾枪、虾爪、三叉尾，再用斜刀斩段，大只的切三段（小的切二段），洗净原料。

2. 烧热炒锅，加入上汤、精盐、味精、白糖、嗯汁、茄汁、麻油和匀，倒入碗内，待用。

3. 猛锅阴油，端离火位，放入虾碌，用慢火煎至虾碌两面呈金黄色，溅入调味汁，加盖收汁至虾碌干身，再加入尾油和匀，装盘。

菜品要求：菜品呈大红色，肉质爽滑，味汁鲜美，突出焦香味。

制作要点：

1. 切改虾碌件时要均匀。

2. 煎时宜用慢火煎至两面呈金黄色，有煎的香味。

3. 封汁时要使用慢火，加热至汁干，原料仅熟，突出焦香味。

香煎金粟饼

原料：

1. 主料　肉蓉 150g、鱼蓉 100g。

2. 配料　粟米粒 100g、青豆仁 25g、红萝卜粒 25g。

3. 调料　精盐 8g、味精 5g、鸡精 3g、干淀粉 15g、麻油 1g、胡椒粉 0.5g、食用油 500g。

制作工艺流程：

配料热处理 → 打制馅料、造型 → 煎制 → 装盘

制作过程：

1. 烧热炒锅，加入沸水、精盐，放入粟米粒、青豆仁、红萝卜粒，略加热至熟，倒入笊篱，滤去水分。

2. 将肉蓉与鱼蓉和匀，加入精盐、鸡精、味精、麻油、胡椒粉、干淀粉打至起胶，放入配料和匀，挤成小丸，再压扁成直径 5cm、厚 0.8cm 的饼形。

3. 猛锅阴油，端离火位，将粟米饼排放于锅内，用慢火煎至仅熟，两面呈金黄色，装盘。

菜品要求：色泽金黄，口味焦香，肉质爽滑，配料鲜嫩。

制作要点：

1. 肉蓉与鱼胶的比例要适当，馅料要打制起胶。

2. 配料与肉馅匀和前要吸干水分。

3. 造型时不要过大、过厚，并且要均匀。

4. 煎制时要使用中慢火，煎至熟、两面呈金黄色（可蒸熟后再煎）。

香 煎 白 鳝

原料：

1. 主料　白鳝半条（重约 400g）。

2. 调料　食用油 500g。

347

3. 腌料　蒜片 5g，味精和白糖各 5g，鸡精 3g，美极鲜酱油 10g，糯米粉、粘米粉各 10g。

制作工艺流程：

切鳝片 → 腌制 → 煎制 → 装盘

制作过程：

1. 将白鳝放入约 80℃ 的热水中略烫至色泽转白，然后用刀刮去黏液，再用刀切成厚 0.5cm 的"金钱片"，挑去内脏，洗净，吸干水分，放入小盆内。

2. 将蒜片、美极鲜酱油、味精、白糖、糯米粉、粘米粉放入肉料内，拌匀，腌制约 20 分钟。

3. 猛锅阴油，将白鳝排于锅中，用慢火煎至熟、两面呈金黄色，倒入笊篱内，滤去油分，摆放在盘上。

菜品要求：甘香肥美，肉质爽嫩、味鲜香。

制作要点：

1. 用热水将原料烫后，可刮去白鳝黏液和去除异味；切鳝片不宜太厚，切后用筷子挑去内脏。

2. 腌制时要将腌料与鳝片充分和匀，时间要足够。

3. 煎制时要控制好油量，不宜太多油脂，使用慢火煎制。

4. 装盘前要将肉质表面的油分滤净。

第十三节　烹调法——焗

焗是指将生料用腌料腌制后，调入味汁，加入汤水，加盖以中火加热至熟的一种烹调方法。

焗制菜肴以原汁原味、芳香、味鲜、醇厚为特点。在制作过程中，主料均在预前腌制，烹制时加入调味料，肉料以原味为基础，尽量吸收各种调味料的特殊气味，使烹制出的菜肴更有原料与调味料混合而成的复合滋味。

按照加热工具和方式的不同，可以分为锅上焗、砂锅焗、啫焗、熏焗、盐焗、炉焗等方法。

一、锅上焗

锅上焗是将腌制好的肉料进行热处理后，加入适量的汤水，再调味、加盖加热至熟的一种焗制方法。

制作工艺流程：

切配原料 → 腌制肉料 → 热处理 → 焗制 → 装盘

菜肴应突出肉料嫩滑滋味。在制作过程中，除本身体积较小的原料外，原料多先斩件，使之便于成熟，易于和其他味汁产生复合美味；肉料腌制后拉油或煎或炸后再加汤或味汁焗熟，焗制时间不宜太长，经高温热处理后，使腌料的香味在短时间内透出，在焗制时强调汤汁不宜太多，以求达到"滴滴香浓"的效果；若要勾芡，则芡不能太稠，且必须与原料充分和匀。

菜 品 实 例

瑞 士 焗 骨

原料：

1. 主料　排骨 400g。

2. 配料　土豆 300g、威化片 15g。

3. 料头　蒜蓉 1g、洋葱件 25g。

4. 调料　精盐、味精、白糖各 5g，茄汁 35g，糖醋、绍酒各 10g，二汤 400g，干淀粉 20g，湿淀粉 20g，食用油 1000g。

制作工艺流程：

原料切配 → 炸制配料 → 肉料拉油 → 焗制 → 装盘

制作过程：

1. 用刀将排骨斩成 2cm 宽的方形，土豆去皮后切成菱形。

2. 烧热炒锅，加入沸水，放入土豆略加热，倒入漏勺。

烧热炒锅，加入食用油，加热至 150℃ 时，放入原料，浸炸至金黄色，倒入笊篱，滤去油分。放入威化炸至膨大，捞起待用。

3. 将精盐、味精放入肉料内拌匀，再拍上干淀粉。烧热炒锅加入食用油，加热至 150℃ 时，放入原料拉油至五成熟，倒入笊篱，滤去油分，随即放入蒜蓉、排骨，溅入绍酒，加入二汤，调入精盐、味精、白糖，加上锅盖，加热至八成熟，加入炸好土豆、洋葱件，调入茄汁、糖醋，焗至原料仅熟，以湿淀粉勾芡，再加入尾油和匀，装盘，用威化片伴边。

菜品要求：形态美观，色泽鲜明，汁香肉滑，甜酸可口，具西菜风味。

制作要点：

1. 土豆要浸炸至透、色泽呈金黄色，便于加热时容易吸收调味汁。

2. 肉料腌制时要放入干淀粉，熟后可使肉料嫩滑，汁液香浓、有光泽。

3. 肉料拉油要掌握好原料的熟度。

4. 焗制时宜用中慢火，土豆和糖醋不宜过早放入。

蜜 汁 焗 骨

原料：

1. 主料　肉排 400g。

2. 料头　洋葱 25g。

3. 调料　干淀粉 20g、蜜椒汁 200g、食用油 1000g。

4. 腌料　精盐 3g，味精 5g，鸡精 2g，曲酒和美极鲜酱油各 5g，蜜糖 15g，干淀粉 15g，食粉 4g。

制作工艺流程：

切配原料 → 腌制 → 炸制 → 焗制 → 装盘

制作过程：

1. 用刀将排骨斩成长约 4cm，洋葱切成丝状，洗净原料。

2. 将食粉放入肉料内拌匀，腌制约 20 分钟，再用清水漂净，吸干水分，放入腌料拌匀，腌制约 2 小时。

3. 把干淀粉放入腌好的排骨中拌匀，烧热炒锅，加入食用油，加热至约 150℃时，放入排骨，浸炸至熟、呈金黄色，倒入笊篱，滤去油分，随即放入炒锅中，溅入蜜椒汁，加上锅盖略盖，装盘。

菜品要求：色金红，味咸中带甜，突出蜂蜜香味。

制作要点：

1. 肉料腌制时间要足够。

2. 炸排骨时要掌握好油温、熟度、色泽。

3. 加入蜜汁焗制时要使用慢火，收汁要恰到好处。

OK 汁焗蛇碌

原料：

1. 主料 水律蛇 1 条（重约 1000g）。

2. 料头 红辣椒米、姜米、葱花各 3g。

3. 调料 OK 汁 20g、上汤 25g、精盐 3g、味精 5g、白糖 10g、干淀粉 15g、绍酒 10g、食粉 5g、食用油 1000g。

制作工艺流程：

宰杀蛇 → 切配原料 → 腌制 → 炸制 → 焗制 → 装盘

制作过程：

1. 用剪刀将蛇头剪去，剥去蛇皮，去净内脏，再用刀略拍蛇身，然后斩成 6cm 长的蛇碌，洗净原料，吸干水分。

2. 将食粉、精盐、味精放入肉料内拌匀，腌制约 30 分钟。

3. 将干淀粉放在肉料内和匀。烧热炒锅，加入食用油，加热至约 150℃时放入肉料，使用中火浸炸至外脆，倒入笊篱内，滤去油分，随即放入红辣椒米、姜米、肉料，溅入绍酒，调入上汤、OK汁、精盐、味精、白糖，盖上锅盖，用中慢火加热，略焗至汁液将近收干，装盘。

菜品要求：色泽鲜明、呈红色，微酸带甜，酥脆、味鲜美。

制作要点：

1. 用刀略拍蛇身，可去除肉质的韧性。

2. 加入食粉腌制，主要是去除原料的韧性。

3. 炸制时要采用浸炸，保持肉质的鲜嫩。

4. 焗制时要使用中慢火加热，保持汁液色鲜、味美，并且注意"收汁"程度。

美极焗凤翅

原料：

1. 主料　鸡翼中节400g。

2. 料头　蒜蓉1g、姜米和红辣椒米各3g。

3. 调料　美极鲜酱油15g，上汤100g，蚝油15g，精盐3g，味精5g，鸡精2g，白糖、绍酒、湿淀粉各10g，麻油1g，胡椒粉0.1g，食用油1000g。

制作工艺流程：

腌制肉料 → 肉料拉油 → 焗制 → 装盘

制作过程：

1. 将肉料洗净，吸干水分，放入精盐、味精、绍酒拌匀，腌制约10分钟。

2. 猛锅阴油，加入食用油，加热至约150℃时，放入肉料拉油，倒入笊篱内，滤去油分，随即放入红辣椒米、姜米、肉料，溅入绍酒，调入上汤、美极鲜酱油、蚝油、味精、白糖，加上锅盖，用中慢火加热略焗至汁液将近收干，装盘。

菜品要求：肉质鲜香、嫩滑，突出美极鲜酱油的风味。

制作要点：

1. 肉料拉油时，要选择好油温，油温高易使肉料喷油，甚至会变焦，油温低会使肉料含油，同时应掌握好原料熟度。

2. 焗制时要使用中慢火，并且加上锅盖，使原料的熟度和着味均匀。

3. 调入调味料要适当，以突出美极鲜酱油的风味，并且掌握好原料熟度，以及"收汁"的程度。

姜葱焗肉蟹

原料：

1. 主料　花蟹 750g。

2. 配料　姜片 50g、葱段 100g。

3. 调料　精盐 6g，味精 5g，白糖和鸡精各 2g，绍酒 10g，二汤 200g，干淀粉 20g，湿淀粉 6g，麻油 1g，胡椒粉 0.1g，食用油 2000g。

制作工艺流程：

宰杀肉蟹、斩件 → 肉料拉油 → 焗制 → 勾芡 → 装盘

353

制作过程：

1. 在花蟹厣部下刀斩死，揭起蟹盖，清除蟹鳃及污物，斩件，用刀将蟹钳略拍拆，切姜片、葱条，洗净原料。

2. 将干淀粉拍上蟹肉和匀。猛锅阴油，加入食用油，加热至 180℃时，放入蟹肉和姜片，拉油至熟，倒入笊篱，滤去油分，随即放入葱条、姜片、花蟹，溅入绍酒，加入二汤，调入调味料，加上锅盖略焗，用湿淀粉、麻油、胡椒粉勾芡，再加入尾油，装盘。

菜品要求：肉质洁白，鲜嫩爽甜，姜葱香味浓郁。

制作要点：

1. 拍干淀粉不宜多，拉油时要掌握好油温和熟度。

2. 调味时用调料要恰当，勾芡时要掌握好湿淀粉的分量。

二、砂锅焗

砂锅焗，是将肉料腌制后放入砂锅内加热至熟（有些还淋回原汁）而成为菜肴的一种烹制方法。

制作工艺流程：

腌制肉料 → 焗制 → 斩件 → 装盘 → 淋汁

砂锅焗制的菜品突出菜肴原汁原味，气味芳香浓郁的特点。在制作过程中，肉料焗前要进行腌制，使用各种酱汁调味，既能使菜肴味浓、肉质香腍，又保证其形态完整、美观；若整只焗制的菜式，火候宜用中慢火，且要加锅盖；原料放入砂锅后要使之受热均匀，并掌握好原料的熟度，此类菜肴要求加热至仅熟为度；菜肴在加热时不用勾芡，有些烹制后，斩件装盘再用原汁淋上，保证原汁原味，味醇香浓。

菜 品 实 例

砂锅葱油鸡

原料：

1. 主料　光鸡 1 只（重约 750g）。

2. 料头　净葱 300g、姜 10g、八角 1 粒。

3. 调料　精盐和味精各 10g、生抽 15g、西凤酒 20g、猪油 150g、食用油 500g。

制作工艺流程：

腌制原料 → 着色 → 焗制 → 斩件 → 装盘 → 淋汁

制作过程：

1. 将光鸡清洗干净，滤干水分，然后用精盐、味精涂匀内外，再将葱条、姜片、八角塞进内腔，外皮涂上生抽。

2. 猛锅阴油，放入光鸡煎至表面金黄色，取出，将西凤酒倒入鸡内腔。

3. 将剩余的葱放入砂锅内垫底和围边，放入原料（侧放），加入猪油，加上锅盖，放在煤气炉上，用中火加热约8分钟。将鸡翻转后再加热约5分钟，滤出原汁，待用。将鸡放正在砂锅中，转用慢火加热至闻到葱的焦香味，取出。

4. 先将鸡内脏的葱条取出，放在盘中，将鸡斩件，铺在葱条上砌回鸡形，将原汁淋在鸡表面。

菜品要求： 肉质嫩滑，突出葱油香味。

制作要点：

1. 要选用肥嫩的小母鸡，保证肉质的嫩滑。

2. 加入调味料腌制时要适当，西凤酒要待着色后加入，否则在加热时挥发。

3. 煎色时要使用中慢火，着色要均匀，突出煎色的鲜明。

4. 葱的用量要足够，并要求交错放在砂锅内。

5. 焗制时宜用中火，要掌握好原料熟度。

钵酒焗乳鸽

原料：

1. 主料　宰净的乳鸽2只。

2. 料头　姜片和葱条各25g、精盐3g、味精5g、白糖2g、钵酒50g、生抽20g、上汤200g、食用油1000g。

制作工艺流程： 与"砂锅葱油鸡"菜式相同。

制作过程：

1. 把乳鸽洗净，吊干水分，用生抽涂匀鸽身。

2. 猛火烧锅下油，加热至150℃时，放入乳鸽略炸至表面金黄色，捞起，滤去油脂。

3. 将砂锅放在煤气炉上，烧至热后加入食用油，放入姜片、葱条爆香，再加入上汤、乳鸽，调入精盐、味精、白糖、钵酒，加上锅盖，用中慢火焗约20分钟，汤汁浓缩至原料仅熟，取出。

将葱条、姜片放于盘底，乳鸽斩件铺在姜、葱表面，砌回鸽形，淋上原汁，放入芫茜叶。

菜品要求：骨软肉滑，酒香浓郁。

制作要点：与"砂锅葱油鸡"菜式相同。

砂锅焗肉蟹

原料：

1. 主料　肉蟹 2 只（重约 600g）。

2. 料头　长葱条 30g、姜片 10g。

3. 调料　精盐 2g、味精 5g、上汤 70g、熟猪油 75g、姜蓉 25g、浙醋 40g。

制作工艺流程：

宰杀肉蟹 → 调味汁 → 焗制

制作过程：

1. 用铁针（或竹枝）在蟹双眼中间或蟹肚厣尖上，直插进蟹身内，使蟹致死，解开水草，刷洗净，滤去水分。

2. 用上汤将精盐、味精溶解，盛在小碗内，待用。

3. 砂锅放在中火的火炉上烧热，加入熟猪油、姜片、长葱条爆香，将整只蟹放入，溅入碗汁，加盖用慢火焗约 12 分钟至汁干，原料成熟。以姜蓉、浙醋为佐料舔食。

菜品要求：肉质鲜美，味香浓。

制作要点：

1. 先将砂锅内熟猪油烧热，放入姜片、葱条爆香后才把蟹放入。这样香味更加浓郁，原料也快速成熟，保持肉质鲜美。

2. 溅入的味汁要适量，并随即加盖焗。味汁少易变焦，多则香味不浓，加盖可保存菜肴香味。

3. 要掌握好焗制时间，以原料仅熟为度。

三、啫焗

啫焗，是将经刀工处理和腌制调味的原料放入烧热的啫煲或啫盘中，使用中猛火加热，再加盖焗至仅熟的一种烹制方法。

制作工艺流程：

$\boxed{\text{切配原料}} \rightarrow \boxed{\text{腌制}} \rightarrow \boxed{\text{啫焗}}$

此法突出菜肴味香浓，肉质爽滑的特点。在制作过程中，肉料焗前要进行腌制，使用各种有独特风味的酱汁进行调味，并加入干淀粉，让菜品在加热时产生焦香味，从而使菜肴味道更香浓；加热宜用中猛火，原料要待啫煲（或啫盘）烧至热透后再放入，要把料头爆香再倒入主料，也是为增加菜肴的香味；原料放入啫煲（或啫盘）后，要用长筷子顺一方向搅拌，使之受热均匀；原料加热至九成熟后加盖，此类菜肴要求以仅熟为度，保持肉质的爽滑；加盖后沿着盖边溅入绍酒，也可增加菜肴的香味。

357

菜 品 实 例

生 啫 黄 鳝

原料：

1. 主料　黄鳝400g。

2. 料头　姜片和蒜片各3g，青（红）尖椒件、洋葱件各15g、芫茜5g。

3. 调料　精盐3g，味精5g，白糖4g，煲仔酱15g，麻油1g，胡椒粉0.1g，老抽5g，绍酒和干淀粉各20g，食用油100g。

制作工艺流程：

$\boxed{\text{原料切配}} \rightarrow \boxed{\text{调味}} \rightarrow \boxed{\text{啫焗}}$

制作过程：

1. 将黄鳝捧晕，横刀切段约4cm，取出内脏，用盐将黄鳝段拌匀，去净黏液，用清水洗净，吸干水分。

2. 将精盐、味精、白糖、煲仔酱、老抽、麻油、胡椒粉放入原料中拌匀，再放入干淀粉拌匀。

3. 将啫煲烧热（或用生铁啫盘），加入食用油，放入姜片、蒜片、椒件、洋葱件、煲仔酱爆香，溅入绍酒，然后放入鳝段，边用中猛火加热，边用长筷子搅拌至原料八成熟，加入芫茜，加上锅盖，沿着锅盖溅入绍酒，原煲上席。

菜品要求：肉质爽滑，味香浓，上席时发出"啫啫"响声。

制作要点：

1. 要选用较大条的花鳝作主料，保证菜品的爽滑。

2. 原料调味前要吸干水分，调味要恰当。

3. 啫煲要烧至够热透后，才能加入食用油和原料。

4. 用长筷子搅拌时要顺一方向，原料受热要均匀。

5. 要掌握好火候、原料的熟度。

358

新奇士啫滑鸡

原料：

1. 主料　带骨鸡肉 400g。

2. 料头　姜片、蒜片、芫茜各 3g，洋葱件、新奇士橙皮丝各5g，陈皮丝 2g。

3. 调料　绍酒 20g、牛油 200g。

4. 腌料　精盐 2g、味精 5g、白糖 4g、鸡精 3g、浓缩橙汁和蚝油 10g、麻油 1g、胡椒粉 0.1g、干淀粉 20g。

制作工艺流程：与"生啫黄鳝"菜式相同。

制作过程：

1. 用刀将鸡肉斩成 2cm 宽的方形，切配好料头，洗净原料，吸干水分。

2. 将精盐、味精、白糖、蚝油、鸡精、麻油、胡椒粉、浓缩橙汁、干淀粉放入肉料中，拌匀，腌制约 15 分钟。

3. 将啫盘放在煤气炉上烧热，加入牛油，放入姜片、蒜片、洋葱件、新奇士橙皮丝略爆香，溅入绍酒，再放入肉料和陈皮丝，用中猛火加热，加热至肉料一面至八成熟，用长筷子将肉料翻转，再加热至仅熟，放入芫茜，加上盖，沿着盖边溅入绍酒，原盘上席。

菜品要求：清香、味浓，鸡肉爽滑。

制作要点：

1. 要选用肥嫩、肉质结实的本地小母鸡，确保菜品的质量。

2. 鸡件腌制前要吸干水分，便于腌制入味，突出菜品的焦香味。

3. 腌制时调入调味料要恰当，突出香橙的清香味。

4. 掌握好火候、时间和肉料的熟度。

大盆 "生啫" 爽肉筋

原料：

1. 主料 肉筋 400g。

2. 配料 蒜子 25g、干葱头 25g、姜片 25g、葱段 5g、唐芹 25g、辣椒角 25g、芫茜 5g。

3. 调料 啫酱 20g、生抽 50g、精盐 2g、味精 3g、白糖 5g、绍酒 5g、麻油 1g、胡椒粉 0.5g、干淀粉 5g、食用油 50g。

制作工艺流程：与"生啫黄鳝"菜式相同。

制作过程：

1. 肉筋加入枧水腌 30 分钟后，用清水漂清碱味，吸干水分后加入啫酱、生抽、精盐、味精、白糖、绍酒、麻油、胡椒粉、干淀粉拌匀腌制。

2. 烧热铁盆，注入食用油，分别放入蒜子、干葱头、姜片、唐芹、辣椒角爆透至香，放入肉筋一起爆香，加盖猛火烧煮，中途要用长筷子不断推匀，以免肉料粘锅，约 6 分钟后，加入葱段、芫茜，在煲盖上攒入绍酒即可上席奉客。

359

菜品要求：香味四溢，原汁原味，口感脆嫩，味鲜。

制作要点：

1. 肉筋要去净瘦肉，用枧水腌后要漂清碱味。

2. 腌制前要吸干肉料水分。

3. 要爆香料头，使其香味充分溢出。

4. 火候要猛，要烧煮够干身，肉仅熟。

"口者口者"二吋鱼嘴煲

原料：

1. 主料　鱼嘴 500g。

2. 配料　蒜子 25g、干葱头 25g、姜片 25g、洋葱件 25g、葱段 5g、唐芹 25g、辣椒角 25g、芫茜 5g。

3. 调料　啫酱 30g、生抽 50g、精盐 2g、味精 3g、白糖 3g、绍酒 5g、麻油 1g、胡椒粉 0.5g、干淀粉 5g、食用油 50g。

360

制作工艺流程：与"生啫黄鳝"菜式相同。

制作过程：

1. 将鱼嘴斩成二吋（5cm）长，洗干净，用洁净毛巾吸干水分，加入啫酱、生抽、精盐、味精、白糖、麻油、胡椒粉、干淀粉拌匀腌制。

2. 烧热煲仔，注入食用油，分别加入蒜子、干葱、姜片、辣椒角、洋葱件、唐芹，用长筷子推匀爆透，放入腌制好的鱼嘴一起爆香，然后加盖猛火快速烧煮，中途要不断用长筷子拌匀，烧煮 6 分钟后加入葱段、芫茜，在煲盖上攒入绍酒即可上席奉客。

菜品要求：香味四溢，味道浓郁醇厚，原汁原味，肉质鲜美，口感软滑多汁。

制作要点：

1. 鱼头要选新鲜，去掉枕部的。

2. 鱼嘴洗净后用洁净毛巾吸干水后再入味腌制。

3. 料头一定要爆透，使其香味充分溢出。

4. 要用猛火烧煮，鱼嘴烧至九成熟即可，余下一成上菜过程中完成。不可烧煮过熟，过熟鱼嘴易烂。

5. 中途拌匀鱼嘴时要轻力慢推，以免鱼嘴肉烂。

大盘吹起乳鸽

原料：

1. 主料　宰好的乳鸽一只。

2. 配料　湿冬菇 50g、蒜子 25g、干葱头 25g、葱段 5g、洋葱 25g、唐芹 25g、辣椒角 25g、芫茜 5g。

3. 调料　啫酱 20g、生抽 30g、精盐 3g、味精 3g、白糖 3g、料酒 5g、麻油 1g、胡椒粉 0.5g、干淀粉 5g、食用油 50g。

制作工艺流程： 与"生啫黄鳝"菜式相同。

制作过程：

1. 将宰好的乳鸽斩件洗净，用洁净毛巾吸干水分，加入啫酱、料酒、生抽、精盐、味精、白糖、麻油、胡椒粉、干淀粉拌匀腌制。

2. 先将蒜子、干葱头、洋葱、唐芹、辣椒角、湿冬菇用油爆香，放入腌好的乳鸽内拌匀，加入葱段、芫茜。

3. 铁盘注入少许食用油搪匀，放入以上各料，用大锡纸沿铁盘边包裹好，使其密封不漏气，中间留些空位。

4. 将包好的铁盘放入猛火中烧煮，中途要用铁钳不断搪匀铁盘，大致 8 分钟左右，待铁盘上的锡纸鼓起后攒入绍酒即可上席奉客。

菜品要求： 上菜有气氛、够特别，撕开锡纸时香味四溢，原汁原味，口感鲜嫩。

制作要点：

1. 一定要选新鲜乳鸽，斩件不要过大，乳鸽吸干水分后才入味腌制。冬菇要飞过水并吸干水分。

2. 料头要先爆香，连油加入腌好的乳鸽内拌匀。

3. 锡纸包裹要严实，不能漏气，要留些空位。

4. 加热时要不断搪匀，以免粘底。

5. 火候要猛，准确判断乳鸽生熟度。

"唶唶" 海豹蛇煲

原料：

1. 主料　宰好的海豹蛇 500g。

2. 配料　蒜子 25g、干葱头 25g、姜片 25g、葱段 5g、洋葱 25g、唐芹 25g、辣椒角 25g、芫茜 5g。

3. 调料　唶酱 30g、生抽 50g、精盐 3g、味精 3g、白糖 3g、绍酒 5g、麻油 1g、胡椒粉 0.5g、干淀粉 5g、食用油 50g。

制作工艺流程：与"生唶黄鳝"菜式相同。

制作过程：

1. 宰好的海豹蛇连皮"飞水"去净蛇鳞，斩成长 6 厘米长的段，加食粉在锅上"飞水"至用筷子可插入，捞起后清水漂清食粉味，用洁净毛巾吸干水分，加入唶酱、生抽、精盐、味精、白糖、麻油、胡椒粉、干淀粉拌匀腌制。

2. 烧热煲仔，注入食用油，分别加入蒜子、干葱、姜片、辣椒角、洋葱、唐芹，用长筷子推匀爆香，放入腌制好的海豹蛇一起爆香，然后加盖，猛火烧煮，中途要不断用长筷子搪匀，以免粘锅，烧至菜肴干身后加入葱段、芫茜，在煲盖上攒入绍酒即可上席奉客。

菜品要求：香味四溢，味道浓郁，原汁原味，口感爽滑，肉质鲜美。

制作要点：

1. 海豹蛇要够新鲜，去清蛇鳞，用食粉水"飞水"至用筷子能插入（由于蛇身粗、肉韧，前期要做以上处理），蛇要吸干水分后再入味腌制。

2. 料头要爆透、够香，使其香味充分溢出。

3. 火候要用猛火，将各料烧至干身即可。

四、熏焗

熏焗是指将经各种加热方式处理至仅熟的原料放在炒香的香料上，加上盖，用香气熏制而成菜品的烹调方法。

制作工艺流程：

烹制原料 → 炒香香料 → 熏制 → 斩件 → 装盘

菜品既保持原有的烹制风味，又能体现出烟熏的香醇馥郁的特色，原料以仅熟为佳，肉质嫩滑鲜美。在烹制中通常选用肥嫩的家禽为主料；不论主料用何种烹制方法处理，都要求以仅熟为佳，保持肉质的鲜嫩；用锅炒制香料时，要使用慢火，以免炒焦，待炒至香后才加入黄糖粉，产生烟后随即放入原料，加盖，使用慢火（或端离火炉）熏制，使原料吸入香味。

菜 品 实 例

363

茶香焗乳鸽

原料：

1. 主料　肥嫩乳鸽 2 只。

2. 调料　精卤水 5000g、水仙茶叶 150g、黄糖粉 150g、食用油 50g。

制作工艺流程：

浸乳鸽 → 炒茶叶 → 焗制 → 斩件 → 装盘

制作过程：

1. 猛火将卤水烧沸，放入乳鸽慢火浸至熟。

2. 猛锅阴油，放入茶叶，慢火炒至有微香味，随即加入黄糖粉略炒至起黄烟。排好支架，放入乳鸽，加盖逐步加温至锅边冒出浓烟，端离火炉焗 5 分钟，取出。

3. 将乳鸽放在砧板上斩件，装盘，另用两小碗盛上卤水汁为佐料。

菜品要求：色泽枣红，表面光润，肉嫩骨软味醇，有茶叶的清香味。

制作要点：

1. 浸乳鸽时火候不宜太猛，卤水保持微沸将原料浸熟。

2. 炒茶叶时要用慢火，炒至微香再放黄糖粉，避免原料变焦。

玫瑰蔗香鸡

原料：

1. 主料　光鸡 1 只（重约 750g）。

2. 调料　精盐 10g、味精 5g、白糖 2g、生抽 25g、玫瑰露酒 35g、玫瑰糖 10g、黄糖粉 25g、上汤 50g、姜片 1 件、葱条 2 条、玫瑰花 1 朵、八角 1 粒、竹蔗碎屑 1500g、食用油 500g。

制作工艺流程：

蒸鸡 → 炒竹蔗 → 熏制 → 斩件 → 装盘 → 淋汁

制作过程：

1. 将光鸡洗净，吊干水分，用玫瑰露酒、精盐、味精、生抽擦匀鸡身内外，将姜片、葱条、八角放入鸡膛内。用盘盛着放入蒸柜（或蒸笼）内，使用中火蒸约 10 分钟至仅熟，取出。

2. 猛锅阴油，放入竹蔗碎屑，炒至起白烟，撒上黄糖粉、玫瑰糖、玫瑰花瓣，炒匀。将鸡放于蔗面，加盖。用慢火加热熏制 10 分钟，取出。

3. 将鸡放在砧板上，去掉姜片、葱条、八角，斩件装盘，砌回鸡形。

4. 猛锅阴油，加入上汤，溅入玫瑰露酒，调入精盐、味精、白糖、生抽，煮溶后，淋于鸡上，用玫瑰花瓣围边装饰。

菜品要求：肉质嫩滑鲜美，香醇馥郁。

制作要点：

1. 光鸡要洗净、吊干水分，减少鸡肉中的水分，使之易于入味。

2. 竹蔗要砍碎，炒时才易出味，再加入玫瑰糖和黄糖粉，用慢火熏制，使原料容易吸入香甜美味。

五、盐焗

盐焗是将腌制好的肉料用纱纸严密包裹，埋入灼热的盐粒中使其成熟的一种烹制方法。盐焗是利用热量传导的原理，即热量从温度较高的盐粒逐步传递给藏于盐内的低温的食物，使其变熟，并且食盐经过干炒后，会散发出阵阵盐香，这种香味被物料吸收后会产生出独特香味。

制作工艺流程：

腌制原料 → 包裹 → 炒热盐粒 → 焗制 → 装盘

盐焗制作的菜肴香气浓郁芳香，口感爽滑鲜嫩。在制作过程中，原料要用涂上食用油的纱纸严密包裹，防止原料表皮粘上纱纸，以防焗制时盐粒渗入原料内；先将盐粒炒至热透，才能把原料藏入；另外应掌握好加热的火候和原料的熟度。

365

菜 品 实 例

正宗盐焗鸡

原料：

1. 主料　光鸡 1 只（约 750g）、纱纸 3 张。

2. 腌料　姜片和葱条各 25g，八角 1 粒，精盐和味精各 10g，西凤酒 20g。

3. 调料　老抽 15g、猪油 100g、粗生盐 5000g。

制作工艺流程：

原料腌制 → 包裹 → 焗制 → 斩件 → 装盘

制作过程：

1. 将鸡洗净，滤去水分，然后在鸡膛内擦上精盐、味精，并放入八角、姜片、葱条，加入西凤酒，表皮涂上老抽。

2. 将纱纸 3 张铺平于桌面上，每张均涂上猪油，然后将鸡包好。

3. 将粗生盐放入炒锅内，加热炒至滚烫有烟冒出，然后将1/3 粗生盐放入砂锅内铺平，再放入包好的鸡，最后将剩下的热盐全部倒入生盐中将鸡埋没，放在煤气炉上，使用慢火加热约 30 分钟至原料仅熟。

4. 将焗熟的鸡取出，拆去纱纸，放在砧板上斩件，装盘砌回"鸡形"，以盐焗鸡料作为佐料。

菜品要求：肉香、味美、有特殊风味。

制作要点：

1. 光鸡腌制前要吊干水分，否则纱纸包裹时容易烂。

2. 纱纸上涂猪油要足够、均匀，避免焗熟后纱纸粘在鸡皮表面，包裹时要紧密，防止生盐渗入。

3. 掌握好加热的火候、时间、原料的熟度。

4. 斩鸡要趁热，造型要美观。

味 盐 焗 蟹

原料：

1. 主料　肉蟹 1 只（重约400g）。

2. 料头　姜、葱各 10g，锡纸 1 张。

3. 调料　精盐 2g、味精 4g、粗生盐 2000g。

制作工艺流程：

切配原料 → 腌制 → 包裹 → 焗制 → 装盘

制作过程：

1. 用牙刷刷净肉蟹身体，再用刀将蟹厣斩下，蟹壳不能断，取出肉质，刮去蟹腮，洗净原料。

2. 将精盐、味精放入肉料内拌匀，然后将肉蟹放在锡纸上，摆回原形，然后包裹。

3. 将粗盐放入炒锅中，使用中火炒至热透，然后先放入部分热盐到砂锅内，随即放入原料，再用剩下的热盐将原料埋没。放在煤气炉上用慢火加热 10 分钟至原料仅熟，取出，放入盘上。

菜品要求：蟹味浓香，肉质鲜爽，别有风味。

制作要点：

1. 要将肉蟹身体刷干净。

2. 掌握好粗盐的热度、焗制时间和原料熟度。

3. 装盘前要将粘附在锡纸表面的粗盐去掉。

鲜荷叶盐焗水鱼

原料：

1. 主料　宰好的水鱼 1 只（重约 500g）。

2. 料头　姜花 2g、陈皮丝 1g、火腿片 15g、湿菇件 25g、桂圆肉 10g、杞子 15g。

3. 调料　精盐 3g、味精 5g、麻油 1g、胡椒粉 0.1g、干淀粉 10g、食用油 50g、鲜荷叶 1 片、粗生盐 2000g。

制作工艺流程：

切配原料 → 调味 → 包裹 → 焗制 → 装盘

制作过程：

1. 用刀将水鱼斩成约 2cm 宽的方件，洗净原料，滤去水分。

2. 将姜花、陈皮丝、火腿片、菇件、桂圆肉、杞子、精盐、味精、麻油、胡椒粉放入水鱼肉内拌匀，再加入食用油和匀，放在涂上食用油的鲜荷叶上包好，用水草纵横捆牢成"井"字形。

3. 用炒锅把粗盐炒至灼热，端离火位，扒开中心，把原料放入，再覆盖好，加上锅盖，用慢火加热焗制 20 分钟后取出。再把粗盐炒至灼热，扒开中心，将水鱼重新放入，焗制 10 分钟至熟，取出，扫去表面的粗盐，解开水草（在客人面前解开荷叶），放入盘中。

菜品要求：香浓馥郁，鲜美嫩滑。

制作要点：与"正宗盐焗鸡"菜式相同。

六、炉焗

炉焗法是先将原料用味汁腌制后，放入高温密闭的焗炉内，利用炉膛里的辐射热力将原料焗熟的一种烹制方法。采用焗炉焗制的菜式，由西菜演变而成，但在借鉴的基础上，力求制作出符合粤菜风味特色的菜肴。

制作工艺流程：

切配原料 → 腌制 → 焗制

炉焗制作的菜肴味鲜、甘香，色泽金黄。在制作过程中，讲究使用腌制的原料，注重用各种味汁和植物性香料，只有腌制时间足够，才能使焗制的菜式香味诱人，且要掌握好炉温和原料的熟度。

菜 品 实 例

葡汁焗花蟹

原料：

1. 主料　斩件花蟹 500g。

2. 配料　湿粉丝 250g。

3. 料头　洋葱丝 50g、蒜蓉 3g。

4. 调料　葡汁 125g、绍酒 10g、湿淀粉 5g、食用油 750g。

制作工艺流程：

烹制花蟹 → 装盘 → 焗制

制作过程：

1. 烧热炒锅，加入沸水，放入湿粉丝略滚后放入煲底。

2. 猛锅阴油，加入食用油加热至 180℃时，放入蟹件泡油至五成熟，倒入笊篱，滤去油分。随即放入洋葱丝爆香，溅入绍酒，放入肉料，调入葡汁，加上锅盖焗至仅熟，用湿淀粉勾芡，再加入尾油和匀，盛入瓦煲（蟹壳在底，肉在面）。

3. 加上煲盖，放入焗炉略焗至芡汁沸起取出。

菜品要求： 微辣味美，鲜嫩浓滑。

制作要点：

1. 肉料泡油时油温要稍高，并掌握好熟度。

2. 在炒锅烹制时宜用中火，勾芡后要有适量的芡汁。

3. 入焗炉焗时间不宜太长，芡汁沸起即可。

沙律焗仓鱼

原料：

1. 主料　宰净的仓鱼 1 条（重约 500g）。

2. 调料　沙律汁 50g，熟食用油 25g，沙姜粉 10g，蜜糖、玫瑰露酒、美极鲜酱油、老抽各 25g，西芹、芫茜、柠檬、洋葱、生葱、肉姜共 150g，食用红色素少许。

369

制作工艺流程：

腌制肉料 → 焗制 → 装盘

制作过程：

1. 将沙姜粉、蜜糖、玫瑰露酒、美极鲜酱油、老抽、西芹、芫茜、柠檬、洋葱、生葱、肉姜、红色素拌匀，放入保鲜柜静置约 6 小时，取出在仓鱼上拌匀。用保鲜纸包裹仓鱼，放入保鲜柜腌约 12 小时（每隔 2 小时将仓鱼翻转一次），取出去掉腌料，滤去汁水。

2. 把仓鱼放在盘上，放入焗炉中（炉温约 250℃），加温约 15 分钟至熟，取出扫上熟食用油，再把沙律汁挤在仓鱼上（或用小碗盛着沙律汁作佐料）。

菜品要求： 色泽金红，味道香浓，吃后齿颊留香。

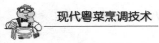

制作要点：

1. 腌料要充分和匀后再使用，并且腌制时间要足够。

2. 掌握好炉温和原料的熟度。

焗 酿 响 螺

原料：

1. 主料　响螺 8 只（每只约 300g）。

2. 配料　鸡肉和枚肉各 150g，鲜虾仁肉 100g，香菇粒 25g，火腿粒 30g，洋葱粒 50g，干葱粒 30g。

3. 调料　上汤 100g、精盐 10g、味精 5g、鸡精 2g、白糖 10g、咖喱粉 2g、姜汁酒 20g、鸡蛋清 25g、湿淀粉 10g、麻油 1g、胡椒粉 0.1g、食用油 750g。

制作工艺流程：

切配原料 → 腌制肉料 → 制作馅料 → 酿制 → 焗制 → 装盘

制作过程：

1. 将响螺肉取出，去肠，切去螺头韧肉，洗净嫩肉后切粒。螺壳洗擦净，用沸水煮过，待用。

2. 鸡肉、枚肉切粒，洗净后与虾仁肉、螺肉粒加入蛋清、精盐、味精、湿淀粉拌匀。

3. 猛锅阴油，加入食用油，加热至 150℃ 时，放入肉料泡油至八成熟，倒入笊篱，滤去油分。随即放入洋葱粒、干葱粒、香菇粒略爆香，放入肉料，溅入姜汁酒，调入上汤、调味料，以湿淀粉、麻油、胡椒粉勾芡，再加入尾油和匀，盛起，加入火腿粒拌匀。然后分别酿在螺壳内。

4. 将原料放入焗炉内，用高温焗约 20 分钟至馅料表面呈浅金黄色后取出，排放在盘上。

菜品要求：色泽浅金黄色，味道甘香、爽滑。

制作要点：

1. 响螺壳要经沸水消毒后才能酿入馅料，以符合食用卫生要求。

2. 馅料混合勾芡时，芡汁要稍多且稠些，利于原料粘连在一起，不易松散。

3. 掌握好炉温和原料的色泽。

钵仔焗鱼肠

原料：

1. 主料　鸡蛋 4 只（净蛋约 200g）。

2. 配料　鲩鱼肠 200g、油条 1 条、湿粉丝 50g。

3. 料头　姜米和陈皮丝各 2g、葱花 10g。

4. 调料　精盐 5g、味精 4g、上汤 300g、胡椒粉 1g、姜汁酒 10g、白醋 50g、浙醋 25g、食用油 50g。

制作工艺流程：

配料热处理 → 切配原料 → 调味 → 装盘 → 蒸制 → 焗制

制作过程：

1. 鱼肠用白醋浸洗后，用剪刀剪开，洗净，再用清水洗净白醋味，并用洁净毛巾吸干水分，用刀切断，加入姜米、姜汁酒拌匀，放入蒸柜（或蒸笼）内用猛火蒸至熟，取出，倒去水分，候用。

2. 用刀将油条切成厚约 0.4cm 的薄片，湿粉丝剪成段。

3. 将上汤调入蛋液中，加入精盐、味精和匀，再放入油条片、粉丝、陈皮丝和鱼肠拌匀，盛入瓦钵内，然后放入蒸柜（或蒸笼）内以慢火蒸至熟，取出，撒上胡椒粉、葱花，溅入热油。

4. 将菜品放入焗炉内，用中火（约 180℃）焗 10 分钟，取出，原钵上席，以浙醋为佐料。

菜品要求：色泽金黄，甘香软滑，味鲜美。

制作要点：

1. 用白醋洗鱼肠，可去除腥味和增加肠身爽度。

2. 翻洗鱼肠时，不要损坏原料。

3. 加入陈皮丝、胡椒粉、姜米的目的是去除腥味及增加香味。

4. 焗制时要掌握好火候和时间。

第十四节　烹调法——煀

　　煀是先将原料经过煎或炸着色，甚至拉油处理，使其着色、增香，再与配料、汤水、调味料配合，以中火（或慢火）加热至原料熟透软滑，汤汁变浓而成菜品的一种烹调方法。

　　煀制菜肴味浓醇，汤汁浓稠，色泽呈金黄色或带红色。煀制菜肴多选用禽类、水产和野生动物类作原料；原料在煀制前必须经油煎或炸或拉油的热处理，使其着色、增香；由于加热时间较长，宜用中慢火，菜肴以熟透、内味浓、软滑为好；菜肴的芡汁相当浓厚，能溢散出香气，并以原汁勾芡或直接用原汁（俗称：自来汁）淋在菜品上。这类菜肴通常在冬、春两季食用多。

　　按照采用的加热工具不同，煀可分为锅上煀和砂锅煀两种；根据原料上色方法及处理方法不同，又可分为煎（炸）煀和原汁煀两种。煎（炸）煀的菜肴是在炒锅中烹制而成，而原汁煀是在砂锅中烹制而成。因此，煎（炸）煀即是锅上煀，原汁煀就是砂锅煀。

一、锅上煀

　　锅上煀，是把生料（主料）涂上老抽，以煎或炸的方法使其表面着色，然后加入汤水、调味料，在锅上以中火煀制至熟，以原汁勾芡淋在上面而成菜品的烹制方法。

　　制作工艺流程：

　　着色→煀制→装盘→勾芡→淋芡

　　锅上煀制菜肴是以整只、整条或较大件的原料为主，突出香味鲜浓、原汁原味的特点。在制作过程中，着色要均匀，煎色可使其色泽鲜明、肉质鲜嫩，但色泽欠缺均匀，而炸色可使制品色泽均匀，且操作方便。焖制时应合理使用火候，在爆炒姜、葱等料头时使用中火，然后加入汤水，加盖焖制时都使用中慢火；烹制时加入汤水应准确，切忌中途加入汤水，这样会大大降低成品的香浓味；调味要适当，焖制时加入汤水（一般要求浸至原料表面），若按照汤水的分量调配的，则到烹制好后，由于汤水已被浓缩了一半多，味道将会变咸，因此调味时，只要调到六成左右便可，这样，由于主料的吸收和汤水的浓缩，至烹制好时，其味便恰到好处；要讲究装盘的形态，一般将配料放在盘中间，再把熟的原料斩件后整齐地叠放在配料上；掌握好芡汁和芡色，勾芡时要用炒勺不断推搅，使芡匀滑，加入尾油也要充足，使芡色匀滑光亮，芡汁的量要多，以宽阔为宜，给人一个流畅香滑的感觉。而芡色以金黄色为准，这样能衬托和配合成品的质感。

菜 品 实 例

豆 酱 焖 鸡

原料：

1. 主料　本地光鸡 1 只（约 750g）。

2. 料头　姜片、葱条各 10g。

3. 调料　豆瓣酱 20g、精盐 3g、味精 5g、白糖 4g、鸡精 2g、二汤 500g、湿淀粉 10g、绍酒 10g、老抽 50g、麻油 1g、胡椒粉 0.1g、食用油 1000g。

制作工艺流程：

$$\boxed{着色} \rightarrow \boxed{焖制} \rightarrow \boxed{斩件、装盘} \rightarrow \boxed{淋芡}$$

制作过程：

1. 烧热炒锅，加入沸水，放入光鸡略"飞水"，趁热涂上老抽。

2. 烧热炒锅，加入食用油，加热至约 150℃时，放入原料炸至大红色，倒入笊篱，滤去油分。

3. 猛锅阴油，放入姜片、葱条，爆香后溅入绍酒，加入二汤，调入豆瓣酱、精盐、味精、白糖、鸡精，放入鸡，加上锅盖，用慢火加热约 20 分钟至仅熟。

4. 将鸡放在砧板上斩件，装盘摆砌回鸡形。

5. 用原汁加入汤水，以湿淀粉、胡椒粉、麻油勾芡，再加入尾油和匀，淋在原料表面上。

菜品要求：菜品美观大方，肉质鲜嫩、香味浓郁，原汁原味。

制作要点：

1. 要选用肥美的鸡，保证肉质嫩滑。

2. 光鸡略"飞水"，便于上色；着色时只需考虑表面的色泽，因此要选择略高的油温，时间要短，炸至大红色。

3. 焗制时宜用中慢火，使其熟度一致，入味效果好，注意调味料的搭配。

374

4. 勾芡时湿淀粉不宜太多，尾油要足够，芡要稀薄、量多、有光亮。

姜葱火焗鲤鱼

原料：

1. 主料　鲤鱼 1 条（重约 750g）。

2. 配料　炸好的腐竹 100g、葱 300g、姜 150g。

3. 调料　精盐和味精各 5g，白糖和鸡精各 2g，蚝油 10g，老抽 15g，湿淀粉 10g，麻油 1g，胡椒粉 0.1g，绍酒 10g，二汤 500g，食用油 1000g。

制作工艺流程：

原料切配 → 配料预热 → 肉料腌制 → 煎制 → 焗制 → 淋芡

制作过程：

1. 将鲤鱼拍晕，由鳃部放血（不打鳞）开肚取内脏，洗净血污，在肚部将中脊骨斩断。将腐竹切成长约 5cm 的段，将姜和葱分别切成姜片、葱条，洗净原料。

2. 烧热炒锅，加入沸水，放入腐竹"飞水"，倒入漏勺。烧锅加入食用油，加热至约 120℃ 时放入姜片，炸至金黄色，倒入笊篱。

3. 用少许盐抹匀鱼身，猛锅阴油，放入原料，用中慢火将原料煎至两面金黄色，捞起。

4. 猛锅阴油，放入姜片、葱条爆炒香后，溅入绍酒，加入二汤，调入精盐、味精、白糖、鸡精、蚝油、老抽，放入鲤鱼，加上锅盖，用中火加热至原料八熟时，放入腐竹略加热至原料仅熟，将原料盛放于盘上，在原汁中调入湿淀粉、麻油、胡椒粉勾芡，再加入尾油和匀，淋于鱼上。

菜品要求：滋味浓厚香醇，鱼鳞爽滑，芡色匀亮，稀薄、量多。

制作要点：

1. 在宰杀鲤鱼时要斩断中骨，避免鱼炸时跳起，溅油伤人。

2. 煎鱼时要使用中慢火，煎至表面金黄色且均匀。

3. 使用调味料要恰当，突出鱼的鲜味。

4. 勾芡时湿淀粉的量不宜过多，尾油要足够。

二、砂锅焗

砂锅焗是将原料放入砂锅内，加汤水、调味料焗制而成菜品的一种烹制方法。

制作工艺流程：

切配原料 → 原料热处理 → 焗制 → 装盘

砂锅焗菜肴主料大多数是以斩件的原料，较少是整只或整条的原料，突出原汁原味、香味醇浓、酥烂可口、富有胶质的特点。在制作过程中，原料的规格大小要均匀，件头不要太细小，这样可使原料的熟度一致、入味均匀，若原料切得太细小会因收缩过度显得过于碎烂；原料先在炒锅中炸或爆炒至有香味才转入砂锅内焖制，可使原料的香味透出；要掌握好加入汤水的分量，汤水多虽然可以使原料不粘锅底、不焦煳，但浓醇感和胶质感受就会全然失去，汤水少则会造成原料不够酥烂，易粘锅底焦煳，此类菜肴讲究"自来汁"，不需勾芡，因此，加入汤水的分量是否适当，直接影响到菜肴质量好坏；掌握好火候，视原料质地决定加热的时间；调味要准确，由于汤水会浓缩减少，下味时要考虑此因素；焖制时不宜多揭锅盖，以免致香味过多地挥发散失。

菜 品 实 例

砂锅焖水鱼

原料：

1. 主料　净水鱼肉750g。

2. 料头　湿冬菇件50g，炸蒜子100g，火腩件150g，陈皮米2g，姜米和芫茜各5g，姜片和葱条各20g。

3. 调料　精盐3g、味精10g、白糖4g、鸡精2g、红烧酱15g、老抽15g、姜汁酒20g、干淀粉20g、二汤400g、麻油1g、胡椒粉0.1g、食用油1000g。

制作工艺流程：

切配原料 → 原料热处理 → 焖制 → 装盘

制作过程：

1. 用刀将水鱼斩件，洗净原料。

2. 烧热炒锅，加入沸水，放入肉料"飞水"，倒入漏勺，用清水洗净。猛锅阴油，放入姜片、葱条爆香，放入水鱼件，溅入姜汁酒，爆香捞起，去掉姜片、葱条，用清水略冲，然后拍上薄干淀粉。

3. 烧热炒锅，加入食用油，加热至约150℃时，放入水鱼件拉油，倒入笊篱内，滤去油分，随即放入炸蒜子、姜米、火腩、红烧酱、水鱼爆香，溅入姜汁酒，加入二汤，调入精盐、味精、白糖、鸡精、老抽，再放入陈皮米、冬菇件。转入用竹笪垫底的瓦缸内，放在煤气炉上，先猛火烧沸，再转慢火加热至软身，调入麻油、胡椒粉，并将水鱼裙排放在表面，放入芫茜，原煲上席。

菜品要求：味浓香，肉质软滑，原汁原味。

制作要点：

1. 水鱼件通过"飞水"和煸爆，可以去除异味和增加香味。

2. 视水鱼大小老嫩，加入二汤的量要准确，调味时只调至七成，否则收汁后会过咸。

3. 掌握好火候和原料的熟度。

砂锅焗大鳝

原料：

1. 主料　白鳝 1 条（重约 750g）。

2. 料头　烧腩 150g、炸蒜子 50g、冬菇件 50g、姜米 3g、陈皮末 5g、芫茜 5g。

3. 调料　精盐 4g，味精 5g，白糖、鸡精各 2g，红烧酱 10g，老抽 15g，麻油 1g，胡椒粉 0.5g，绍酒 15g，二汤 300g，干淀粉 50g，食用油 1000g。

制作工艺流程：与"砂锅焗水鱼"菜式相同。

制作过程：

1. 用刀将白鳝切成厚约 1cm 的"金钱片"，洗净原料。

2. 将鳝肉放入沸水中略"飞水"，倒入笊篱内，用清水洗净，滤去水分，放入精盐拌匀，然后拍上干淀粉。

3. 猛火烧锅，加入食用油，加热至约 150℃ 时，放入原料，浸炸至原料呈金黄色，倒入笊篱，滤去油分，随即放入炸蒜子、姜米、冬菇件、烧腩件、陈皮末、红烧酱，溅入绍酒，加入二汤，再放入肉料，调入精盐、味精、白糖、鸡精、老抽。转入砂锅内，加上锅盖，用中火焗制至汤水浓缩，撒上胡椒粉，淋入麻油加入芫茜叶，加上锅盖，溅入绍酒，原煲上席。

菜品要求：肉质软滑，香浓可口，原汁原味。

制作要点：与"砂锅焖水鱼"菜式相同。

第十五节　烹调法——浸

浸是以液体传热，用慢火使肉料加热至熟，然后淋芡或淋味汁的一种烹调方法。菜肴具有肉滑鲜嫩的特点。

根据使用的液体不同，浸可分为水浸法、汤浸法、油浸法三种。

一、水浸法

水浸法是将生料放入沸水中浸泡至熟，然后淋芡汁的一种方法。菜肴多选用鱼类作原料，具有肉质鲜嫩幼滑的特点。

制作工艺流程：

浸制 → 装盘 → 淋芡

在制作过程中，水沸腾后再放入原料，随即端离火位（或用盆代替炒锅）；掌握好原料的熟度，以仅熟为佳，保持肉质鲜嫩；芡的量要足够，要将原料完全覆盖后，还要泻出。

菜 品 实 例

五柳大鲩鱼

原料：

1. 主料　净鲩鱼 1 条（约 1000g）。

2. 料头　五柳料丝 100g、姜丝 5g、葱丝 25g、青（红）椒丝 2g、蒜蓉 1g。

3. 调料　精盐 5g、糖醋 300g、湿淀粉 10g、胡椒粉 1g、食用油 100g。

制作工艺流程：

浸制 → 装盘 → 淋芡

制作过程：

1. 用精盐擦匀鲩鱼，放入沸水中，加盖，浸至鱼肉仅熟，捞起放在盘上。

2. 猛锅阴油，放入料头，加入糖醋，以糖醋兑湿淀粉勾芡和匀，再加入尾油和匀，淋于鱼身上，最后撒上胡椒粉和葱丝。

菜品要求：原料完整，肉质嫩滑、鲜美。

制作要点：

1. 浸鱼的水要大沸，放入原料后加上锅盖，端离火位浸。

2. 捞鱼时要轻手，否则熟后的鱼易烂。

3. 勾芡时使用中慢火，时间要短，尾油要足够。

二、汤浸法

汤浸法是将生料直接投放在微沸的汤液中，以慢火加热，把肉料浸泡至熟，然后淋芡或以佐料蘸食的一种方法。菜肴多选用整只的家禽，具有保存原味、清鲜爽滑的特点。

制作工艺流程：

浸制 → 过"冷河" → 斩件 → 装盘 → 淋芡或配佐料

在制作过程中使用慢火，保持汤水微沸状态，使原料生熟度达到一致，同时可使肉质嫩滑；掌握好原料的熟度，以仅熟为佳；熟后立即放入冷汤水中过"冷河"，并且时间要足够，使其皮爽。

菜 品 实 例

白 切 鸡

原料：

1. 主料　本地光项鸡1只（约600g）。

379

2. 佐料　姜蓉、葱花各 50g。

3. 调料　精盐 5g，味精和鸡精各 2g，食用油 60g，汤水 5000g。

制作工艺流程：

浸鸡 → 过"冷河" → 斩件 → 装盘

制作过程：

1. 将姜蓉、葱花、精盐、味精、鸡精拌匀，分盛两小碗，用中火烧锅加入食用油至微沸后，取出 50g，分别溅入两小碗中，其余盛起待用。

2. 将鸡洗净，放入微沸的汤中，约浸 15 分钟至仅熟，捞起，放入冻汤水中浸约 1 小时，然后取出，用洁净毛巾擦干表面水分，扫上熟食用油。

3. 将鸡斩件，装盘，砌回鸡形，以佐料蘸食。

菜品要求：皮爽、肉滑，味鲜。

制作要点：

1. 选料要严谨，使用肥嫩的小母鸡。

2. 浸鸡前要将鸡腿提拉几次；浸鸡时将鸡提出两次，倒出膛内水；浸鸡时要使用慢火，汤水保持微沸状态，掌握好熟度。

3. 鸡浸熟后马上过冻，并且时间要足够。

4. 斩鸡时下刀要利落，肉件大小要均匀，造型要美观。

手撕盐焗鸡

原料：

1. 主料　白切鸡 1 只（约 600g）。

2. 调料　盐焗鸡料 1 小包、味精 4g、鸡精 2g、麻油 1g、猪油 100g。

制作工艺流程：

调味汁 → 起肉 → 调味 → 装盘

制作过程：

1. 将盐焗鸡料、味精、鸡精、麻油、猪油调成味汁。

2. 将鸡拆成骨、肉、皮分离，头、脚、尾、翼另放待用，肉撕成丝状，分别放入器皿内。

3. 分别将味汁放入肉料内拌匀。

4. 先将骨放在盘底，肉放在中间，皮铺面堆成山形，头、脚、尾、翼拌味，摆回盘上。余下味汁分两小碟作为佐料。

菜品要求：味香浓，皮爽肉滑。

制作要点：

1. 调味汁时用料要恰当。

2. 起鸡肉时要合理取料。

3. 装盘造型要整齐、美观。

金华玉树鸡

原料：

1. 主料　白切鸡 1 只。

2. 配料　熟火腿 75g、郊菜 300g。

3. 调料　精盐 4g、味精 2g、鸡精 1g、麻油 1g、芡汤 20g、湿淀粉 20g、上汤 200g、二汤 100g、食用油 500g。

制作工艺流程：

起鸡肉切件 → 装盘 → 炒郊菜、装盘 → 淋芡

制作过程：

1. 将火腿切成长 4cm、宽 2cm、厚 1.5cm 的薄片。再将鸡起肉去骨，切成长 4.5cm、宽 2.5cm 的"日"字形，共 24 件，留头、尾、翼。

2. 将鸡肉分成三排平放在大盘上，每件鸡肉夹着一片火腿片，摆上鸡头、尾、翼，砌成鸡形。

3. 猛锅阴油，放入郊菜，调入精盐，溅入二汤熵炒至仅熟，倒入漏勺内，滤去水分。重新起锅，放入郊菜，用芡汤、湿淀粉勾芡炒

381

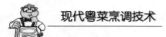

匀，再加入尾油和匀，倒入漏勺内，然后分四排伴在鸡肉旁边。

4. 猛锅阴油，加入上汤，调入其他调味料，以湿淀粉勾芡，再加尾油和匀，淋在鸡肉面上。

菜品要求：造型美观，色泽鲜明，肉质嫩滑。

制作要点：

1. 起肉时要合理使用原料，应在脊部取肉 10 件，胸部取 8 件，脚部取 6 件。若不够可用胸柳肉与颈部组合 2 件，或鸡翼改出 2 件。

2. 鸡肉件装盘后，可用沸水将肉料略烫，使肉质回热。

3. 勾芡时火候宜用慢火，芡色要明净，不宜太稠，能挂在原料表面即可。

三、油浸法

油浸法是将生料腌制入味后，放入较高温的油中，先猛火后慢火（或端离火位），把原料浸泡至仅熟，再淋入味汁的一种方法。此类菜肴多选用体积小、较名贵的鱼类，具有嫩滑而香，保持原料原味的特点。

制作工艺流程：

腌制原料 → 浸制 → 装盘 → 淋味汁

在制作过程中，要正确使用好火候，先猛火后慢火将原料浸熟；原料将要成熟时，要提高油略加热，防止原料"咬油"；掌握原料的熟度和色泽。

菜 品 实 例

油浸生斑鱼

原料：

1. 主料　宰净的生斑鱼 1 条（约 400g）。

2. 料头　葱丝 20g。

3. 调料　姜汁酒 15g、生抽 15g、海鲜豉油 100g、胡椒粉 1g、食用油 1000g。

制作工艺流程：

腌制原料 → 浸制 → 装盘 → 淋味汁

制作过程：

1. 洗净原料，用姜汁酒、生抽腌制约 10 分钟。

2. 烧热炒锅，加入食用油，加热至 180℃ 时，放入原料，端离火位，将原料浸至八成熟时，端回火位上，加热至仅熟，捞起，滤去油分，放在盘上。

3. 将葱丝、胡椒粉撒在原料表面上，溅入沸油，加入海鲜豉油。

菜品要求：鱼肉鲜嫩而味香，色泽金黄，造型美观。

制作要点：

1. 要选用新鲜的原料，保证鱼肉鲜嫩。

2. 浸鱼时要掌握好油温、色泽、原料的熟度。

383

第十六节　烹调法——灼

灼即"焯"，是将生料（或腌过的生料）放入烧沸的汤水中迅速加热，至使肉料成熟，以佐料蘸食的一种烹调方法。这类菜肴具有鲜嫩爽脆的特点。

灼可分为白灼和生灼两种。

一、白灼法

白灼，是指将生料腌制入味后，投放在用猛火烧沸，有姜、葱、酒味的汤水中迅速灼熟，然后起锅略加煸爆，以佐料蘸食的一种方法。此类菜肴具有肉料爽脆、味香的特点。

制作工艺流程：

腌制肉料 → 灼熟 → 煸爆 → 装盘

在制作过程中，应将原料切得细薄一些，以便在沸汤水中快速成熟，保持肉料的爽脆；成熟后经溅酒和煸爆，可增加菜肴的香气。

菜 品 实 例

白灼响螺片

原料：

1. 主料　净大肉响螺肉 400g。

2. 料头　姜件 2 件、葱条 2 条。

3. 调料　二汤 1000g，姜汁酒 10g，绍酒、蚝油、虾酱各 25g、熟猪油 50g。

制作工艺流程：

切配原料 → 腌制肉料 → 灼制 → 煸爆 → 装盘

制作过程：

1. 将净螺肉去头和外衣后切成厚约 0.3cm 的圆片，洗净，滤去水分，加入姜汁酒和匀，腌制约 15 分钟。

2. 猛锅阴油，放入姜片、葱条，溅入绍酒，加入二汤略滚，去掉姜、葱，放入螺片灼至仅熟，倒入漏勺。

3. 将炒锅洗净，猛火烧锅下熟猪油，放入螺片，溅入绍酒迅速煸炒后盛入盘上。另以虾酱和蚝油各两小碟上席。

菜品要求：色泽洁白，肉质鲜爽。

制作要点：

1. 切配时要均匀，放入姜汁酒腌制，可去除原料异味。

2. 火候宜用猛火，并要掌握好原料的熟度。

白 灼 鲜 鱿

原料：

1. 主料　净鲜鱿鱼肉 500g。

2. 料头 姜件 2 件、葱条 2 条。

3. 调料 二汤 1000g，姜汁酒 10g，绍酒、蚝油、虾酱各 25g，熟猪油 50g。

制作工艺流程：

切配原料 → 腌制肉料 → 灼制 → 煸爆 → 装盘

制作过程：

1. 将鲜鱿鱼刻刀花，切件，滤去水分，加入姜汁酒和匀，腌制约 15 分钟。

2. 猛锅阴油，放入姜片、葱条，溅入绍酒，加入二汤略滚，去掉姜、葱，放入鲜鱿鱼灼至仅熟，倒入漏勺。

3. 将炒锅洗净，猛火烧锅下熟猪油，放入鲜鱿鱼，溅入绍酒迅速煸炒后盛入盘上。另以虾酱和蚝油各两小碟上席。

菜品要求：色泽洁白，肉质鲜爽，花纹清晰。

制作要点：与白灼响螺片菜式相同。

美 极 鹅 肠

原料：

1. 主料 洗净鹅肠 500g。

2. 调料 美极鲜酱油 20g、味精 3g、白糖 5g、鸡精 1g、上汤 10g、食用油 50g。

制作工艺流程：

切配原料 → 灼制 → 煸炒、封汁 → 装盘

制作过程：

1. 鹅肠按长约 8cm 切成长条形。

2. 将美极鲜酱油、上汤、味精、白糖、鸡精放入热锅中煮溶，调成调味汁，倒入小碗待用。

3. 烧锅加入沸水，放入鹅肠，猛火加热至原料仅熟，倒出，滤去水分。

4. 猛锅阴油，放入鹅肠，边溅入调味汁边炒匀，装盘。

菜品要求：色泽鲜明，味鲜、香，肉爽嫩。

制作要点：

1. 切鹅肠时不应切得太短，否则会造成形态不美观。

2. 灼制时间要迅速，并掌握好熟度，以仅熟为好，否则会收缩太大。

3. 封汁时火候宜用中慢火，要炒匀，使调味汁渗入肉质内。

二、生灼法

生灼法是将生料直接投放在以猛火烧沸的水中（加入少许精盐），迅速灼熟，拌以调味料，以佐料蘸食的一种方法。此类菜肴具有爽脆的特点。

制作工艺流程：

灼制 → 拌味 → 装盘

在制作过程中，要选用新鲜的原料；灼制时水要大沸，让原料快速成熟，保持原料鲜爽。

菜 品 实 例

生 灼 鹅 肠

原料：

1. 主料　浸漂净的鹅肠 500g。

2. 调料　青（红）椒丝 25g，精盐和味精各 2g，蚝油 20g，麻油 2.5g，食用油 10g。

制作工艺流程：

切配原料 → 灼制 → 拌味 → 装盘

制作过程：将鹅肠切成长 8cm 的段。猛火烧锅加入沸水、精盐，放入原料灼至刚熟，捞起，放在盘上，加入椒丝，调入味精、麻油拌匀。另以溅热油的蚝油作佐料蘸食。

菜品要求：保持原料原色，鲜爽。

制作要点：

1. 鹅肠在加热时收缩较大，因此，不宜切得太短。

2. 灼制时火候要猛，水要大沸，掌握好原料熟度。

冰冻芥蓝片

原料：

1. 主料　粗芥蓝梗 500g。

2. 调料　精盐 5g、海鲜豉油 50g、芥辣 50g。

制作工艺流程：

切配原料 → 灼制 → 过"冷河" → 装盘

制作过程：

1. 用刀刨去芥蓝梗外皮，洗净，用斜刀切成厚约 0.4cm 的片状。

2. 炒锅加入沸水，放入芥蓝片，猛火加热至原料仅熟，捞起，随即放入冰冻的开水中，略浸至凉冻，然后整齐地排放在冰粒垫底的盘中，以海鲜豉油和芥辣为佐料上席。

菜品要求：芥蓝冰冻，爽脆，佐料风味特殊。

制作要点：

1. 掌握芥蓝加热的时间。

2. 要选用嫩的芥蓝。

白　灼　虾

原料：

1. 主料　基围虾 500g。

2. 调料　精盐 5g、海鲜豉油 100g、辣椒圈 25g、食用油 50g。

制作工艺流程：

调制佐料 → 灼制 → 装盘

387

制作过程：

1. 将辣椒圈放入海鲜豉油中用小碗盛装，溅入热油作为佐料。

2. 烧热炒锅，加入沸水，调入精盐，放入活虾，猛火加热至原料仅熟，倒出，整齐排放在盘上，以佐料蘸食。

菜品要求：色泽鲜明，呈红色，肉质鲜爽。

制作要点：

1. 加入精盐灼虾，可增加菜品鲜味。

2. 原料要待水大沸后投入，在最短时间内成熟，保持肉质的鲜嫩。

第十七节　粉、面、饭制作

一、粉

在行业中粉主要可分为河粉和米粉。

（一）河粉

河粉可用于干炒、湿炒、汤粉等。

1. 干炒河粉

制作工艺流程：

配料热处理 → 河粉下锅炒热 → 调味 → 下配料、调色 → 装盘

主要突出菜品锅气香味，色泽金黄且光亮，配料仅熟、鲜嫩。在制作过程中首先把河粉撕开，使河粉炒制时容易受热且均匀；其次、炒制时宜用中火，翻炒要保持河粉的完整，炒制时间不宜过长；第三、河粉待炒热后方可调入调味料，控制好食用油的分量；第四、配料应在河粉炒热透和调味料溶化后才加入，并

且炒制时不能加入汤水，以免河粉断开。

2. 湿炒河粉

制作工艺流程：

河粉下锅、调味炒热 → 装盘 → 配料热处理 → 调味勾芡 →

淋芡

主要突出菜品软滑，保持河粉的原色，配料仅熟、鲜嫩，芡汁略宽、味鲜美。在制作过程中首先把河粉撕开，使河粉炒制时容易受热且均匀；其次、炒制时宜用中火，翻炒要保持河粉的完整，炒制时间不宜过长；第三、勾芡时湿淀粉不宜太多，且有一定的芡汁泻出盘底，以便于河粉蘸食。

3. 汤河粉

制作工艺流程：

灼热河粉 → 调汤水 → 倒入汤碗 → 配料热处理 →

调味勾芡 → 装盘

主要突出菜品汤鲜，配料仅熟、鲜嫩。灼河粉时间不宜过长，防止原料碎烂；配料烹制后装盘时要注意造型。

菜品实例

干炒牛河

原料：

1. 主料 河粉250g。

2. 配料 腌好的牛肉75g、银针100g、韭黄50g。

3. 调料 精盐4g、味精2g、老抽2.5g、食用油1500g。

制作工艺流程：

肉料拉油 → 河粉下炒锅炒热、调味 → 下配料、调色 →

装盘

制作过程： 猛锅阴油，加入食用油，加热至120℃时，放入肉料拉油至仅熟，倒入笊篱，滤去油分，随即放入银针、河粉，使用中火炒至热，调入精盐、味精炒至香味透出，放入牛肉、韭黄，调入老抽炒匀，加入尾油和匀。

菜品要求： 色泽金黄，原料完整，突出香味。

制作要点：

1. 炒制前要将河粉撕开，不能重叠。

2. 炒制时宜用中火，河料炒热后方可调入调味料，掌握好原料的熟度、色泽。

3. 牛肉和韭黄不宜过早放入，注意用油的分量。

生鱼片湿炒河粉

原料：

1. 主料　河粉250g。

2. 配料　生鱼片75g、郊菜100g。

3. 调料　精盐2g、味精1g、二汤100g、绍酒10g、湿淀粉7.5g、麻油2g、胡椒粉0.1g、食用油1500g。

制作工艺流程：

炒河粉 → 煸郊菜 → 肉料拉油 → 烹制配料、扒面

制作过程：

1. 猛锅阴油，放入河粉，使用中火将河粉炒热，调入精盐、味精，炒至河粉"软身"，装盘。

2. 猛锅阴油，放入郊菜，调入精盐，溅入二汤，煸炒至仅熟，倒入漏勺。

3. 用少许盐拌匀生鱼片，猛锅阴油，加入食用油，加热约120℃时，放入生鱼片，拉油至五成熟，倒入笊篱，滤去油分，随即溅入绍酒，加入二汤，调入精盐、味精，放入郊菜、生鱼片，用湿淀粉、麻油、胡椒粉勾芡，再加入尾油和匀，铺在河粉表面。

菜品要求：芡色匀亮，芡汁"泻脚"，河粉软滑，配料爽滑，保持原料本色。

制作要点：

1. 炒制前要将河料撕开，不能重叠。

2. 河料炒热后方可调入调味料。

3. 炒制时宜用中火，要将河粉炒热透。

4. 肉料拉油时掌握好油温、熟度。

5. 勾芡时掌握好稀稠度，鱼片不宜过早放入。

榨菜肉丝汤河粉

原料：

1. 主料　河粉250g。

2. 配料　榨菜75g、肉丝50g、韭黄25g、郊菜50g。

3. 调料　精盐8g、味精3g、白糖1g、二汤500g、绍酒10g、芡汤15g、湿淀粉5g、麻油1g、胡椒粉0.1g、食用油1500g。

制作工艺：

河粉加热 → 调汤水 → 煸郊菜、装盘 → 肉丝和榨菜热处理、勾芡 → 装盘

制作过程：

1. 烧热炒锅，加入沸水，放入河粉略烫，倒入漏勺，滤去水分，放入汤碗内。

2. 烧热炒锅，加入二汤，调入精盐、味精、白糖、麻油、胡椒粉，倒入汤碗内。

3. 猛锅阴油，放入郊菜，调入精盐，溅入汤水，煸至仅熟，倒入漏勺内。沿着汤碗旁边摆放好。

4. 将榨菜放入沸水略"飞水"，倒出。用少许湿淀粉和精盐拌匀肉丝。猛锅阴油，加入食用油，加热约120℃时，放入肉丝拉油至仅熟，倒入笊篱，随即放入榨菜、肉丝，溅入绍酒，用芡

391

汤、湿淀粉勾芡炒匀，再加入韭黄、尾油和匀，铺在河粉表面。

　　菜品要求：汤清润，味美。

　　制作要点：

　　1. 河粉加热不宜过长，烧汤水时不宜大滚。

　　2. 配料勾芡时不宜太稠。

（二）米粉

　　米粉可用于混炒、煎炒、汤粉等。

　　1. 混炒　与"干炒牛河"制作方法一样，而汤米粉也与汤河粉制作方法一样。

　　2. 煎炒

　　制作工艺流程：

| 煎米粉 | → | 配料热处理 | → | 烹制配料、扒面 | → | 装盘 |

　　此类菜品主要突出表面焦香、内软滑，芡汁味美的特点。在制作中首先炒锅、油脂要干净，猛锅阴油后再放入米粉；其次、米粉放入炒锅后应用炒壳略压，让其与炒锅接触更好，便于受热；第三、要使用中慢火加热，搪锅时用力要均匀，油量要掌握好；第四、判断好色泽；第五、装盘后用筷子插孔，便于芡汁流入菜品中间。

菜 品 实 例

豉汁牛肉米粉

　　原料：

　　1. 主料　㷛好的米粉 250g。

　　2. 配料　腌好的牛肉 75g、辣椒件 100g。

　　3. 料头　蒜蓉 1g，姜米和豉汁各 2g。

　　4. 调料　精盐 3g、味精 2g、白糖 1g、老抽 2g、湿淀粉 10g、胡椒粉 0.1g、麻油 1g、二汤 150g、食用油 1500g。

制作工艺流程：

$\boxed{煎米粉} \rightarrow \boxed{煸椒件} \rightarrow \boxed{肉料拉油} \rightarrow \boxed{烹制配料、扒面} \rightarrow \boxed{装盘}$

制作过程：

1. 猛锅阴油，放入米粉，使用中火，边加热边搪锅边加油，煎至两面金黄色，装盘，用筷子在表面插孔。

2. 猛锅阴油，加入沸水、精盐，放入辣椒，煸炒至仅熟，倒入漏勺。

3. 猛锅阴油，加入食用油，加热约沸120℃时，放入肉料，拉油至仅熟，倒入笊篱，滤去油分，随即放入料头，溅入绍酒，加入二汤，放入原料调入精盐、味精、白糖、老抽，用湿淀粉、麻油、胡椒粉勾芡，再加入尾油，铺在米粉表面。

菜品要求：米粉表面金黄、焦香，芡色匀亮，有"泻脚"，肉质爽滑。

制作要点：

1. 煎米粉时使用中火，搪锅要均匀，煎至表面金黄色。

2. 勾芡时要掌握好稀稠度。

星州炒米粉

原料：

1. 主料　炟好的米粉250g。

2. 配料　腌好的虾仁50g，叉烧丝50g，鸡蛋丝50g，辣椒丝、洋葱丝、韭黄各25g，熟白芝麻10g。

3. 调料　精盐4g、味精2g、油咖喱40g、食用油1500g。

制作工艺流程：

$\boxed{配料拉油} \rightarrow \boxed{米粉下锅炒热、调味} \rightarrow \boxed{下配料} \rightarrow \boxed{装盘}$

制作过程：

将叉烧丝放在笊篱上。猛锅阴油，加入食用油，加热约150℃时，放入虾仁，拉油至仅熟，倒入笊篱内，滤去油分，随即放入辣椒丝、洋葱丝、米粉，使用中火炒热，调入精盐、味精、油咖喱，炒至米粉软身，放入虾仁、叉烧丝、韭黄，加入尾油炒匀，装盘，撒上熟白芝麻和蛋丝。

菜品要求：菜品甘香、呈黄色，肉料爽滑，突出咖喱风味。

制作要点：与"干炒牛河"基本相同。

二、面

面可用于混炒、煎炒、汤面、拌面等。

1. 混炒、煎炒、汤面　与米粉的制作方法相同。

2. 拌面

制作工艺流程：

$\boxed{\text{配料热处理}}$ → $\boxed{\text{加入汤水，调味料，主、配料烹制}}$ → $\boxed{\text{装盘}}$

或 $\boxed{\text{灼热面条}}$ → $\boxed{\text{配料热处理}}$ → $\boxed{\text{下汤水、调味料、配料勾芡}}$ →

$\boxed{\text{淋芡}}$

主要突出面条嫩滑，汁香浓。在制作过程中要使用中慢火，加热时间不宜太长；调色不宜过深；收汁（或勾芡）要恰到好处。

菜品实例

干烧伊面

原料：

1. 主料　烚好的伊面 200g。

2. 配料　肉丝 75g、菇丝 25g、韭黄 40g。

3. 调料　精盐 1g、味精 3g、蚝油 4g、老抽 10g、湿淀粉 10g、麻油 1g、胡椒粉 0.1g、绍酒 10g、二汤 250g、食用油 1500g。

制作工艺流程：

肉丝拉油 → 加入汤水、调味料、配料烹制 → 装盘

制作过程： 用少许精盐、湿淀粉将肉丝拌匀，猛锅阴油，加入食用油，加热至120℃时，放入肉料拉油至仅熟，倒入笊篱，滤去油分，随即加入二汤，调入精盐、味精、蚝油、老抽、麻油、胡椒粉，放入伊面、肉丝、菇丝，略加热，加入韭黄、尾油和匀，装盘。

菜品要求： 伊面香滑，味鲜美，突出蚝油风味。

制作要点：

1. 调味时用料要恰当。

2. 成品加热时使用中火，掌握好加热时间、"收汁"程度。

肉 丝 煎 面

原料：

1. 主料 湿面250g。

2. 配料 肉丝50g、银针75g、韭黄40g。

3. 调料 精盐4g、味精3g、湿淀粉10g、二汤100g、绍酒10g、食用油1500g。

制作工艺流程：

煎面 → 配料热处理 → 加入汤水、调味、配料 → 勾芡 → 拌面 → 装盘

制作过程：

1. 猛锅阴油，放入原料，使用中火，边加热边搪锅边加油，将原料煎至两面金黄色，装盘，用筷子在表面插孔。

2. 用少许精盐、湿淀粉将肉丝拌匀。猛锅阴油，加入食用油，加热至120℃时，放入肉丝拉油至仅熟，倒入笊篱，滤去油分，溅入绍酒，加入二汤，调入精盐、味精，放入肉丝、银针，随即用湿淀粉勾芡，放入韭黄、尾油和匀，铺在面上。

395

菜品要求：面香呈金黄色，芡色匀亮，有"泻脚"，肉质爽滑。

制作要点：与"豉汁牛肉米粉"基本相同。

三、饭

饭可用于炒饭、煲仔饭、焗饭等。

1. 炒饭

制作工艺流程：

$\boxed{\text{配料热处理}} \rightarrow \boxed{\text{放入鸡蛋、白饭炒匀}} \rightarrow \boxed{\text{调味}} \rightarrow \boxed{\text{下配料炒匀}}$
$\rightarrow \boxed{\text{装盘}}$ 或 $\boxed{\text{配料热处理}} \rightarrow \boxed{\text{放入白饭炒热}} \rightarrow \boxed{\text{调味}} \rightarrow$
$\boxed{\text{加入鸡蛋炒匀}} \rightarrow \boxed{\text{下配料炒匀}} \rightarrow \boxed{\text{装盘}}$

成品突出香味，白饭松散，色泽洁白，配料爽嫩。在制作中首先要选用含水分少的白饭；其次、使用的油脂、工具要洁净；第三、猛锅阴油放入鸡蛋后要迅速炒匀至八成熟，放入白饭充分和匀；第四、待白饭炒热后才调入调味料；第五、要使用中火烹制，翻炒要均匀。

2. 煲仔饭

制作工艺流程：

$\boxed{\text{切配配料、调味}} \rightarrow \boxed{\text{加水煲饭}} \rightarrow \boxed{\text{加入配料、焗饭}} \rightarrow \boxed{\text{调味}}$

突出饭香、味美的特点。配料在调味时首先要应有味汁，以便白饭吸收，突出香味；其次，掌握好米与水的比例，适用于1:1.7；第三，先用猛火烧沸，放入配料后应改用慢火焗制至有香味。

3. 焗饭

制作工艺流程：

$\boxed{\text{烹制配料}} \rightarrow \boxed{\text{铺在白饭上}} \rightarrow \boxed{\text{焗制}}$

突出汁香、味美，肉嫩滑的特点。在制作时要选用风味独特的味汁，铺在白饭上的味汁要略多，以便让白饭吸收；其次，焗制时要掌握好火候和时间。

菜 品 实 例

广 州 炒 饭

原料：

1. 主料　白饭 250g。
2. 配料　腌好的虾仁 75g、叉烧粒 50g、鸡蛋 50g。
3. 料头　葱花 10g。
4. 调料　精盐和味精各 1g，食用油 1500g。

制作工艺流程：

配料热处理 → 放入鸡蛋炒匀 → 加入白饭炒匀 → 调味 →
加入配料 → 装盘

制作过程：将叉烧粒放入笊篱内，猛锅阴油，加入食用油，加热至 150 ℃ 时，放入虾仁拉油至仅熟，倒入笊篱，滤去油分，放入蛋液拌匀，随即放入白饭与蛋液和匀，使用中火炒至热，调入精盐、味精炒至香，放入虾仁、叉烧粒炒匀，最后加入葱花和匀，装盘。

菜品要求：饭要洁白，不能起"饭团"，突出香味。

制作要点：

1. 要使用洁净的油脂，炊具要干净。
2. 米饭要干爽，炒前将饭搓散，不能有"饭团"。
3. 炒时要使用中火，下油不宜太多，以免腻口。

腊味滑鸡煲仔饭

原料：

1. 主料　香米 150g。
2. 配料　腊味 50g、鸡肉 100g。

3. 料头　姜片 2g、葱花 5g、菇件 50g。

4. 调料　精盐 3g、味精 2g、干淀粉 5g、调制好的豉油 40g、食用油 50g。

制作工艺流程：

配料切配 → 配料调味 → 煲饭 → 下配料焗饭

制作过程：

1. 用斜刀将腊味切成片，鸡肉斩成约 2cm 的方件，切配好料头，洗净原料。将姜片、菇件、精盐、味精、干淀粉放入鸡肉内拌匀，再加入少许食用油和匀。

2. 将香米洗净，用少许食用油拌匀后，放入煲仔内，加入适量清水，放在煤气上先用猛火烧沸，放入腊味片、鸡肉，改用慢火焗至熟，放入葱花、调好豉油，溅入热油。

菜品要求： 饭要焦香，肉质嫩滑，别有风味。

制作要点：

1. 要选用质量好的香米，下水分量要适当。

2. 掌握好火候，焗饭时间要足够。

菠萝海鲜焗饭

原料：

1. 主料　白饭 400g。

2. 配料　石斑鱼肉粒、腌好的虾仁、腌好的带子各 50g，蟹柳粒 20g，菠萝粒 100g，洋葱粒 20g、菠萝壳 1 个。

3. 料头　姜米 2g、青（红）椒米 10g、蒜蓉 1g。

4. 调料　葡汁 100g、精盐 3g、味精 4g、食用油 1500g。

制作工艺流程：

配料热处理 → 配料烹制 → 装盘 → 焗饭

制作过程：

1. 将菠萝壳放入沸中略烫，滤去水分，把热饭放入。

2. 用少许精盐、味精放入石斑鱼肉粒内拌匀。烧热炒锅，加入沸水，放入腌好带子"飞水"，倒入漏勺内。猛锅阴油，加入食用油，加热约150℃时，放入肉料拉油至仅熟，倒入笊篱内，滤去油分，随即放入洋葱粒、蒜蓉、姜米、青红椒米、虾仁、带子、石斑鱼肉粒略炒，调入葡汁炒匀，再放入蟹柳粒、菠萝粒拌匀，铺在白饭上。

3. 将原料放入焗炉内，使用猛火焗至表面葡汁金黄色，取出。

菜品要求：色泽金黄、味香。

制作要点：

1. 肉料拉油时掌握好油温、熟度。

2. 烹制时使用中火，加热时间不宜太长。

3. 放入焗炉焗制时要掌握好火候、时间。

复习思考题

1. 怎样才能使蒸汽充足以便于菜肴的成熟？

2. 蒸制的菜肴有哪些特点？

3. 如何正确使用不同的火候蒸制不同的食品？请举例说明。

4. 扣的菜式分为哪两种？有什么特点？

5. 扣的菜式在制作过程中要注意什么环节？

6. 煲汤口味在季节上有什么区别？

7. 举例说明各种原料在煲汤前应怎样进行处理？

8. 炖汤料头在炖汤中起到什么作用？

9. 分炖与原炖有何区别？

10. 滚鱼汤怎样才能做到汤色奶白而浓？

11. 什么叫烩羹？有哪几种方法？

12. 烩羹有什么要求？怎样才能达到要求？

13. 炒可分为哪几种方法？各有什么特点？

14. 拉油炒法在调芡方式上，为什么有碗芡与锅芡之分？

15. 肉料拉油时应注意哪些问题？

16. 菜肴在勾芡时要注意哪些问题？

17. 炒牛奶为什么会出现泻水、泻油、不凝结的现象？

18. 新鲜水果、炸干果作配料炒的菜式，配料应如何处理？为什么？

19. 拉油炒法与油泡法有哪些区别？

20. 如何防止油泡菜式出现喷油、泻芡的现象？

21. 试述油泡法各种芡色的调配及运用。

22. 焖制菜式与炒、油泡菜式在制作上有何区别？

23. 生爆酱焖法与生焖有什么关系？

24. 红焖法在制作过程中要注意什么问题？

25. 扒分为哪两种方法？各具什么特点？

26. 炒、油泡、焖、肉扒、汁扒菜式的芡汁有什么区别？

27. 炸可分为哪几种方法？各有什么特点？

28. 怎样识别各种油温？各种油温有什么特征？

29. 炸制菜式应怎样正确运用油温？为什么？

30. 酥炸法与吉列炸法有什么区别？

31. 脆皮炸法与生炸法有什么区别？

32. 脆浆炸法的菜式有什么要求？怎样才能符合要求？

33. 煎可分为哪几种方法？各有什么特点？

34. 煎与炸、炒有何区别？

35. 半煎炸与软煎有什么区别？

36. 煎焗与干煎有什么区别？

37. 煎酿的菜式如何防止馅料脱落的现象？

38. 焗可分为哪几种？各有什么特点？

39. 锅上焗与砂锅焗有什么区别？

40. 炉焗在制作中要注意哪些问题？

41. 焗的定义是什么？它有什么特点？

42. 焗的种类有多少？请举例说明。

43. 什么叫"浸"？可分为哪几种？各有什么特点？

44. 汤浸法和水浸法应怎样掌握火候？为什么？

45. 浸白切鸡如何判断生熟情况？

46. 白灼法与生灼法有何区别？请举例说明。

47. 炒粉可分为几种，各有什么特点？

48. 炒饭时应注意哪些要点？

附　　　录

附录 A　部分原料加工起货成率表

由于原料来源千差万别，再加上季节、气候的变化，原料新鲜度的差异以及加工技术的高低等因素，都会对原料加工时的起货成率有极大的影响。

现根据厨师们的日常积累，列出较有普遍性的部分原料的起货成率表（见表 A-1 ~ 表 A-5）。

表 A-1　猪、牛、羊类

品名	原料	起货量	附注	品名	原料	起货量	附注
净枚肉	枚肉	445g	减肉筋 55g	熟猪舌	净猪舌	360g	
切枚肉	净枚肉	485g		熟肠头	净肠头	240g	
去皮上肉	有皮上肉	435g	减猪皮 60g	熟大肚	净大肚	290g	
熟有皮上肉	有皮上肉	390g		熟猪肺	净猪肺	290g	
熟头嘴	净头嘴	425g		净牛肉	牛肉	420g	减肉筋 75g
净排骨	排骨	440g		腌牛肉	净牛肉	650g	
斩排骨	净排骨	475g		熟筋坑腩	牛坑腩	350g	
熟排骨	净排骨	380g		净牛肝腰心	肝腰心	460g	

（续）

品名	原料	起货量	附注	品名	原料	起货量	附注
熟手脚	净手脚	325g		熟牛下杂	净下杂	250g	
净大肝	大肝	450g		熟有皮羊肉	有皮羊肉	350g	
切大肝	净大肝	475g		净羊腰心	腰肝心	450g	
净腰心	腰心	450g	以大肝腰心合称为猪上杂	熟羊下杂	净下杂	250g	
切腰心 猪上杂	净腰心	425g 500g		拆熟羊头蹄	净羊头蹄	200g	每副按1500g计

注：原料按500g计。

表 A-2　鸡、鸭、鹅类

品名	原料	起货量	附注
光鸡项	（1000g头）毛鸡项	315g	每500g减肾肝30g，鸡肠20g，鸡脚一对
光阉鸡	（1750g头）毛洗鸡	364g	同上
项鸡肉	光鸡项	275g	减鸡翼45g，鸡骨175g
阉鸡肉	光阉鸡	300g	减鸡翼50g，鸡骨155g
光鹅	毛鹅	325g	减鹅脚25g、肾肝35g、鹅肠25g
光鸭	（1250g头）毛鸭	300g	减鸭脚25g、肾肝40g、鸭肠25g
熟鹅	光鹅	340g	
熟鸭	光鸭	340g	
鹅肉	光鹅	350g	减鹅骨240g
鸭肉	光鸭	240g	减鸭骨250g
净肾肝	毛肾肝	450g	
切肾肝	净肾肝	475g	
净肾肉	光肾	340g	
拆骨鸭掌	十对鸭掌	540g	
净鸡蛋	壳鸡蛋	420g	
净鸭蛋	壳鸭蛋	400g	

注：未注分量。原料以500g计。

402

表 A-3　水产类

品名	原料	起货量	附注	品名	原料	起货量	附注
净鲈鱼	鲈鱼	400g	1000g 每头	净生鱼	生鱼	425g	750g 每头
剪净明虾	明虾	400g		净生鱼球	生鱼	160g	减头骨175g，皮肉190g
净肉蟹	肉蟹	100g		净山斑	山斑鱼	440g	
净膏蟹	膏蟹	350g		净石斑	石斑鱼	400g	
净塘虱	塘虱鱼	440g		净水鱼公	水鱼公	375g	裙 50g
净塘虱鱼肉	塘虱鱼	240g		水鱼公肉	水鱼公	125g	
净黄鳝肉	黄鳝	275g		水鱼母肉	水鱼母	110g	裙 4g
净响螺肉	响螺	110g		净鲩鱼	鲩鱼	450g	
净田鸡	田鸡	250g	一月至五月	净田鸡	田鸡	285g	六月至七月
净田鸡	田鸡	320g	八月至十二月	净田鸡腿	田鸡	150g	一月至五月
净田鸡腿	田鸡	170g	六月至七月	净田鸡腿	田鸡	190g	八月至十二月
净田鸡片	田鸡	100g	一月至五月	净田鸡片	田鸡	125g	八月至十二月
净白鳝	白鳝	450g		净仓鱼	仓鱼	450g	
净鲤鱼	鲤鱼	425g		净鲜鱿	鲜鱿	350g	
净墨鱼	墨鱼	300g		净龙虾	龙虾	400g	

注：原料按 500g 计。

表 A-4　蔬菜植物类

产期	品名	原料	起货量	品名	原料	起货量
春季	净笔笋	有壳笔笋	350g	净椰花菜	有叶椰花	200g
	净蒜心	蒜心	300g	净青豆仁	有壳兰豆	250g
	净苋菜	苋菜	400g	净凉瓜	凉瓜	400g
	净通菜	通菜	350g	净辣椒	青辣椒	375g

（续）

产期	品名	原料	起货量	品名	原料	起货量
夏季	芥菜胆	芥菜	200g	净冬瓜	冬瓜	375g
	净白瓜	白瓜	350g	净节瓜	节瓜	425g
	净青瓜	青瓜	350g	净茄瓜	茄瓜	375g
	净丝瓜	丝瓜	250g	净笋肉	有壳生笋	200g
	鲜莲肉	鲜莲	200g	净子姜	无苗子姜	300g
	净鲜菇	鲜草菇	375g	净青豆角	青豆角	475g
秋季	净菜远	菜心	125g	郊菜远	菜心	175g
	净西菜	西菜	350g	莜笋肉	无苗莜笋	350g
	鲜栗肉	有壳鲜栗	300g	凤果肉	无壳凤果	300g
	郊芥蓝远	芥蓝	200g	菊花		以朵计
冬季	净波菜	波菜	350g	生菜胆	生菜	200g
	撕跟绍菜	绍菜	250g	净塘蒿	塘蒿	350g
	净萝卜	白萝卜	400g	净兰豆	荷兰豆	450g
	冬笋肉	有壳冬笋	100g	净青蒜	青蒜	350g
	枸杞叶	枸杞	200g	净粉葛	粉葛	300g
	马蹄肉	水马蹄	250g	豆苗	豆苗	500g
常年蔬菜	白菜胆	白菜	250g	芽菜	绿豆芽菜	250g
	净韭黄	韭黄	475g	净芫茜	芫茜	350g
	净番茄	番茄	450g	净土豆	土豆	400g
	净洋葱	洋葱	400g	净木瓜	木瓜	350g
	净蒜白	生蒜	175g	净红萝卜	红萝卜	350g
	净姜肉	生姜	400g	净莲藕	莲藕	350g

注：原料按500g计。

表 A-5　海味干货类

品名	起货量	品名	起货量	品名	起货量
网鲍	875g	窝麻鲍	750g	吉品鲍	750g
婆参	1650g	乌石参	1650g	梅花参	1500g

（续）

品名	起货量	品名	起货量	品名	起货量
有沙群翅	350g	无沙群翅	650g	有沙骨翅	200g
有沙大尾翅	400g	有沙黄胶翅	900g	有沙杂翅仔	175g
炸鳝肚	2250g	炸鱼肚	2250g	广肚公	1500g
炸鱼白	2250g	炸浮皮	2000g	净瘦火腿	110g
白花胶	1250g	黄花胶	1000g	干鱿鱼	750g
墨鱼干	650g	干蚝豉	750g	元贝	750g
带子干	700g	大虾干	750g	鱼唇	1500g
炸蹄筋	2000g	炸榄仁	550g	炸花生仁	450g
莲子	1000g	百合	1250g	白果	375g
薏米	2750g	雪蛤油	10000g	燕窝盏	3500g
一级雪耳	3000g	二级雪耳	2500g	碎燕窝	3000g
桂花耳	1500g	黄耳	4250g	榆耳	3500g
木耳	2750g	石耳	1250g	云耳	3000g
冬菇	1750g	香信	1750g	陈草菇	1500g
一级蘑菇	1250g	一般蘑菇	750g	竹笙	3500g
炸核桃	375g	发菜	3250g	粉丝	1750g

注：原料按500g计。

附录B　食品卫生"五·四"制度

　　1960年国家卫生部、商业部联合颁发的《食品加工、销售、饮食企业卫生"五·四制"》，总结了搞好饮食卫生的经验，作为一项卫生法令固定下来，有效地预防肠道传染病和食物中毒的发生。目前仍作为各类餐饮企业一项经常性的卫生制度坚持下去。

　　1. 由原料到成品实行"四不"

　　①采购员不买腐烂变质的原料。

　　②保管验收员不收腐烂变质的原料。

③加工人员（厨师）不用腐烂变质的原料。

④营业员（服务员）不卖腐烂变质的食品（零售单位：不收进腐烂变质的食品；不出售腐烂变质的食品；不用手拿食品；不用废纸污物包装食品）。

2. 成品（食物）存放实行"四隔离"

① 生与熟隔离。

② 成品与半成品隔离。

③ 食物与杂物、药物隔离。

④食品与天然冰隔离。

3. 用（食）具实行"五过关"　一洗、二刷、三冲、四消毒（蒸汽或开水）、五保洁。

4. 环境卫生采取"四定"办法　定人、定物、定时间、定质量。划片分工，包干负责。

5. 个人卫生做到"四勤"　勤洗手、剪指甲；勤洗澡、理发；勤洗衣服、被褥；勤换工作服。

参 考 文 献

［1］梁昌．精制广东菜［M］．广州：广东科技出版社，2001.

［2］王光．粤菜烹饪技艺［M］．广州：广东人民出版社，1994.

［3］李少梅．粤菜烹饪原料加工技术［M］．广州：广东科技出版社，1999.

［4］陈光新．烹饪概论［M］．北京：高等教育出版社，1998.

［5］黄明超．粤菜烹饪教程［M］．北京：中国轻工业出版社，2003.

［6］巫炬华，等．最新粤菜烹调技术［M］．北京：中国轻工业出版社，2009.